高等学校教材

无机及分析化学实验

第三版

侯振雨　范文秀　郝海玲　主编

化学工业出版社

·北京·

内 容 提 要

本书以基本操作与技能训练为主线，通过基本操作与技能、化学技能与实践和化学实践与提高三个层次的实验，培养学生的动手及创新能力。全书共七十二个实验，内容涉及物理量与化学常数的测定、无机制备实验、性质与定性分析实验、定量化学分析实验、仪器分析实验等。综合性和设计性实验的选取以尽量结合现实生活和科研需求为原则，以增强学生对化学的认知和理解。

本书可作为高等院校化学化工类、农林类、医药类专业本科生的教材。

图书在版编目（CIP）数据

无机及分析化学实验/侯振雨，范文秀，郝海玲主编. —3 版. 北京：化学工业出版社，2014.7（2023.8 重印）
高等学校教材
ISBN 978-7-122-20757-9

Ⅰ.①无… Ⅱ.①侯…②范…③郝… Ⅲ.①无机化学-化学实验-高等学校-教材②分析化学-化学实验-高等学校-教材 Ⅳ.①O61-33 ②O652.1

中国版本图书馆 CIP 数据核字（2014）第 106045 号

责任编辑：宋林青　　装帧设计：史利平
责任校对：李　爽

出版发行：化学工业出版社（北京市东城区青年湖南街 13 号　邮政编码 100011）
印　　装：三河市双峰印刷装订有限公司
787mm×1092mm　1/16　印张 14　字数 349 千字　　2023 年 8 月北京第 3 版第11次印刷

购书咨询：010-64518888　　售后服务：010-64518899
网　　址：http://www.cip.com.cn
凡购买本书，如有缺损质量问题，本社销售中心负责调换。

定　　价：39.80 元

化学实验基础系列教材编写指导委员会

主　任：张裕平

副主任：冯喜兰　许光日　连照勋　侯振雨　范文秀　李长恭

委　员（以姓氏汉语拼音为序）：

邓月娥　范文秀　冯喜兰　郝海玲　侯振雨　李长恭

李　英　连照勋　娄天军　亓新华　陶建中　王爱荣

许光日　杨凤霞　张裕平　祝　勇

《无机及分析化学实验》编写委员会

主　　编：侯振雨　范文秀　郝海玲

副 主 编：李　英　龚文君　李芸玲　王天喜　曲　黎　王　辉

参编人员（以姓氏汉语拼音为序）：

安彩霞　陈　娜　段凌瑶　范文秀　高慧玲　龚文君

郝海玲　侯玉霞　侯振雨　荆瑞俊　李　英　李芸玲

娄慧慧　牛红英　曲　黎　汤　波　王　辉　王天喜

姚树文　俞　露　张玉泉　赵　宁

编写说明

为适应当前实验教学改革，提高实验教学质量，化学实验基础系列教材指导编写委员会拟出版无机及分析化学实验、有机化学实验、无机化学实验和分析化学实验等系列教材。其中的分册无机及分析化学实验自2004年第一次出版，2009年再版，经过多年的教学实践，受到了高校师生的广泛好评，并荣获2011年中国石油和化学工业优秀出版物（教材）一等奖。本书在第一版、第二版的基础上，仍然以基本操作与技能训练为主线，通过基本操作与技能、化学技能与实践和化学实践与提高三个层次的实验，培养学生的动手及创新能力。

教材特色：

1. 注重基本操作与技能训练

化学实验的基本操作与技能是实验成功及安全的前提，是胜任化学实验各项工作必不可少的条件和根本保证。离开了基本操作与技能，化学实验的任何创新培养都是无水之源。因此，本教材通过基本操作与技能、化学技能与实践和化学实践与提高三个层次的实验，培养学生掌握化学实验的基本操作与技能，并在每一实验列出了预习提示及主要操作技能，引起学生对操作与技能的重视。

2. 基本操作与技能更加系统化

本版第一篇的基本操作与技能调整为四个模块：（1）化学实验基本操作；（2）光电仪器介绍及使用方法；（3）实验数据的记录、处理及结果评价；（4）预备实验——基本操作与技能训练，前三个模块为化学实验基本操作与技能，第四个模块为对应基本操作与技能的实训实验。

在调整过程中，将原第二版的部分实验内容改为实验阅读保留在对应的操作与技能中，供学生阅读和思考，培养学生理论联系实际的能力。

3. 注重内容更新，强化能力培养

本教材在试剂的取用及溶液的配制内容中增加了移液枪内容，使学生能够及时了解化学实验移取溶液的最新手段；在试样的制备与处理及综合实验内容中增加了植物样品的制备及氮含量的测定等内容，以更好的适合农、林院校使用，并具有更好的参考使用价值；在设计实验中引入车用防冻液和聚苯胺制备实验，将实验与生活和现代科研前沿相结合，注重理论联系实际和学生创新能力的培养。

4. 综合性实验具有较好的灵活性

将部分综合性实验拆分为两个实验分别安排在不同的模块中，不仅可以方便学校安排实验课，也能够使学生了解前一个实验的作用（如盐酸标准溶液的配制及混合碱中碳酸钠与碳酸氢钠的测定和氢氧化钠标准溶液的配制及铵盐中含氮量的测定等），或明白合成样品的含量如何测定（如硫酸铜的制备及铜含量的分析、硫酸亚铁铵的制备及铁含量的分析、粗食盐的提纯及氯化钠含量的测定等）。

参加本书编写的人员有：河南科技学院安彩霞、陈娜、段凌瑶、范文秀、高慧玲、龚文君、郝海玲、侯玉霞、侯振雨、荆瑞俊、李英、李芸玲、娄慧慧、牛红英、曲黎、汤波、王天喜、姚树文、俞露、张玉泉、赵宁，新乡学院王辉，全书由侯振雨统稿定稿。

本书在修订过程中，得到了化学实验基础系列教材编写指导委员会的大力支持，在此表示衷心感谢！编写过程中，参考了一些兄弟院校的教材，并吸收了其部分内容，化学工业出版社也给予了大力支持和帮助，在此表示衷心感谢！

限于编者水平有限，书中不妥之处，请与我们联系（houzhy0373@163.com），以便改进我们的工作。

编者

2014 年 5 月

第一版编写说明

近年来，为适应高等教育的改革与发展，各高校一般将“无机化学”和“分析化学”两门化学基础课合为一门课程，即“无机及分析化学”。传统的“无机及分析化学实验”是与“无机及分析化学”相配套的一门实验课，其实验内容继承了原先的化学实验体系，完全从属于“无机及分析化学”理论课，存在着多种弊端。如，实验内容多为验证性实验，部分学生甚至误认为实验教学的作用只限于验证化学知识和理论，因而不重视实验操作技能训练；实验操作训练培养不系统、不扎实，即缺乏系统培养学生基本操作的实验教学体系。为此，编者提出“无机及分析化学实验”教材的编写应以基本技能为主线，应脱离实验教材完全依附于化学理论课的编写模式，使“无机及分析化学实验”成为一门独立的课程，更好地为专业课服务。

本教材的编写特点：

1. 基本操作与技能的训练更加系统化。无机及分析化学的基本知识、基本操作和基本技能分布在第二篇的15个实验中，便于对学生进行系统训练。

2. 明确了每一个实验所要掌握的基本操作与技能。基本操作与技能安排在每一个实验的“实验原理与技能”部分，加强了实验教学的针对性，便于教师组织课堂教学。

3. 将无机化学实验和分析化学实验的基本操作与技能融为一体，建立了自身的实验教学体系。

4. 考虑到实验教学课时的因素，大多数实验可在两个学时内完成。

5. 结合现代分析化学的发展方向，加入了部分仪器分析实验内容。

6. 实验内容丰富（全书共58个实验），教师可根据学校的实际情况，选择适合自身学校特点的实验内容组织实验教学。

本书的第一篇及第二篇的实验1～6由侯振雨编写；第三篇的物理量与化学常数的测定、无机制备实验由郝海玲编写；第三篇的性质与定性分析实验、仪器分析实验由张玉泉编写；第三篇的定量化学分析实验由范文秀编写；其余部分由王泽云、谷永庆、王建新、李亚东（郑州轻工业学院）、娄天军、张焱、李英、杨凤霞等编写。全书由侯振雨、范文秀审稿，修改和定稿。

在本书的编写过程中，黄建华、陶建中教授提出了很多建设性意见，化学工业出版社也给予了大力支持和帮助，在此表示衷心感谢。

由于时间仓促，并且编者水平有限，书中难免有不妥甚至错误之处，敬请读者批评指正。

编　者

2004年7月于河南科技学院

第二版编写说明

为适应高等教育的改革与发展，河南科技学院无机及分析化学实验教材编写组提出了以基本技能训练为主线的编写指导思想，并于2004年出版了《无机及分析化学实验》。本书自出版以来，经过教学实践，受到了学生和教师的好评。第二版在第一版编写指导思想和教材特色的基础上，从提高学生分析和解决实际问题的能力出发，对第一版作了如下修改。

(1) 为完善本教材的编写体系，增加了综合性和设计性实验，使实验教学体系由基本操作与技能训练到基本操作与技能的应用，并最终过渡到利用基础理论和技能进行的综合性和设计性实验。通过基本操作与技能、化学技能与实践、化学实践与提高三个层次的实验训练，实现基本操作与技能由训练到真正为理论服务的教学理念，提高学生的科研能力和科研意识。

(2) 在编写过程中，按照绿色化学的思维方式，尽量从源头上消除污染，如 $CuSO_4 \cdot 5H_2O$ 的制备及提纯，原有的方法有二氧化氮气体生成，第二版将制备过程中的氧化剂由硝酸改为双氧水，实现了实验室无污染合成 $CuSO_4 \cdot 5H_2O$。

(3) 在编写过程中，注重各实验之间的联系，提高学生理论知识的综合应用。如提纯粗食盐的产品可以作为莫尔法测定氯的样品，莫尔法测定氯的废液又在含银废液回收实验中制备成了硝酸银，制备的硝酸银又可用于莫尔法标准溶液的配制。这种安排实验内容的方式不仅实现了试剂的综合利用，同时也减少了废液和废渣的排放。

(4) 在编写过程中，注重学生自学能力的培养，将第一版的“预习思考题”改为“预习提示”，并由第一版实验内容的最后，提到“实验目的”之后和“实验原理与技能”之前，使学生的预习更加具有针对性，提高学生预习的效果。

(5) 在编写过程中，注重吸收当代教学和科研的新成果，注重培养学生的创新能力和科研能力。

在本书修订过程中，范文秀、郝海玲、侯玉霞、侯振雨、荆瑞俊、李英、娄天军、陶建中、王建新、姚树文、俞露、张淼、张玉泉等参加了修订工作，并相互进行了审阅，最后由侯振雨负责修改并统稿。

本书在编写过程中参考了一些兄弟院校的教材，并吸收了其部分内容，化学工业出版社也给予了大力支持和帮助，在此表示衷心感谢！

用新的编写指导思想和理念编写无机及分析化学实验教材是一种新的尝试，但限于编者水平，书中不妥甚至错误之处请与我们联系（houzhy@hist.edu.cn），以便改进我们的工作。

编者

2009年1月

目录

绪论 …… 1
一、化学实验的目的及任务 …… 1
二、化学实验的基本程序 …… 1
三、实验报告书写格式及要求 …… 2
四、实验室规则 …… 5
五、实验室安全知识 …… 5
第一篇　基本操作与技能
第一章　化学实验基本操作 …… 9
第一节　常见玻璃器皿及其他辅助器具的使用 …… 9
第二节　加热方法及温度的测量与控制 …… 16
第三节　实验室用水要求及玻璃仪器的洗涤和干燥 …… 22
第四节　天平的使用及称量方法 …… 25
第五节　试剂的取用及溶液的配制 …… 35
第六节　气体的制备与净化 …… 41
第七节　分离方法与技能 …… 48
第八节　性质实验基本技能 …… 56
第九节　试样的制备与处理 …… 60
第十节　滴定操作与技能 …… 64
第十一节　重量分析基本操作 …… 68
第二章　光电仪器介绍及使用方法 …… 72
第一节　酸度计介绍及使用方法 …… 72
第二节　电导率仪介绍及使用方法 …… 74
第三节　可见分光光度计及使用方法 …… 75
第三章　实验数据的记录、处理及结果评价 …… 77
第一节　有效数字及实验数据的记录 …… 77
第二节　数据处理的方法 …… 78
第三节　定量分析结果的表示方法 …… 80
第四章　预备实验——基本操作与技能训练 …… 83
实验一　常见仪器介绍及玻璃仪器的洗涤和干燥 …… 83
实验二　纯水的制备及检验 …… 83
实验三　玻璃管加工与洗瓶的装配方法 …… 84
实验四　称量方法及操作 …… 88
实验五　缓冲溶液的配制及溶液 pH 值的测定 …… 89
实验六　性质实验基本技能训练 …… 92
实验七　粗食盐的提纯 …… 95
实验八　滴定管、容量瓶和移液管的校正 …… 97
实验九　滴定操作训练 …… 98
实验十　定量分析标准系列的配制及工作曲线的绘制 …… 100
第二篇　化学技能与实践
第五章　物理量与化学常数的测定 …… 102
实验十一　摩尔气体常数的测定 …… 102

实验十二　二氧化碳相对分子质量的测定 …… 104
实验十三　化学反应速率常数的测定 …… 106
实验十四　凝固点降低法测定分子量 …… 110
实验十五　化学反应热效应的测定 …… 113
实验十六　醋酸离解度和离解平衡常数的测定 …… 115
（一）pH 法 …… 115
（二）电导率法 …… 117
实验十七　溶度积常数的测定 …… 119
（一）$PbCl_2$ 溶度积常数的测定——离子交换法 …… 119
（二）碘酸铜溶度积常数的测定——分光光度法 …… 120
实验十八　磺基水杨酸合铁（Ⅲ）配合物的组成及稳定常数的测定 …… 121
实验十九　原电池电动势的测定 …… 124
第六章　无机制备实验 …… 128
实验二十　$CuSO_4 \cdot 5H_2O$ 的制备及提纯 …… 128
实验二十一　硫代硫酸钠的制备 …… 129
实验二十二　硫酸亚铁铵的制备 …… 130
实验二十三　胶体的制备和性质 …… 132
第七章　性质与定性分析实验 …… 135
实验二十四　酸碱性质与酸碱平衡 …… 135
实验二十五　沉淀溶解平衡 …… 137
实验二十六　配位化合物 …… 139
实验二十七　氧化还原反应与氧化还原平衡 …… 141
实验二十八　常见阳离子的定性分析 …… 143
实验二十九　常见阴离子的定性分析 …… 146
第八章　定量化学分析实验 …… 149
标准溶液的配制和标定 …… 149
实验三十　盐酸和氢氧化钠溶液的配制与标定 …… 149
实验三十一　EDTA 标准溶液的配制与标定 …… 150
实验三十二　高锰酸钾标准溶液的配制与标定 …… 151
实验三十三　碘和硫代硫酸钠标准溶液的配制与标定 …… 152
直接滴定法 …… 154
实验三十四　食醋中总酸量的测定（酸碱滴定法） …… 154
实验三十五　混合碱中碳酸钠与碳酸氢钠的测定（酸碱滴定法） …… 155
实验三十六　铵盐中含氮量的测定（甲醛法） …… 156
实验三十七　食盐中氯含量的测定（莫尔法） …… 157
实验三十八　水硬度的测定（配位滴定法） …… 158
实验三十九　过氧化氢的测定（高锰酸钾法） …… 160
实验四十　亚铁盐中铁的测定（重铬酸钾法） …… 161
实验四十一　维生素 C 含量的测定（直接碘量法） …… 162
返滴定法 …… 162
实验四十二　氯化物中氯含量的测定［佛尔哈德（Volhard）法］ …… 162
实验四十三　硫糖铝中铝和硫含量的测定（配位滴定法） …… 164
置换滴定法 …… 166
实验四十四　铝及铝合金中铝的测定（EDTA 置换滴定法） …… 166
实验四十五　硫酸铜中铜含量的测定（间接碘量法） …… 167
间接滴定法 …… 168
实验四十六　草木灰中钾含量的测定（高锰酸钾法） …… 168
重量法 …… 170

实验四十七　氯化钡中钡的测定（重量法）…… 170
第九章　仪器分析实验 …… 172
紫外-可见分光光度法 …… 172
实验四十八　分光光度法测定自来水中铁的含量 …… 172
实验四十九　磷钼蓝分光光度法测定土壤全磷 …… 173
实验五十　紫外分光光度法测定水中苯酚的含量 …… 175
电位法 …… 176
实验五十一　水中微量氟的测定 …… 176
原子吸收分光光度法 …… 177
实验五十二　原子吸收分光光度法测定水中镁的含量 …… 177
气相色谱法 …… 179
实验五十三　气相色谱法测定白酒中乙醇的含量 …… 179

第三篇　化学实践与提高

第十章　综合性实验 …… 182
实验五十四　硫酸铜的制备及铜含量的分析 …… 182
实验五十五　硫酸亚铁铵的制备及铁含量的分析 …… 182
实验五十六　粗食盐的提纯及氯化钠含量的测定 …… 182
实验五十七　盐酸标准溶液的配制及混合碱中碳酸钠与碳酸氢钠的测定 …… 182
实验五十八　氢氧化钠标准溶液的配制及铵盐中含氮量的测定 …… 183
实验五十九　碳酸钠的制备及含量测定 …… 183
实验六十　纳米氧化锌的制备及表征 …… 185
实验六十一　银量法废液中银的回收 …… 186
实验六十二　含铬废液的处理和铬的测定 …… 187
实验六十三　水中化学需氧量（COD）的测定（高锰酸钾法）…… 188
实验六十四　植物样品的氮含量测定 …… 190
第十一章　设计性实验 …… 193
实验六十五　汽车用防冻液的制备 …… 193
实验六十六　基于不锈钢电极的电化学方法合成聚苯胺 …… 193
实验六十七　气敏材料的制备及性能测定 …… 194
实验六十八　常见基本离子的鉴定 …… 194
实验六十九　碳酸钙含量的测定 …… 195
实验七十　电解精盐水的分析 …… 195
实验七十一　NH_3-NH_4Cl 混合液中各组分含量的测定 …… 196
实验七十二　铁-铝混合液中各组分含量的测定 …… 196
附录 …… 197
附录1　国际相对原子质量表 …… 197
附录2　常见化合物的摩尔质量表 …… 198
附录3　常用基准物质 …… 200
附录4　常用指示剂 …… 201
附录5　常用缓冲溶液 …… 204
附录6　常用标准缓冲溶液 …… 205
附录7　常用酸、碱的浓度 …… 205
附录8　水溶液中某些离子的颜色 …… 206
附录9　部分化合物的颜色 …… 207
附录10　水的密度 …… 209
附录11　水的饱和蒸气压（$\times10^2$ Pa，273.2～313.2K）…… 210
附录12　常见难溶化合物的溶度积常数 …… 211
附录13　常见氢氧化物沉淀的pH …… 212
参考资料 …… 213

绪　论

一、化学实验的目的及任务

化学是一门以实验为基础的自然学科，离开化学实验，化学教学的质量就不能得到保证。通过化学实验课程的学习与实践，不仅能够巩固化学理论课的基础知识、基本原理，更重要的是培养学生的动手能力、观察、分析和解决问题的能力，提高学生的科学素养，使学生掌握化学实验的基本操作与技能，养成严谨的实事求是的科学态度，为后续的专业理论课和实验课打下良好的基础。

二、化学实验的基本程序

掌握化学实验的基本操作与技能是无机及分析化学实验教学的主要目标之一，是实验成功及安全的前提，是胜任化学实验各项工作必不可少的条件和根本保证。因此，本教材围绕基本操作与技能编写了大量实验，并在每一实验列出了预习提示及主要操作技能，方便学生预习和学习。化学实验的基本程序可以分为三个阶段。

1. 课前预习

认真预习实验内容是做好实验的第一步。预习时，应认真阅读实验教材和有关教科书；明确实验目的、基本原理与技能；了解实验内容及实验难点；熟悉安全注意事项；参考预习提示，写出实验预习报告。预习报告是实验报告的一部分，包括实验目的、简要的实验原理与计算公式、实验步骤或流程图、数据记录与处理的格式等。

2. 认真做实验

学生在教师指导下独立进行实验是实验课的主要教学环节，也是训练学生正确掌握实验技能达到培养目的的重要手段。实验时，原则上应按教材上所提示的步骤、方法和试剂用量进行，若提出新的实验方案，应经教师批准后方可进行实验。实验课要求做到下列几点：

① 认真听老师讲解内容；

② 做好实验准备工作，如实验台面的擦拭、玻璃仪器的洗涤及仪器的检查等；

③ 按正确方法进行实验操作，仔细观察现象，并及时、如实地做好记录；

④ 如果发现实验现象和理论不符合，应尊重实验事实，认真分析和检查原因，也可以做对照实验、空白实验或自行设计实验来核对，必要时应多次重做验证，从中得到有益的结论；

⑤ 实验过程中应勤于思考，仔细分析，力争自己解决问题，但遇到疑难问题而自己难以解决时，可请教师指点；

⑥ 在实验过程中，严格遵守实验室规则。

3. 完成实验报告

完成实验报告是对所学知识进行归纳和提高的过程，也是培养严谨的科学态度、实事求是精神的重要措施，应认真对待。

实验报告的内容总体上可分为三部分。

① 实验预习（实验前完成）。按实验目的、原理与技能、步骤等项目简要书写。

② 实验记录（实验过程中完成）。包括实验现象、数据，这部分数据称为原始数据。必须如实记录，不得随意更改。

③ 数据处理与结果（实验后完成）。包括对数据的处理方法及对实验现象的分析和解释。

实验报告的书写应字迹端正、简明扼要、整齐清洁，决不允许草率应付或抄袭编造。

三、实验报告书写格式及要求

格式1

对于滴定分析实验，实验报告的常用格式如下：

实验序号及名称：____________

姓名：______ 实验台号：______

实验日期：______年______月______日

一、实验目的

实验目的应围绕原理的巩固、方法的学习和操作技能的掌握进行归纳总结，不应原封不动照抄实验教材。

二、实验原理

原理应简单明了，尽可能以方程式、公式代替叙述。

三、实验步骤

实验步骤一般采用简单的流程方式或分为几个步骤进行书写，不要不分层次，照抄原书。

四、原始记录

滴定剂：________ ；指示剂 ________

	1	2	3	4(备用)
称量记录 基准物质或样品质量(g)				
试液体积/mL				
滴定记录				
初读数/mL				
终读数/mL				
消耗体积/mL				

指导教师签字：________

五、数据处理

M(基准物质或被测物质)＝____________ $g \cdot mol^{-1}$

	1	2	3
基准物质或样品质量/g			
滴定剂用量/mL			
标准溶液的浓度/$mol \cdot L^{-1}$ 或被测物质的质量分数 w			
标准溶液浓度平均值/$mol \cdot L^{-1}$ 或被测物质的质量分数 w 平均值			
相对平均偏差/%			

六、注意事项（要求学生根据实验体会，列出自己认为应该注意的问题）

格式 2

对于常数测定实验，实验报告中常将数据记录与处理结果合并在一起。如摩尔气体常数的测定，其实验报告格式如下：

实验序号及名称：实验七　摩尔气体常数的测定

姓名：______　实验台号：______

实验日期：______年______月______日

一、实验目的

二、实验原理

三、实验步骤

四、数据记录与处理

$M(Mg)=$__________$g\cdot mol^{-1}$　R(理论值)$=$________________$kPa\cdot L\cdot mol^{-1}\cdot K^{-1}$

	1	2
镁条质量 m/g		
室温 $t/℃$		
室温$(T=273.15+t)/K$		
大气压 p/kPa		
T 时水的饱和蒸气压 $p(H_2O)/kPa$		
氢气的分压 $p(H_2)=p-p(H_2O)/kPa$		
反应前量气管液面读数 V_1/mL		
反应后量气管液面读数 V_2/mL		
氢气的体积 $V(H_2)/L$		
摩尔气体常数 R(测定值)$/kPa\cdot L\cdot mol^{-1}\cdot K^{-1}$		
摩尔气体常数 R(平均值)$/kPa\cdot L\cdot mol^{-1}\cdot K^{-1}$		
摩尔气体常数 R(理论值)$/kPa\cdot L\cdot mol^{-1}\cdot K^{-1}$		
测量的相对误差/%		

指导教师签字：__________

五、注意事项

格式 3

对于合成实验，数据记录较少，但实验过程中的一些现象也需要认证记录，以培养学生观察、分析问题的能力。

合成实验实验报告格式：

实验序号及名称：__________________

姓名：______ 实验台号：______

实验日期：______年______月______日

一、实验目的

二、实验原理

三、实验步骤

四、实验记录及结果

1. 实验过程的主要现象

2. 数据记录及实验结果

原料质量/g：

产品质量/g：

产率：

产品外观：

五、注意事项

指导教师签字：__________

格式 4

性质实验一般没有实验数据，但有颜色变化、沉淀生成和气泡产生等现象的发生，每一现象的发生都有其对应的原因，因此，实验过程应仔细观察，认真记录每一现象，并分析产生该现象的原因。性质实验的实验报告可将实验步骤、实验记录和结论合并设计。

性质实验实验报告格式：

实验序号及名称：__________________

姓名：______ 实验台号：______

实验日期：______年______月______日

一、实验目的

二、实验原理

三、仪器与试剂

四、实验内容及记录

实验内容(步骤)	实验现象	原因或结论
实验 1		
实验 2		
实验 3		
……		

指导教师签字：__________

四、实验室规则

实验室规则是人们在长期的实验室工作中，从正反两方面的经验、教训中归纳总结出来的。它可以防止意外事故，保持正常的实验环境和工作秩序。遵守实验室规则是做好实验的重要前提。

① 学生在做实验前，必须认真预习，明确实验目的、原理、步骤及操作规程，未做好预习者，教师应对其提出批评和警告。

② 学生进入实验室后，未经教师准许不得随意开始实验，不得乱动仪器、药品或其他设备用具。教师讲授完毕，凡有不明确的问题，应及时向教师提出，在完全明确本次实验各项要求，并经教师同意后，方可进行实验。

③ 学生做实验时，要严格按规定的步骤和要求进行操作，按规定的量取用药品。如，称取药品后，应及时盖好原瓶盖并放回原处，不得做规定以外的实验，凡遇疑难问题，应及时请教，不得自行其是。

④ 学生做实验时，应按照要求，仔细观察实验现象，并正确地进行记录；实验所得数据与结果不得涂改或弄虚作假，必须如实记在记录本上。

⑤ 学生进行实验时，要注意安全，爱惜仪器和试剂。如有损坏，必须及时登记补领。

⑥ 实验中必须保持肃静，不准大声喧哗，不得到处乱走。

⑦ 实验中要注意实验室及实验台的卫生工作。如，实验台上的仪器应整齐地放在一定的位置上，并经常保持台面的清洁；废纸、火柴梗和碎玻璃等应倒入垃圾箱内。

⑧ 实验过程中的废液，未经允许，不得倒入下水道。较稀的酸、碱废液可倒入水槽中，但应立即用水冲洗，较浓的酸、碱废液应倒入相应的废液缸中，或经处理后直接排出。

⑨ 使用精密仪器时，必须严格按照操作规程进行操作，细心谨慎，避免因粗心大意而损坏仪器。如发现仪器有故障，应立即停止使用，报告教师。使用后必须自觉填写仪器使用登记本。

⑩ 实验结束时，应将所用仪器洗净并整齐地放回柜内。实验台及试剂架必须擦净，经教师或实验员检查实验记录和实验台合格后方可离开实验室。

⑪ 室内任何物品，严禁私自拿出室外或借用。需在室外进行实验时，所需物品应经教师或实验员同意，列出清单查核登记后方可带出室外。实验完毕后及时清理，如数归还。

⑫ 实验中，凡人为损坏或遗失仪器设备及工具者应追查责任，给予批评教育，并按有关规定办理赔偿手续。

⑬ 每次实验后由学生轮流值勤，负责打扫和整理实验室，并检查水龙头、煤气开关、门、窗是否关紧，电闸是否关闭，以保持实验室的整洁和安全。

⑭ 实验室属重点防护场所，非实验时间除本室管理人员外，严禁任何人随意进入；实验时间内非规定实验人员不得入内。室内存放易燃、易爆、有毒及贵重的物品，必须按有关部门的规定妥善保管。每次实验完毕后，实验员应进行安全检查，确认无误后方能离开实验室。

⑮ 实验室必须配备灭火设备，如灭火器、石棉布、沙子等。

⑯ 实验室应配备处理人员意外受伤的急救药箱。

五、实验室安全知识

化学药品有很多是易燃、易爆、有腐蚀性和有毒的。因此，重视安全操作，熟悉一般的安全知识是非常必要的。

注意安全首先需要从思想上高度重视，决不能麻痹大意。其次，在实验前应了解仪器的性能和药品的性质以及本实验中的安全事项。再次，要学会一般救护措施，一旦发生意外事故，可及时进行处理。实验室的废液必须按要求进行处理，不能随意乱倒，以保持实验室环境不受污染。

1. 实验室安全守则

① 实验时，应穿上实验工作服，不得穿拖鞋。

② 不要用湿手、湿物接触电源。水、电、煤气（液化气）一经使用完毕，应立即关闭水龙头、电闸和煤气（液化气）开关。点燃的火柴用后立即熄灭，不得乱扔。

③ 严禁在实验室内吃东西、吸烟，或把食具带进实验室。实验完毕，必须洗净双手后才能离开实验室。

④ 严格按实验步骤及要求做实验，绝对不允许随意更改实验步骤或混合各种化学药品，以免发生意外事故。

⑤ 实验室所有药品不得带出室外。用剩的有毒药品应如数还给教师。

⑥ 洗涤过的仪器，严禁用手甩干，以防未洗净容器中含有的酸、碱液等伤害他人身体或衣物。

⑦ 倾注药剂或加热液体时，不要俯视容器，以防溅出。试管加热时，切记不要使试管口对着自己或别人。

⑧ 不要俯向容器去嗅放出的气味。闻气味时，应该是面部远离容器，用手把离开容器的气流慢慢地扇向自己的鼻孔。能产生有刺激性或有毒气体（如 H_2S、HF、Cl_2、CO、NO_2、Br_2 等）的实验必须在通风橱内进行。

⑨ 有毒药品（如重铬酸钾、钡盐、铅盐、砷的化合物、汞的化合物、特别是氰化物）不得进入口内或接触伤口。剩余的废液也不能随便倒入下水道。

⑩ 易燃、易爆及有毒试剂的使用，必须在掌握其性质及使用方法后方可使用。

⑪ 实验室产生的三废（废气、废液及废渣）必须经过处理后方可排弃。

2. 常见有害试剂的使用及处理方法

① 钾、钠和白磷等暴露在空气中易燃烧。所以钾、钠应保存在煤油中，白磷则可保存在水中。使用时必须遵守其使用规则，如取用时要用镊子。一些有机溶剂（如乙醚、乙醇、丙酮、苯等）极易引燃，使用时必须远离明火，用毕立即盖紧瓶塞。

② 混有空气的不纯氢气、CO 等遇火易爆炸，操作时必须严禁接近明火；在点燃氢气、CO 等易燃气体之前，必须先检查并确保纯度。银氨溶液不能留存，因久置后会变成氮化银且易爆炸。某些强氧化剂（如氯酸钾、硝酸钾、高锰酸钾等）或其混合物不能研磨，否则将引起爆炸。

③ 浓酸、浓碱具有强腐蚀性，切勿使其溅在皮肤或衣服上，尤其是更应注意防护眼睛。稀释时（特别是浓硫酸）应将它们慢慢倒入水中，而不能相反进行，以避免迸溅。

④ 金属汞易挥发（瓶中要加一层水保护），并可通过呼吸道而进入人体内，逐渐积累会引起慢性中毒。取用汞时，应该在盛水的搪瓷盘上方操作。做金属汞的实验应特别小心，不得把汞洒落在桌上或地上。一旦洒落，应用滴管或胶带纸将洒落在地面上的水银收集起来，放进可以封口的小瓶中，并在瓶中加入少量水，难以收集起来的汞，用硫磺粉覆盖在汞洒落区域，使汞转变成不挥发的硫化汞，再加以清除。

⑤ 实验室三废的处理方法　产生少量有毒气体的实验应在通风橱内进行，通过排风

设备将少量毒气排到室外（使排出气在外面大量空气中稀释），以免污染室内空气；产生毒气量大的实验必须备有吸收或处理装置，如 N_2、SO_2、Cl_2、H_2S、HF 等可用导管通入碱液中使其大部分吸收后排出；CO 可点燃转变为 CO_2；少量有毒的废渣可掩埋于指定地点；对含重金属离子的废液可加碱调 pH 为 8～10 后再加硫化物处理，使其毒害成分转变成难溶于水的氢氧化物或硫化物沉淀，分离后的沉淀残渣掩埋于指定地点，清液达环保排放标准后方可排放；废铬酸洗液可加入 $FeSO_4$，使六价铬还原为毒性很小的三价铬后，再按普通重金属离子废液处理；含氰废液量少时，可先加 NaOH 调 pH＞10，再加适量 $KMnO_4$ 使 CN^- 氧化分解除去，量多时，则在碱性介质中加 NaClO 使 CN^- 氧化分解成 CO_2 和 N_2。

3. 实验室事故的处理方法

① 创伤　皮肤被玻璃戳伤后，不能用手抚摸或用水洗涤伤处，应先把碎玻璃从伤口处挑出，然后用消毒棉棒把伤口擦净。轻伤可涂以紫药水（或红汞、碘酒），必要时撒些消炎粉或敷些消炎膏，用绷带包扎。

② 烫伤　不要用冷水洗涤伤处。伤处皮肤未破时，可涂上饱和 $NaHCO_3$ 溶液或用 $NaHCO_3$ 粉调成糊状敷于伤处，也可抹獾油或烫伤膏；如果伤处皮肤已破，可涂些紫药水或稀 $KMnO_4$ 溶液。

③ 受酸（如浓硫酸）腐蚀致伤　先用大量水冲洗，再用饱和 $NaHCO_3$ 溶液（或稀氨水、肥皂水）洗，最后再用水冲洗，如果酸溅入眼内，用大量水冲洗后，送医院诊治。

④ 受碱腐蚀致伤　先用大量水冲洗，再用 2%醋酸溶液或饱和硼酸溶液清洗，最后用水冲洗。如果碱溅入眼中，应立刻用硼酸溶液清洗。

⑤ 吸入刺激性或有毒气体　吸入氯、氯化氢气体时，可吸入少量酒精和乙醚的混合蒸气使之解毒。吸入硫化氢或一氧化碳气体而感到不适时，应立即到室外呼吸新鲜空气，但应注意氯、溴中毒不可进行人工呼吸，一氧化碳中毒不可使用兴奋剂。

⑥ 受溴腐蚀致伤　用苯或甘油清洗伤口，再用水冲洗。

⑦ 受磷灼伤　用 1%硝酸银或 5%硫酸铜清洗伤口，然后包扎。

⑧ 毒物进入口内　把 5～10mL 稀硫酸铜溶液加入一杯温水中，内服后用手指伸入咽喉部，促使呕吐，吐出毒物，然后立即送医院。

⑨ 触电　首先切断电源，然后在必要时进行人工呼吸。

⑩ 起火　起火后，要一面灭火，一面采取措施防止火势蔓延（如切断电源，移走易燃药品等）。灭火时，要针对起因选用合适的方法。一般的小火用湿布、石棉布或沙子覆盖燃烧物，即可灭火；火势大时，应使用灭火器（表 0-1）。但电器设备所引起的火灾，应使用二氧化碳或四氯化碳灭火器灭火，不能使用泡沫灭火器，以免触电。活泼金属如钠、镁以及白磷等着火，宜用干沙灭火，不宜用水、泡沫灭火器以及 CCl_4 等。实验人员衣服着火时，切勿惊慌乱跑。应尽快脱下衣服，或用石棉布覆盖着火处。

表 0-1　常用灭火器介绍

灭火器类型	灭火剂成分	适用范围
泡沫灭火器	$Al_2(SO_4)_3$ 和 $NaHCO_3$	适用于油类起火
二氧化碳灭火器	液态 CO_2	适用于扑灭忌水的火灾，如电器设备和小范围油类火灾等
酸碱式	H_2SO_4 和 $NaHCO_3$	非油类和非电器的一般火灾

续表

灭火器类型	灭火剂成分	适用范围
干粉灭火器	碳酸氢钠等盐类物质与适量的润滑剂和防潮剂	适用于不能用水扑灭的火灾，如精密仪器、油类、可燃性气体、电器设备、图书文件和遇水易燃物品的初起火灾
四氯化碳灭火器	液态 CCl_4	适用于扑灭电器设备、小范围的汽油、丙酮等失火
1211 灭火剂	CF_2ClBr 液化气体	特别适用于不能用水扑灭的火灾，如精密仪器、油类、有机溶(熔)剂、高压电气设备的失火等

⑪ 伤势较重者应立即送医院　为了对实验室意外事故进行紧急处理，实验室必须配备常用急救药品。如红药水、碘酒（3%）、烫伤膏、消炎粉、消毒纱布、消毒棉、剪刀、棉花棒等药品。

第一篇　基本操作与技能

第一章　化学实验基本操作

第一节　常见玻璃器皿及其他辅助器具的使用

化学实验涉及到多种仪器和器皿，必须熟悉各种仪器和器皿的使用方法，才能充分发挥各种仪器的作用，避免事故发生，使实验顺利完成。化学实验常见玻璃器皿及其他辅助器皿的使用方法见表1-1。

表 1-1　无机及分析实验常用仪器介绍

仪　　器	材质与规格	使用说明
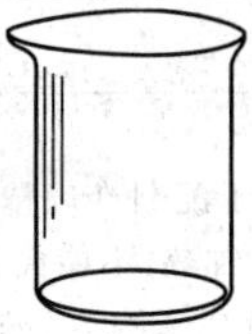 烧杯	玻璃质或塑料质。玻璃质分硬质和软质，有一般型和高型、有刻度和无刻度等几种。一般以容积表示规格，有 50mL、100mL、250mL、500mL、1000mL、2000mL 等几种	玻璃烧杯常用于大量物质的反应容器，可以加热。加热时烧杯底部要垫石棉网，所盛反应液体一般不能超过烧杯容积的 2/3。也可用于配制溶液 塑料质（聚四氟乙烯）烧杯常用作有强碱性溶剂或氢氟酸分解样品的反应容器。加热温度一般不能超过 200℃
 锥形瓶 　碘量瓶	玻璃质，分硬质和软质、有塞（磨口）和无塞、广口和细口等几种。一般以容积表示规格，有 50mL、100mL、250mL、500mL 等几种	用作反应容器、接收容器、滴定容器（便于振荡）和液体干燥器等。加热时应垫石棉网或用水浴，以防破裂 有塞的锥形瓶又叫碘量瓶，在间接碘量法中使用
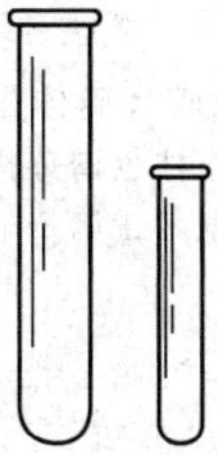 试管 　离心试管	玻璃质，分硬质试管和软质试管、普通试管和离心试管等几种。一般以容积表示规格，有 5mL、10mL、15mL、20mL、25mL 等几种。无刻度试管按外径（mm）×管长（mm）分类，有 8×70、10×75、10×100、12×100、12×120 等规格	试管常用作常温或加热条件下少量试剂的反应容器，便于操作和观察，也可用来收集少量的气体 离心试管主要用于沉淀分离。离心试管加热时可采用水浴，反应液不应超过容积的 1/2

续表

仪　　器	材质与规格	使用说明
试管架	一般为木质、铝质或有机玻璃等材质，有不同形状和大小，用于放试管和离心试管	使用过的试管和离心试管应及时洗涤，以免放置时间过久而难于洗涤
量筒	玻璃质，一般以容积表示规格，有5mL、10mL、25mL、50mL、100mL、500mL、1000mL等几种	量出容器。用于量取一定体积的液体。使用时不可加热；不可量取热的液体或溶液；不可作实验容器，以防影响容器的准确性 读取数据时，应将凹液面的最低点与视线置于同一水平上并读取与弯月面相切的数据
移液管　吸量管	玻璃质，分单刻度大肚型和刻度管型两种，一般以容积表示规格，常量的有1mL、2mL、5mL、10mL、25mL、50mL等规格；微量的有0.1mL、0.25mL、0.5mL等几种	量出容器。精确量取一定体积的液体，不能移取热的液体。使用时注意保护下端尖嘴部位。具体使用方法见本章第五节试剂的取用及溶液的配制
容量瓶	玻璃质，一般以容积表示规格，有10mL、25mL、50mL、100mL、500mL、1000mL、2000mL等几种	量入容器。用于配制准确浓度的溶液。注意事项：①不能加热，不能代替试剂瓶用来存储溶液，以避免影响容量瓶容积的准确度；②为配制准确，溶质应先在烧杯内溶解后再移入容量瓶；③不用时应在塞子和旋塞处垫上纸片。具体使用方法见本章第五节试剂的取用及溶液的配制
酸式滴定管　碱式滴定管	玻璃质，有酸式和碱式两种，一般以容积表示规格，常见的有10mL、25mL、50mL、100mL等几种	用于滴定分析或量取较准确体积的液体。酸式滴定管还可用作柱色谱分析中的色谱柱。具体使用方法见本章第十节滴定操作与技能

续表

仪　　器	材质与规格	使用说明
分液漏斗　滴液漏斗	玻璃质，分球形、梨形、筒形和锥形等几种。一般以容积表示规格，有50mL、100mL、250mL、500mL 等几种	分液漏斗用于分离互不相溶的液体，也可用于向某容器加入试剂。若需滴加，则需用滴液漏斗 注意事项：①不能加热；②防止塞子和旋塞损坏；③不用时应在塞子和旋塞处垫上纸片，以防其不能取出，特别是分离或滴加碱性溶液后，更应注意
安全漏斗	玻璃质，分为直形、环形和球形	用于加液和装配气体发生器，使用时应将漏斗颈插入液面以下
长颈漏斗　短颈漏斗	玻璃质、搪瓷质或塑料质，分为长颈和短颈两种。一般以漏斗颈表示规格，有 30mm、40mm、60mm、100mm、120mm 等几种	用于过滤沉淀或倾注液体，长颈漏斗也可用于装配气体发生器。不能加热（若需加热，可用铜漏斗过滤），但可过滤热的液体。具体使用方法见本章第七节分离方法与技能
布氏漏斗	瓷质，常以直径表示其大小	用于减压过滤，常与抽滤瓶配套使用。不能加热，滤纸应稍小于其内径。具体使用方法见本章第七节分离方法与技能
漏斗式　坩埚式 玻璃漏斗(砂芯漏斗)	是一类由颗粒状玻璃、石英、陶瓷或金属等经高温烧结，并具有微孔结构的过滤器。常用的是砂芯漏斗，它的底部是玻璃砂在 873K 左右烧结的多孔片。根据烧结玻璃孔径的大小分为 6 种型号	用于过滤沉淀，常和抽滤瓶配套使用。不宜过滤浓碱溶液、氢氟酸溶液或热的浓磷酸溶液
抽滤瓶	玻璃质，一般以容积表示规格，有50mL、100mL、250mL、500mL 等几种	用于减压过滤，上口接布氏漏斗或玻璃漏斗，侧嘴接真空泵。不能加热

续表

仪器	材质与规格	使用说明
漏斗架	木制或铁制	过滤时用于承接漏斗，漏斗的高度可由漏斗架调节
表面皿	玻璃质，一般以直径单位表示规格，有 45mm、65mm、75mm、90mm 等几种	多用于盖在烧杯上，防止杯内液体迸溅或污染。使用时不能直接加热
平底烧瓶 圆底烧瓶 蒸馏烧瓶	通常为玻璃质，分硬质和软质，有平底、圆底、长颈、短颈、细口、厚口和蒸馏烧瓶等几种。一般以容积表示规格，有 50mL、100mL、250mL、500mL 等几种	用于化学反应的容器或液体的蒸馏。使用时液体的盛放量不能超过烧瓶容量的 2/3，一般固定在铁架台上使用
滴瓶	通常为玻璃质，分无色和棕色（避光）两种。滴瓶上乳胶滴头另配。一般以容积表示规格，有 15mL、30mL、60mL、125mL 等几种	用于盛放少量液体试剂或溶液，便于取用。滴管为专用，不得弄脏弄乱，以防沾污试剂。滴管不能吸得太满或倒置，以防试剂腐蚀乳胶头
细口瓶	通常为玻璃质，有磨口和不磨口、无色和有色（避光）之分。一般以容积表示规格，有 100mL、125mL、250mL、500mL、1000mL 等几种	磨口瓶用于盛放液体药品或溶液。注意事项：①不能直接加热；②磨口瓶不能放置碱性物质，因碱性物质会把广口瓶颈和塞粘住，作气体燃烧实验时，应在瓶底放薄层的水或沙子，以防破裂；③广口瓶不用时，应用纸条垫在瓶塞与瓶颈间，以防打不开；④磨口瓶与塞均配套，防止弄乱
广口瓶	一般为玻璃质，有无色和棕色（避光）、磨口和光口之分。一般以容积表示规格，有 30mL、60mL、125mL、250mL、500mL 等几种	磨口瓶用于储存固体药品，广口瓶通常作集气瓶使用。注意事项同细口瓶

续表

仪 器	材质与规格	使用说明
药勺	由塑料或牛角制成	用于取用固体药品，用后应立即洗净、晾干
称量瓶	玻璃质，分高型和扁平型两种	用于准确称取一定量固体药品。扁平称量瓶主要用于测定样品中的水分。盖子为配套的磨口塞，不能弄乱或丢失。不能加热
酒精灯	玻璃质，灯芯套管为瓷质，盖子有塑料质或玻璃质之分	用于一般加热。使用方法见本章第二节加热方法及温度的测量与控制
石棉网	由铁丝网上涂石棉制成	用于使容器均匀受热。不能与水接触，石棉脱落时不能使用（石棉是电的不良导体）
泥三角	由铁丝扭成，并套有瓷管	灼烧坩埚时使用。使用前应检查铁丝是否断裂
三脚架	铁制品，有大小和高低之分	用于放置较大或较重的加热容器
水浴锅	铜或铝制，现在多用恒温水槽代替	用于间接加热
蒸发皿	通常为瓷质，也有玻璃、石英、铂制品，有平底和圆底之分。一般以容积表示规格，有 75mL、200mL、400mL 等几种	用于蒸发和浓缩液体。一般放在石棉网上加热使其受热均匀。使用时应根据液体性质选用不同材质的蒸发皿

续表

仪　　器	材质与规格	使用说明
 坩埚	材质有普通瓷、铁、石英、镍和铂等，一般以容积表示规格，有 10mL、15mL、25mL、50mL 等几种	用于灼烧固体。使用时应根据灼烧温度及试样性质选用不同类型的坩埚，以防损坏坩埚
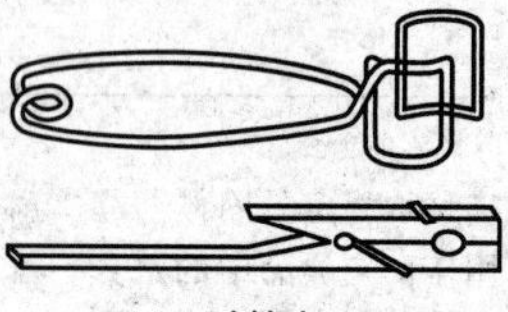 试管夹	有木制、竹制、钢制等，形状各不相同	用于夹持试管
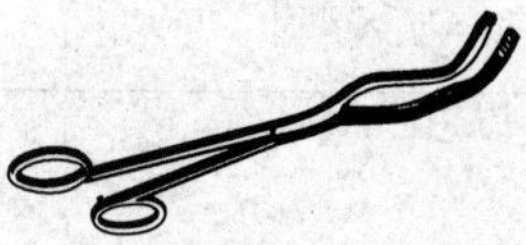 坩埚钳	铁或铜制，有大小和长短之分	用于夹持坩埚或热的蒸发皿
 毛刷	常以大小或用途分类，有试管刷、烧瓶刷、滴定管刷等多种	用于洗刷仪器。毛刷顶部无毛的刷子不能使用
 洗瓶	一般为塑料质	用于盛放蒸馏水
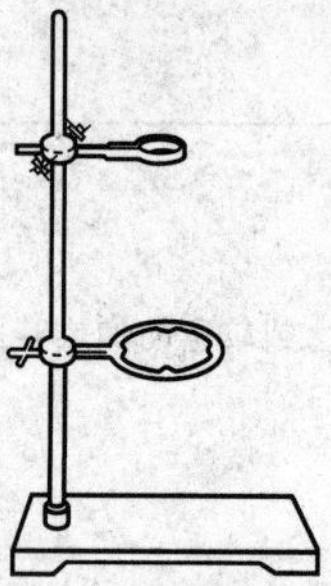 铁架台、铁圈和铁夹	铁制品，铁夹有铝制的和铜制的	铁夹用于固定蒸馏烧瓶、冷凝管、试管等仪器。铁圈可放置分液漏斗或放置反应容器
 温度计	玻璃质，常用的有水银温度计和酒精温度计	用于测量体系的温度。若不慎将水银温度计损坏，洒出的汞（汞有毒）需按老师要求处理

续表

仪　　器	材 质 与 规 格	使 用 说 明
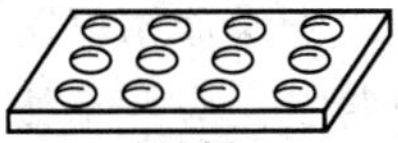 点滴板	瓷质。有白色和黑色之分,常以穴的多少表示规格,有九穴、十二穴等几种	用于性质实验的点滴反应。有白色沉淀时用黑色点滴板
 燃烧勺	铜质	用于检验某些固体的可燃性。用后应立即洗净并干燥,以防腐蚀
 研钵	材质有瓷、玻璃和玛瑙等。一般以口径(单位 mm)大小表示规格	用于研碎固体,或固-固、固-液的研磨。注意事项:①使用时不能敲击,只能研磨,以防击碎研钵或研杵,避免固体飞溅;②易爆物只能轻轻压碎,不能研磨,以防爆炸
 自由夹和螺旋夹	铁制品	用于打开和关闭流体的通道
 干燥器	玻璃质,按玻璃颜色分为无色和棕色两种,以内径表示规格,有 100mm、150mm、180mm、200mm 等规格	分上下两层,下层放干燥剂,上层放需保持干燥的物品,如易吸收水分、或已经烘干或灼烧后的物质,具体使用方法见本节"干燥器的使用方法"
 启普发生器	玻璃质	用于产生气体。使用方法见本章第六节
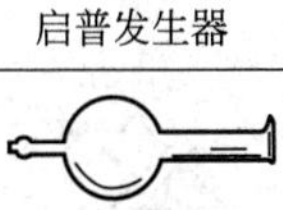 干燥管	玻璃质,形状多种	用于干燥气体。用时两端应用棉花或玻璃纤维填塞,中间装干燥剂
 干燥塔	玻璃质,形状有多种。一般以容量表示规格,有 125mL、250mL、500mL 等几种	用于净化气体,进气口插入干燥剂中,不能接错。若反接,则可作缓冲瓶使用
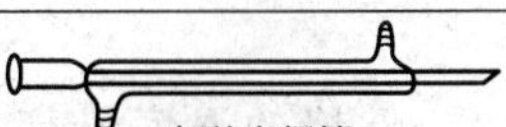 直形冷凝管 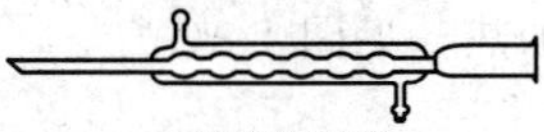 球形冷凝管	玻璃质,一般有直形和球形两种	在蒸馏和回流时使用,常和蒸馏烧瓶配套使用。使用时下端为进水口,上端为出水口

干燥器的使用方法　干燥器又称保干器。它的结构如图 1-1 所示，为一具有磨口盖子的厚质玻璃器皿，磨口上涂有一薄层凡士林，使其更好地密合。底部放适当的干燥剂，其上架有洁净的带孔瓷板，以便放置坩埚、称量瓶等盛有被保干物质的容器。干燥器用以防止被干燥的物质在空气中吸潮。化学分析中常用于保存基准物质。开启干燥器时，应左手按住干燥器的下部，右手握住盖的圆顶，向前小心地平推，便可打开盖子，盖子必须仰面放稳。搬移干燥器时，应用两手同时拿着干燥器和盖子的沿口，如图 1-2 所示。

图 1-1　干燥器的开启与关闭

图 1-2　干燥器的搬移

灼热的物体放入干燥器前，应先在空气中冷却 30～60s。放入干燥器后，为防止干燥器内空气膨胀将盖子顶落，应反复将盖子推开一道细缝，让热空气逸出，直至不再有热空气排出后再盖严盖子（若盖上盖子较早，停一段时间则无法打开干燥器，为什么?）。

第二节　加热方法及温度的测量与控制

一、加热设备及使用方法

1. 酒精灯

酒精灯是实验室常用的加热工具，其加热温度为 400～500℃，适用于温度不需要太高的实验。酒精灯由灯罩、灯芯（以及瓷质套管）和盛酒精的灯壶三个部分组成，见图 1-3(a)。

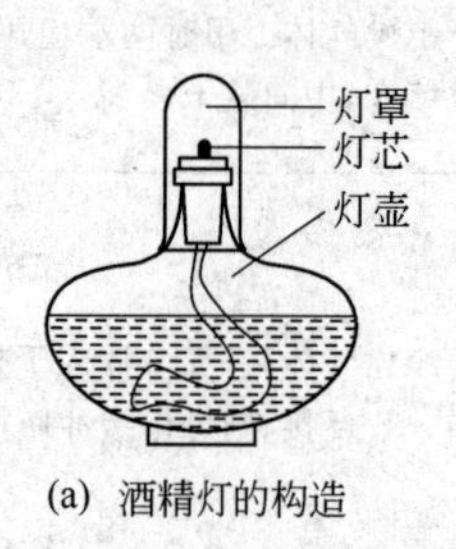

(a) 酒精灯的构造

外焰
内焰
焰心

(b) 酒精灯的灯焰

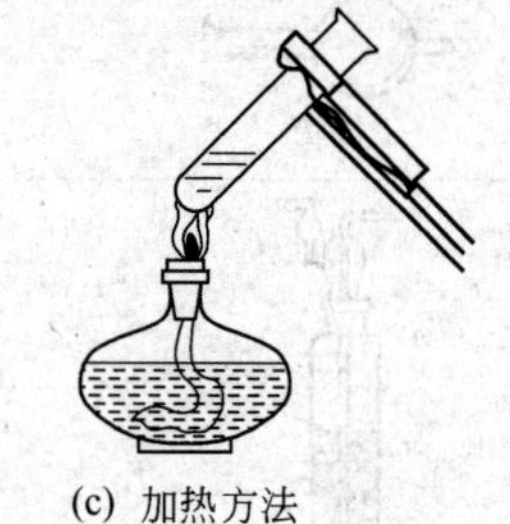

(c) 加热方法

图 1-3　酒精灯的构造及其使用

酒精灯的火焰可分为焰心、内焰和外焰三个部分，见图 1-3(b)。外焰的温度最高，往内依次降低。故加热时应调节好受热器与灯焰的距离，用外焰来加热，见图 1-3(c)。

酒精灯使用注意事项如下。

① 点燃酒精灯之前，应先使灯内的酒精蒸气排出，防止灯壶内酒精蒸气因燃烧受热膨胀而将瓷管连同灯芯一并弹出，从而引起燃烧事故。

② 灯芯不齐或烧焦时，应用剪刀修整为平头等长。

③ 新换的灯芯应让酒精浸透后才能点燃，否则一点燃就会烧焦。

④ 不能拿燃着的酒精灯去引燃另一盏酒精灯。

⑤ 不能用嘴吹灭酒精灯，而应用灯盖罩上，使其缺氧后自动熄灭，片刻后再把灯盖提起一下，然后再罩上（为什么?）。

⑥ 添加酒精时应先熄灭灯焰，然后借助漏斗把酒精加入灯内。灯内酒精的储量不能超过酒精灯容积的 2/3。

酒精易挥发、易燃烧，使用时必须注意安全，万一洒出的酒精在灯外燃烧，可用湿布或石棉布扑灭。

2. 电热恒温干燥箱

电热恒温干燥箱是利用电热丝隔层加热使物体干燥的设备。它适用于比室温高 5～200℃范围的恒温烘焙、干燥、热处理等，灵敏度通常为±1℃。电热恒温干燥箱一般由箱体、电热系统和自动恒温控制系统三个部分组成。其电热系统一般由两组电热丝构成，一组为辅助电热丝，用于短时间内急剧升温和 120℃以上恒温时辅助加热；另一组为恒温电热丝，受温度控制器控制。

3. 酒精喷灯

酒精喷灯有挂式与座式两种，其构造如图 1-4 所示。挂式喷灯的酒精储存在悬挂于高处的储罐内，而座式喷灯的酒精则储存于作为灯座的酒精壶内。

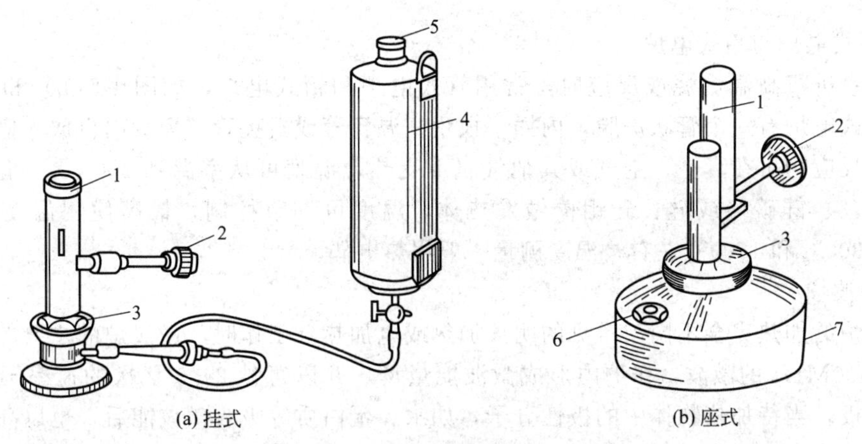

图 1-4　酒精喷灯的类型和构造

1—灯管；2—空气调节器；3—预热盘；4—酒精储罐；5—盖子；6—铜帽；7—酒精壶

使用挂式喷灯时，打开挂式喷灯酒精储罐下口开关，并先在预热盘中注入适量的酒精，然后点燃盘中的酒精，以加热灯管，待盘中酒精将近燃完时，开启空气调节器，这时由于酒精在灼热的灯管内气化，并与来自气孔的空气混合，即燃烧并形成高温火焰（温度可达 700～1000℃）。调节空气调节器阀门可以控制火焰的大小。用毕时，关紧调节器即可使灯熄灭。此时酒精储罐的下口开关也应关闭。座式喷灯使用方法与挂式基本相同，但熄灭时需用盖板将灯焰盖灭，或用湿抹布将其闷灭。

注意事项如下。

① 在开启调节器、点燃管口气体以前，必须充分灼热灯管，否则酒精不能全部气化，

会有液体酒精由管口喷出，导致“火雨”（尤其是挂式喷灯）。这时应关闭开关，并用湿抹布熄灭火焰，重新往预热盘添加酒精，重复上述操作点燃。但连续两次预热后仍不能点燃时，则需要用探针疏通酒精蒸气出口，让出气顺畅后，方可再预热。

② 座式喷灯内酒精储量不能超过酒精壶的2/3，连续使用时间较长时（一般在半小时以上），酒精用完时需暂时熄灭喷灯，待冷却后，再添加酒精，然后继续使用。

③ 挂式喷灯酒精储罐出口至灯具进口之间的橡皮管连接要好，不得有漏液现象，否则容易失火。

4. 电炉、电加热套、电加热板

电炉可以代替酒精灯或酒精喷灯用于一般加热。加热时，容器和电炉之间应隔一层石棉网，保证受热均匀。

电加热套［见图1-5(a)］和电加热板的特点是有温度控制装置，能够缓慢加热和控制温度，适用于分析试样的处理。

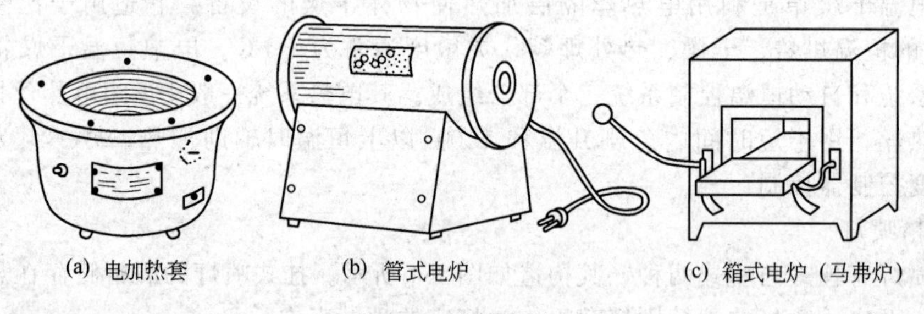

(a) 电加热套　(b) 管式电炉　(c) 箱式电炉（马弗炉）

图1-5　高温电炉

5. 管式电炉与箱式电炉

实验室进行高温灼烧或反应时，常用管式电炉和箱式电炉，如图1-5(b)和图1-5(c)所示。管式电炉有一个管状炉膛，内插一根耐高温瓷管或石英管，瓷管内再放入盛有反应物的瓷舟，反应物可在真空、空气或其他气氛下受热，温度可从室温到1000℃。箱式电炉一般用电炉丝、硅碳棒或硅、硅钼棒做发热体，温度可调节控制，最高使用温度分别可达950℃、1300℃和1500℃左右。温度测量一般用热电偶。

6. 微波炉

微波炉的加热完全不同于常见的明火加热或电加热。工作时，微波炉的主要部件磁控管辐射出2450MHz的微波，在炉内形成微波能量场，并以每秒24.5亿次的速率不断地改变着正、负极。当待加热物体中的极性分子，如水、蛋白质等吸收微波能后，也以高频率改变着方向，使分子间相互碰撞、挤压、摩擦而产生热量，将电磁能转化成热能。可见微波炉工作时本身不产生热量，而是待加热物体吸收微波能后，内部的分子相互摩擦而自身发热，简单地讲是摩擦起热。

微波是一种高频率的电磁波，它具有反射、穿透、吸收三种特性。微波碰到金属会被反射回来，而对一般的玻璃、陶瓷、耐热塑料、竹器、木器则具有穿透作用。它能被碳水化合物（如各类食品）吸收。由于微波的这些特性，微波炉在实验室中可用来干燥玻璃仪器，加热或烘干试样。如在重量法测定可溶性钡盐中的钡时，可用微波干燥恒重玻璃坩埚及沉淀，亦可用于有机化学中的微波反应。

微波炉加热有快速、能量利用率高、被加热物体受热均匀等优点。但不能恒温，不能准确控制所需的温度。因此，只能通过实验决定所要用的功率、时间，以达到所需的加热程度。

使用方法及注意事项如下。

① 将待加热器皿均匀地放在炉内玻璃转盘上。

② 关上炉门，选择加热方式。

③ 金属器皿、细口瓶或密封的器皿不能放入炉内加热。

④ 炉内无待加热物体时，不能开机；待加热物体很少时，不能长时间开机，以免空载运行（空烧）而损坏机器。

⑤ 不要将炽热的器皿放在冷的转盘上，也不要将冷的带水器皿放在炽热的转盘上，以防止转盘破裂。

⑥ 前一批干燥物取出后，不要关闭炉门，让其冷却，5～10min 后才能放入后一批待加热的器皿。

7. 磁力加热搅拌器

当反应体系为液体时，常采用磁力搅拌器对体系均匀加热和搅拌。

二、加热方法

1. 直接加热

直接加热方法是利用电炉或电热套隔着石棉网直接对玻璃仪器加热的一种方法。加热时可根据具体情况，适当调节玻璃仪器离石棉网的距离，使中间间隙因石棉网下的火焰而充满热空气。这种加热方式较猛烈，不十分均匀，因而不适合于低沸点易燃液体的回流操作，也不能用于减压蒸馏操作。

2. 水浴

将反应容器置入水浴锅中，使水浴液面稍高出反应容器内的液面，通过煤气灯或电热器对水浴锅加热，使水浴温度达到所需温度范围。与直接加热方法相比，水浴加热均匀，温度易控制，适合于低沸点物质回流加热。

如果加热温度接近 100℃，可用沸水浴或水蒸气浴。要注意的是，由于水会不断蒸发，在操作过程中，应及时向水浴锅中加水。

3. 油浴

当加热温度在 100～250℃范围，应采用油浴。常用的油浴浴液有石蜡油、硅油、真空泵油或一些植物油（如：豆油、花生油、蓖麻油等）。在油浴加热时，必须注意采取措施，不要让水溅入油中，否则加热时会产生泡沫或引起飞溅。例如，在回流冷凝管下端套上一个滤纸圈以吸收流下的水滴。在使用植物油时，由于植物油在高温下易发生分解，可在油中加入 1%对苯二酚，以增加其热稳定性。硅油和真空泵油加热温度都可达到 250℃，热稳定性好，但价格较贵。

4. 砂浴

若加热温度在 250～350℃范围，应采用砂浴。通常将细砂装在铁盘中，把反应容器埋在砂中，并保持其底部留有一层砂层，以防局部过热。由于砂浴温度分布不均匀，故测试浴温的温度计水银球应靠近反应容器。

三、常用器皿的加热方法及注意事项

1. 试管加热

① 液体和固体均可在试管中加热，但样品体积一般不得超过试管高度的 1/3。若固体为块状或粒状，应先研细，并在试管内铺平，而不要堆集于试管底部。

② 加热试管时可用试管夹夹在试管口 1/3 处。若长时间加热，可将试管用铁夹固定起

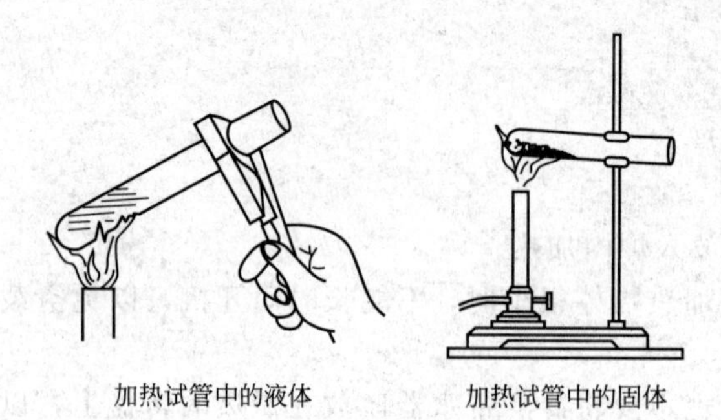

图 1-6　加热试管的方法

来后再加热。加热液体时，试管应与实验台面保持 40°～60°倾斜角（为什么?）；对固体加热，试管必须稍微向下倾斜（为什么?），如图 1-6 所示。

③ 加热时火焰必须从试管内容物的上部反复向下慢慢移动（尤其是液体），不能一开始就在底部固定一个地方加热。不要把试管底部及液面以下部分用火全部包住，否则由于液面上下温差很大会引起试管在液面位置爆裂。加热液体时试管还要不时地摇动，以使受热均匀，避免局部过热爆沸而导致液体迸溅。

④ 加热时，试管口不能对着别人或自己（为什么?）。

2. 蒸发皿、坩埚的加热

① 蒸发皿可用“直接火”加热，但必须先移动火焰均匀地将蒸发皿预热，然后才能把火焰固定下来。

② 坩埚一般放在泥三角上加热，加热过程中若要移动坩埚，必须用预热过的坩埚钳(为什么?)。加热后，坩埚必须在泥三角上放冷后才可取下来。

③ 坩埚钳不用时钳口必须向上放置（为什么?）。

④ 加热坩埚时，必须使用外火焰（无色或浅蓝色）加热，以免坩埚外表积炭变黑。

3. 烧杯和烧瓶的加热

① 烧杯和各种烧瓶必须垫着石棉网加热。

② 各种烧瓶加热时都必须在铁架台上用铁夹将其上部固定起来（锥形瓶除外）。

③ 固体药品不能在烧杯和烧瓶中加热。

4. 一般注意事项

① 有刻度的仪器、试剂瓶、广口瓶、抽滤瓶及各种容量器皿和表面玻璃等不准加热。

② 加热前器皿外部必须干净，不能有水滴或其他污物，刚刚加热过的容器不能马上放在桌面或其他温度较低的地方（为什么?）。

③ 加热液体过程中，若有沉淀存在，必须不断搅拌，加热时，不得离开现场。

④ 加热液体时，其体积不能超过容器主要部分高度的 2/3。

⑤ 加热液体过程中，不能直接向液体俯视，以免迸溅等意外情况发生。

⑥ 加热时要远离易燃、易爆物。

四、温度的测量与控制

1. 温度的测量

化学反应体系温度的测量常使用水银温度计和热电偶进行测定。水银温度计主要用于常规的温度测定，热电偶则主要用于温度的自动控制。

水银由于具有热导率大、热容小、膨胀系数比较均匀及不容易附着在玻璃壁上的优点，因此常将水银装入密闭的毛细管内制成水银温度计。水银温度计是实验室常用的一种温度计，可用于测定－30～300℃的温度。如果使用特硬玻璃并且在毛细管中充入一定量的惰性气体（如氮气或氩气等），可以使其测量范围的上限明显增加；若将水银和金属配成汞齐，可增加其测量范围的下限。水银温度计的优点是结构简单，读数方便，在相当大的温度范围内水银的体积随温度的变化接近于线性关系；它的缺点是很容易损坏。且因水银在常温下具有挥发性，吸入人体内后能在人体内积累而使人受到严重毒害。所以，水银温度计损坏后，应尽可能地用吸汞管将洒出的汞珠收集起来，再用金属片（如 Zn、Cu）在汞溅落处多次扫过，最后用硫磺粉覆盖在有汞溅落的地方，并摩擦之，使汞变为 HgS；也可用 $KMnO_4$ 溶液使汞氧化。

水银温度计的读数误差主要来源于玻璃毛细管内径不均匀及温度计的感温玻璃球受热后体积发生的变化。因此，精确测量温度时，需对温度计的读数进行校正。校正的方法是与标准温度计比较，或用纯物质的相变点进行校正。如 0℃的冰水体系可对水银温度计进行校正。

使用水银温度计时，应将其下端的玻璃球完全插入被测体系中。测量正在加热液体的温度时，不能让其下端的玻璃球接触容器的底部；测量室内温度时，不能用手拿其下端的玻璃球。读取温度时，应使温度计下端的玻璃球继续保持在测定体系中，以防从测定体系中拿出后温度发生变化。

温度计的分度值有 0.01、0.05、0.1 和 0.2 等，可根据测定温度要求选择合适的温度计。

2. 温度的控制

对于需要在低温进行的反应或为了避免反应过于剧烈，常用致冷剂对温度进行控制。例如，对于一些放热反应，为了避免反应温度升高过快，导致反应剧烈，可将反应容器浸没在冷水中或冰水中；如果水对反应无影响，还可以将冰块直接投入到反应容器中进行冷却。如果需要更低的反应温度（低于 0℃），可以采用冰-盐混合物作冷却剂。

盐、酸或碱可以和水或冰组成工作中的常用冷却剂，而且操作简易、方便。表 1-2 表示在 10～15℃时混合制备冷却剂的温度降低值 Δt（℃）或冰盐点。注意，冰以细碎状混合，才能达到最佳冷却效果。

表 1-2　常用冷却剂组成及最低冷却温度或温度下降值

冷却剂组成	最低冷却温度(℃)
冰水	0
NH_4Cl (25g)＋碎冰(100g)	−15
NaCl(30.4g)＋碎冰(100g)	−21
$CaCl_2 \cdot 6H_2O$(100g)＋碎冰(100g)	−29
$CaCl_2 \cdot 6H_2O$ (143g)＋碎冰(100g)	−55
HCl(33g)＋ 碎冰(100g)	−86
NaOH(23.5g)＋碎冰(100g)	−28.0
干冰	−78.5
干冰＋乙醇	−72
干冰＋丙酮	−86
液氮	−196
	温度下降值(Δt,℃)
NH_4Cl(100.0g) ＋ KNO_3(100.0g)＋水(100g)	40.0
NH_4Cl(33.0g) ＋ KNO_3(33.0g)＋水(100g)	27.0
NH_4NO_3(41.6g) ＋ NaCl(41.6g)＋碎冰(100g)	40.0
NH_4Cl(20.0g) ＋ NaCl(40.0g) ＋碎冰(100g)	30.0

干冰为固态的二氧化碳，通常呈块状，在$-78.5℃$下吸热升华成气态，常用作冷冻剂（如制冰淇淋）和冷却剂。过量的干冰和某些液体混合，在标准大气压下能产生表1-2所示的低温。

很多液态气体都是优良的冷却剂，但使用时一定要注意安全，如温度、压力的变化，易燃易爆气体更要注意。

应该注意，如果致冷温度低于$-38℃$，测温应采用内装有机液体的低温温度计，而不能使用水银温度计（水银的凝固点为$-38.9℃$）。

对于需要在高于室温进行的反应，可以通过水浴、油浴或电热套、控温电炉、烘箱等具有自动控制温度的加热设备进行温度控制。

第三节　实验室用水要求及玻璃仪器的洗涤和干燥

一、化学实验用水的要求及制备

1. 化学实验用水的要求

自来水中常含有K^+、Na^+、Ca^{2+}、Mg^{2+}等金属离子的碳酸盐、硫酸盐、氯化物及某些气体杂质等。用它配制溶液时，这些杂质可能会与溶液中的溶质起化学反应而使溶液变质失效，也可能会对实验现象或结果产生不良的干扰和影响。因此，做化学实验时，溶液的配制一般要用纯水，即经过提纯的水。对纯水进行定性检验时应无Ca^{2+}、Mg^{2+}、Cl^-、SO_4^{2-}等离子。

我国已建立了实验室用水规格的国家标准（GB 6682—92），规定了实验室用水的技术指标、制备方法及检验方法。实验室用水国家标准见表1-3（部分内容）。

表1-3　实验室用水的级别及主要指标

指标名称	一　级	二　级	三　级
pH范围(298K)	—	—	5.0～7.5
电导率(298K)/$mS\cdot m^{-1}$	≤0.01	≤0.10	≤0.50
吸光度(254nm,1cm光程)	≤0.001	≤0.01	—
可溶性硅(以SiO_2计)/$mg\cdot L^{-1}$	<0.01	<0.02	—
蒸发残渣[(105±2)℃]/$mg\cdot L^{-1}$	—	1.0	2.0

注："—"表示未做规定。

实验室制备纯水的方法很多，其中常用的有蒸馏法、离子交换法、电渗析法和反渗透法。

2. 化学实验用水的制备方法

① 蒸馏水　将自来水经过蒸馏器蒸馏，所产生的蒸汽经冷凝即得蒸馏水。由于绝大部分无机盐都不挥发，因此蒸馏水较纯净，但不能完全除去水中溶解的气体杂质，适用于一般溶液的配制。此外，一般蒸馏装置所用材料是不锈钢、纯铝或玻璃，所以可能会带入金属离子。通过增加蒸馏次数，减慢蒸馏速度，以及使用特殊材料如石英和聚四氟乙烯等制作的蒸馏器皿，可得到纯度更高的水。

② 离子交换法　离子交换树脂由高分子骨架、离子交换基团和孔三部分组成。离子交换基团上具有的H^+和OH^-与水中阳、阴离子杂质进行交换，将水中的阳、阴离子杂质截留在树脂上，进入水中的H^+和OH^-重新结合成水而达到纯化水的目的。能与阳离子起交

换作用的树脂称为阳离子交换树脂，能与阴离子起交换作用的树脂则称为阴离子交换树脂。将自来水依次通过阳离子树脂交换柱，阴离子树脂交换柱，阴、阳离子树脂混合交换柱后所得到的纯水为去离子水，该方法制备的水比用金属蒸馏蒸馏 2 次的水纯度高，但不能除去非离子型杂质，常含有微量的有机物。

③ 电渗析水　在电渗析器的两电极间交替放置若干张阴离子交换膜和阳离子交换膜，阳离子移向负极，阴离子移向正极，阳离子只能透过阳离子交换膜，阴离子只能透过阴离子交换膜，通直流电后水中离子做定向移动，交换膜之间的水得到净化。该方法对弱电解质的去除效率较低。如果与离子交换法联用，可制得较好的实验用纯水。

④ 反渗透法　把含盐水（原水）与纯水用微孔直径为万分之一微米的半透膜隔开时，纯水由于渗透压的作用将透过半透膜而进入原水侧，这种现象叫渗透。相反，如果在原水侧施加一高于其本身渗透压的压力，使水由浓度高的一方渗透到浓度低的一方，即把原水中的水分子压到膜的另一边变成纯净水，而原水中的盐分、细微杂质、有机物等成分却不能进入纯水侧，这就是反渗透。基于此种原理，产生了反渗膜和反渗透技术，并将其应用于水处理。用该方法制备的纯净水即为反渗透水。

采用蒸馏或离子交换法制备的纯水一般为三级水。将三级水再次蒸馏后所得纯水一般为二级水，常含有微量的无机、有机或胶态杂质。将二级水再进一步处理后所得纯水一般为一级水。用石英蒸馏器将二级水再次蒸馏所得到的水，基本上不含有溶解或胶态离子杂质及有机物。

实验室用水一般应用密闭、专用聚乙烯容器储存。三级水也可用密闭的专用玻璃容器储存。新容器在使用前需用 20%盐酸溶液浸泡 2～3d，再用实验用水冲洗数次。

二、化学实验常用玻璃仪器的洗涤和干燥

1. 玻璃仪器的洗涤

化学实验使用的玻璃仪器，常粘有可溶性化学物质、不溶性化学物质、灰尘及油污等。为了得到准确的实验结果，实验前必须将仪器洗涤干净。

仪器是否洗净可通过器壁是否挂有水珠来检查。将洗净后的仪器倒置，如果器壁透明，内壁被水均匀地润湿，不挂水珠则说明已洗净；如器壁有不透明处或附着水珠或有油斑，则未洗净，应予重洗。洗净后的仪器，不可用布或纸擦拭，而应用晾干或烘烤的方法使之干燥。

一般玻璃仪器的洗涤可用下列流程表示：

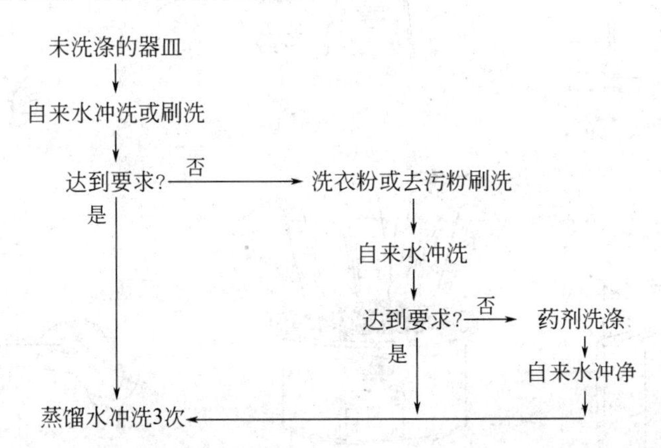

① 冲洗　在玻璃仪器内注入约占总量 1/3 的自来水，用力振荡片刻，倒掉，照此连洗数次，可洗去沾附的易溶物和部分灰尘。

② 刷洗　用水冲洗不能清洗干净时，可用毛刷由外到里刷洗。刷洗时需选用合适的毛

刷。毛刷可按所洗涤仪器的类型、规格（口径）大小来选择。洗涤试管和烧瓶时，端头无直立竖毛的秃头毛刷不可使用（为什么?）。刷洗后，再用水连续振荡数次，每次用水量不要太多。刷洗数次后，检查是否干净。若不干净，将少量去污粉（肥皂粉或洗衣粉）撒入玻璃仪器内，再用毛刷进行刷洗，然后用水冲去去污粉，直到洗净为止。

③ 药剂洗涤　对准确度较高的量器或更难洗去的污物或因仪器口径较小、管细长等不便刷洗的仪器可用铬酸洗液或王水洗涤，也可针对污物的化学性质选用其他适当的试剂洗涤（即利用酸碱中和反应、氧化还原反应、配位反应等，将不溶物转化为易溶物再进行清洗。如银镜反应粘附的银及沉积的硫化银可加入硝酸生成易溶的硝酸银；未反应完的二氧化锰，反应生成的难溶氢氧化物、碳酸盐等可用盐酸处理生成可溶氯化物；沉积在器壁上的银盐，一般用硫代硫酸钠溶液洗涤，以生成易溶配合物；沉积在器壁上的碘可用硫代硫酸钠溶液清洗，也可用碘化钾或氢氧化钠溶液清洗；碱、碱性氧化物、碳酸盐等可用 $6mol\cdot L^{-1}$ HCl 溶解）。用铬酸洗液洗涤时，先往仪器内注入少量洗液，使仪器倾斜并缓慢转动，让仪器内壁全部被洗液湿润。再转动仪器，使洗液在内壁流动，经转动几圈后，把洗液倒回原瓶（不可倒入水池或废液桶，铬酸洗液变暗绿色失效后可另外回收再生使用）。对沾污严重的仪器可用洗液浸泡一段时间，或者用热洗液洗涤。注意：Cr(Ⅵ) 有毒，洗液应尽量少用。

用洗液洗涤时，决不允许将毛刷放入洗液中，倾出洗液后，应停留适当时间，再用自来水冲洗或刷洗。

自来水冲洗或刷洗干净的仪器，应用蒸馏水再淋洗 3 次。在洗涤过程中，应遵循“少量多次”的原则，一般冲洗 3 次，每次用水 5～10mL。

铬酸洗液的配制方法：称取 10g 工业级重铬酸钾固体放入烧杯中，加入 20mL 热水溶解，冷却后在不断搅拌下慢慢加入 200mL 浓硫酸，即得暗红色铬酸洗液。将之储存于细口玻璃瓶中备用。取用后，要立即盖紧瓶塞。

2. 玻璃仪器的干燥

实验所用的仪器，除必须清洗外，有时还要求干燥。干燥的方法有以下几种（见图 1-7）。

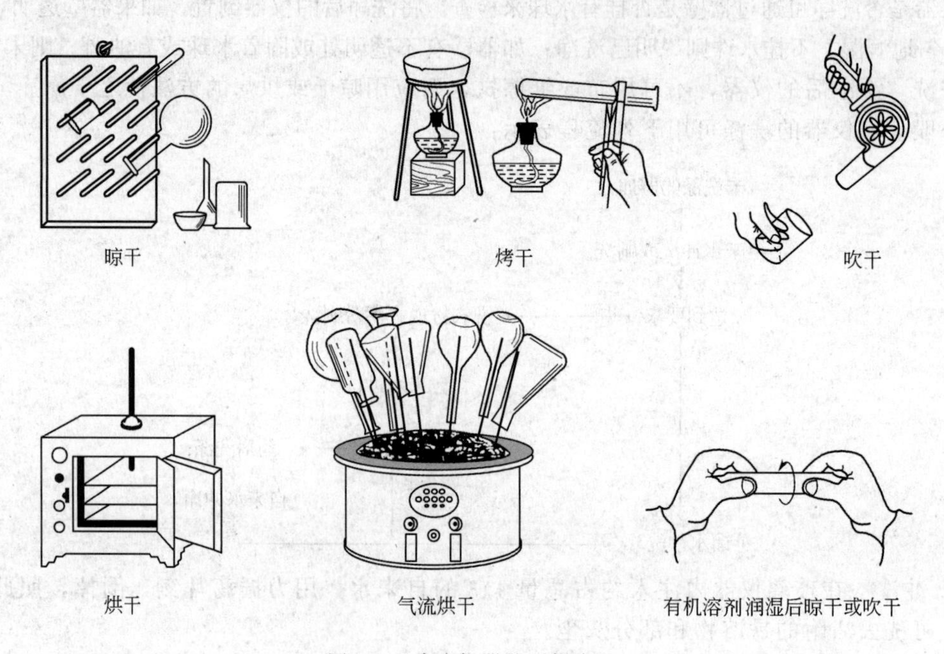

图 1-7　玻璃仪器的干燥方法

① 晾干　是让残留在仪器内壁的水分自然挥发而使仪器干燥。一般是将洗净的仪器倒置在干净的仪器柜内或滴水架上，任其滴水晾干。可用这种方法干燥的仪器主要是容量仪器、加热烘干时容易炸裂的仪器以及不需要将其所沾水完全排除以致恒重的仪器。

② 热（冷）风吹干　洗净的仪器若急需干燥，可用电吹风直接吹干，或倒插在气流烘干器上。若在吹风前先用易挥发的有机溶剂（如乙醇、丙酮、石油醚等）淋洗一下，则干得更快。

③ 加热烘干　如需干燥较多的仪器，可使用电热鼓风干燥箱烘干。将洗净的仪器倒置稍沥去水滴后，放入干燥箱的隔板上，关好门。控制箱内温度在105℃左右，恒温烘干半小时即可。对可加热或耐高温的仪器，如试管、烧杯、烧瓶等还可利用加热的方法使水分迅速蒸发而干燥。加热前先将仪器外壁擦干，然后用小火烤干，烤干时注意不时转动以使仪器受热均匀。

仪器干燥时需注意，带有刻度的计量仪器不能用加热的方法进行干燥，以免影响仪器的精度。刚烤烘完毕的热仪器不能直接放在冷的、特别是潮湿的桌面上，以免因局部骤冷而破裂。

第四节　天平的使用及称量方法

一、天平的称量原理

天平是根据杠杆原理设计而成的，如图1-8所示，在杠杆 ABC 中，B 在中间为支点，受一向上的支撑力，两端 A 与 C 受被称量物体和砝码向下的作用力 P 和 Q。当杠杆处于平衡状态时，根据杠杆原理，支点两边的力矩相等，即

$$P \cdot AB = Q \cdot BC$$

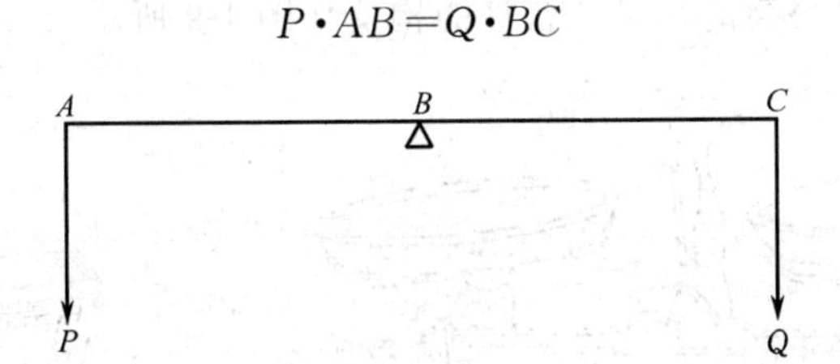

图1-8　天平的称量原理图

若天平的两臂相等，即

$$AB = BC$$

则

$$P = Q$$

也就是被称量物体的质量与砝码的质量相等，砝码的质量是已知的，因此，可用砝码的质量来表示被称量物体的质量。

二、天平的种类

根据准确度的高低，可将天平分为两类，一类称为台秤，其称量的准确度较低，用于一般的化学实验；另一类称为分析天平，其称量的准确度较高。分析天平的种类很多，根据称量原理，主要可分为等臂天平、不等臂天平及电子天平等几种类型。常用的等臂天平有摆动式天平、空气阻尼式天平、半机械加码电光天平（半自动电光天平）、全机械加码电光天平（全自动电光天平）等；常用的不等臂天平有单盘电光天平、单盘减码式全自动电光天平、单盘精密天平等；常用的电子天平有无梁电子数字显示天平等。

分析天平的分类方法还可根据天平的精度分级命名。过去天平的分级，单纯以能称准的最小质量来确定。例如能称到 0.1mg 或 0.2mg 的天平称为“万分之一天平”或“分析天平”；能称到 0.01mg 的天平称为“十万分之一天平”或“半微量分析天平”；能称到 0.001mg 的天平称为“百万分之一天平”或“微量分析天平”。这实际上是单纯以分度值（感量）来分类的。但是分度值与载重是有密切关系的。只讲分度值而不提载重是不能全面反映天平性能的。

如果把分度值和载重两项指标联系起来考虑，可用相对精度分类的方法，即以分析天平的感量与最大载重之比来划分精度级别。目前我国采用的就是这种分类方法。根据《天平检定规程 JJG 98—72（试行本）》的规定，将分析天平分为 10 级，分级标准见表 1-4。

表 1-4　分析天平精度分级

级　别	1	2	3	4	5	6	7	8	9	10
感量/最大载重	1×10^{-7}	2×10^{-7}	5×10^{-7}	1×10^{-6}	2×10^{-6}	5×10^{-6}	1×10^{-5}	2×10^{-5}	5×10^{-5}	1×10^{-4}

1 级分析天平精度最好，10 级分析天平精度最差。常用的分析天平最大载重为 200g，感量为 0.1mg，其精度为

$$\frac{0.1\times10^{-3}}{200}=5\times10^{-7}$$

即相当于 3 级分析天平。在选用天平时，不仅要注意天平的精度级别，还必须注意最大载重。在常量分析中，一般使用最大载重为 100～200g 的分析天平，属于 3～4 级。在微量分析中，常用最大载重为 20～30g 的分析天平，属于 1～3 级。

三、台秤的结构及其使用方法

台秤又称托盘天平或架盘天平，一般能称准到 0.1～0.5g，最大载重有 100g、500g、1000g 数种，用于精度不很高的称量。台秤的构造如图 1-9 所示。

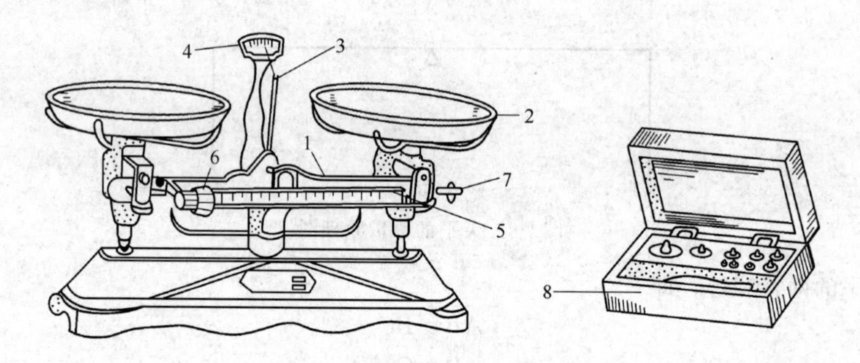

图 1-9　台秤的构造

1—横梁；2—托盘；3—指针；4—刻度盘；5—游码标尺；6—游码；7—平衡调节螺丝；8—砝码及砝码盒

台秤在使用前应先将游码拨至刻度尺的零处，观察指针摆动情况。如果指针在刻度盘的左右摆动格数相等，即表示台秤处于平衡，指针停后位于刻度盘的中间位置，将此中间位置称为台秤的零点，台秤可以使用；如果指针在刻度盘的左右摆动距离相差较大，则应调节平衡调节螺丝，使之平衡。

称量时，应将物品放在左盘，砝码放在右盘。加砝码时应先加大砝码再加小砝码，最后（在 5g 或 10g 以内）用游码调节至指针在标尺左右两边摆动的格数相等为止。当台秤的指针停在刻度盘的中间位置时，该位置称为停点。停点与零点相符时（允许偏差 1

小格以内)，就可以读取数据。台秤的砝码和游码读数之和即是被称物品的质量。记录时小数点后保留1位，如12.4g。称毕，用镊子将砝码夹回砝码盒，游码回零。

称量药品时，应在左盘放上已经称过质量的洁净干燥的容器，如表面皿、烧杯等，再将药品加入容器中，然后进行称量。或者在台秤的两边放上等质量的称量纸后再称量。

称量时应注意以下几点。

① 不能称量热的物品。

② 化学试剂不能直接放在托盘上，而应放在称量纸上、表面皿或其他容器中。

③ 称量完毕，应将砝码放回砝码盒中，将游码拨到“0”位处，并将托盘放在一侧或用橡皮圈架起。

④ 保持台秤整洁，如不小心把药品洒在托盘上时，必须立即清除。

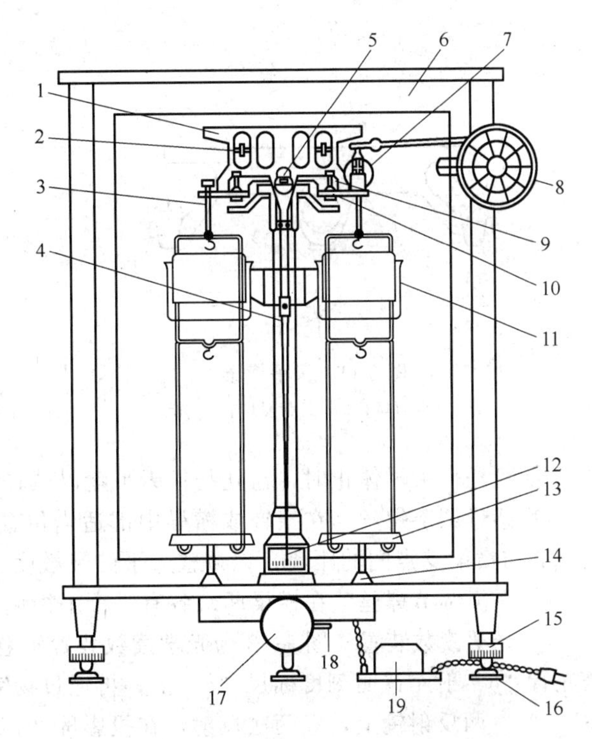

图 1-10　半自动电光天平的构造

1—横梁；2—平衡螺丝；3—吊耳；4—指针；5—支点刀；6—框罩；7—环码；8—指数盘；9—支柱；10—托叶；11—空气阻尼器；12—投影屏；13—秤盘；14—盘托；15—螺旋脚；16—垫脚；17—微动调零杆；18—升降旋钮；19—变压器

四、电光天平

1. 半自动电光天平

半自动电光天平的构造如图1-10所示。主要部件如下。

① 天平横梁　这是天平的主要部件，见图1-11。梁上有三个玛瑙刀口，中间的刀口向下，用来支承天平梁；左右两边的刀口向上，用来悬挂吊耳。横梁上的三个玛瑙刀口应该互相平行并且位于同一水平面上。横梁由立柱上的翼翅板托住，翼翅板可以通过升降旋钮上下起落。横梁上的玛瑙刀口是天平最重要的部件，刀口的尖锐程度决定天平称量的精度，使用中要尽可能保护刀口。

② 吊耳　在横梁两端玛瑙刀口上各悬有一个吊耳（或称为蹬），见图1-12。用以承挂天平盘。

③ 指针和标尺　指针固定在天平梁中央，当天平梁摆动时，指针随着摆动。指针下端有标尺，标尺位置可通过投影屏直接读出，从而确定天平梁的平衡位置。

④ 升降旋钮　为了保护玛瑙刀口，在不使用天平或加减砝码时，用旋钮控制升降旋钮将天平横梁托起，使刀刃架空（也叫休止状态）。避免磨损刀口。使用时轻轻旋转旋钮（顺时针旋转），使天平梁落下，天平即处于工作状态。

⑤ 空气阻尼器　为使工作状态的天平尽快地静止，提高称量速度，在秤盘上方装有两只筒式空气阻尼器，当横梁摆动时，由于空气阻力关系，使横梁较快地停止摆动而达到平衡。

⑥ 天平盘（或秤盘）　天平盘是放置被称物体和砝码的，挂在吊耳的上层挂钩上。注意，天平的吊耳、阻尼器盒及秤盘一般都有左“1”、右“2”或左“.”、右“..”的标记。

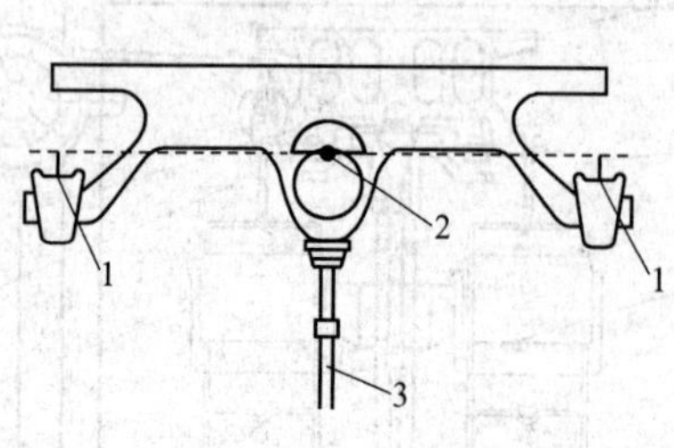

图 1-11　天平横梁

1—力点刀口；2—支点刀口；3—指针

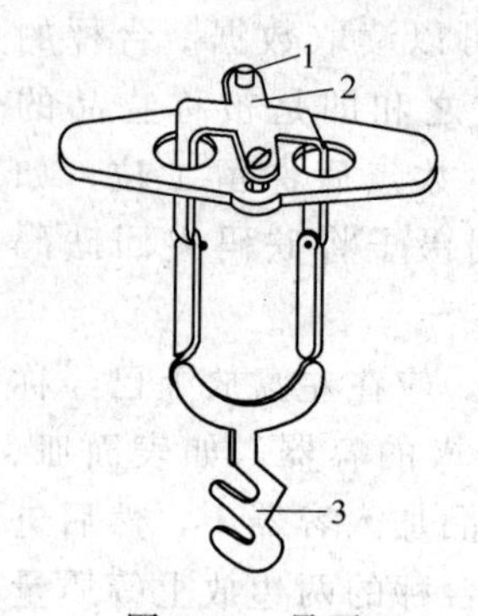

图 1-12　吊耳

1—十字架支脚螺丝；2—十字架；3—吊耳钩

⑦ 盘托　天平休止时，盘托托住天平盘以减轻横梁的负载。

⑧ 感量调节螺丝　在指针或横梁中部适当位置上安装有感量调节螺丝。它用来调节天平重心与横梁支点间的距离，以调整天平的灵敏度。

⑨ 平衡调节螺丝　在横梁两端各有一个平衡调节螺丝用于调节天平空载时的零点。

⑩ 光学读数装置　图 1-13 为光学读数装置示意图。利用后面电灯发出的光线，先通过聚光管“6”射至透明刻度标尺“5”上，再通过物镜筒“4”使刻度放大 10～20 倍，光射到“3”、“2”两反射镜上，经两次反射，在投影屏“1”上即可读出刻度标尺上的读数。

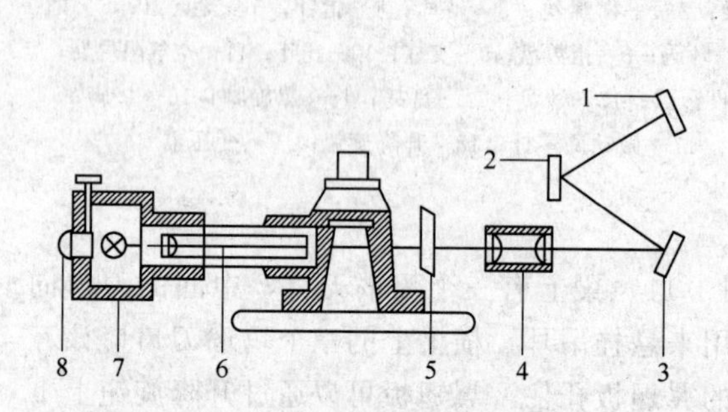

图 1-13　光学读数装置示意图

1—投影屏；2，3—反射镜；4—物镜筒；5—透明刻度标尺；6—聚光管；7—照明筒；8—灯头座

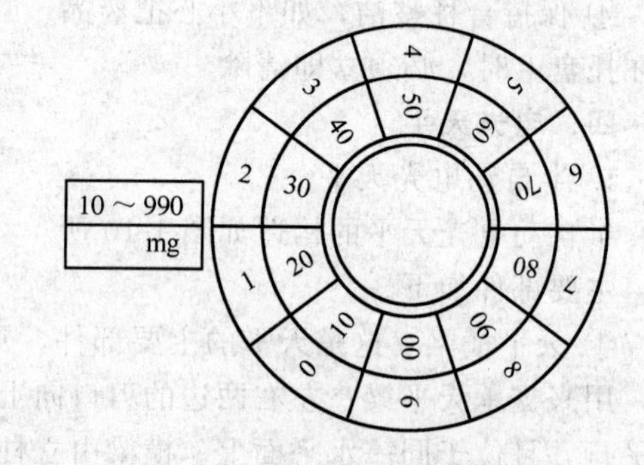

图 1-14　圈码指数盘

刻度标尺偏转 1 大格，相当于 1mg；偏转 1 小格，相当于 0.1mg。由于采用了光学方法放大读数，提高了读数的准确度，可读准至 0.1mg。因此，这种天平也称为“万分之一”分析天平。

⑪ 微动调零杆　安装在投影屏下方，用于调节天平的零点。

⑫ 天平足和水平仪　天平有三个足，下面有垫脚，前两足带有螺丝，可以调天平到水平位置。立柱后面装有气泡式水平仪，用以指示天平是否为水平位置。

⑬ 机械加码装置（加环码旋钮）　1g 以下、10mg 以上的砝码称为环码。环码一般有 8 个，其质量分别为 10mg、10mg、20mg、50mg、100mg、100mg、200mg 和 500mg。各个环码分别挂在固定的环码钩上，使用时利用圈码指数盘（如图 1-14 所示）将环码加在右边蹬上的窄片上。圈码指数盘外圈的数字对应着几百毫克，内圈对应着几十毫克。加在窄片上环码的总质量可由圈码指数盘的刻度直接读出，图 1-14 所示质量为 230mg。

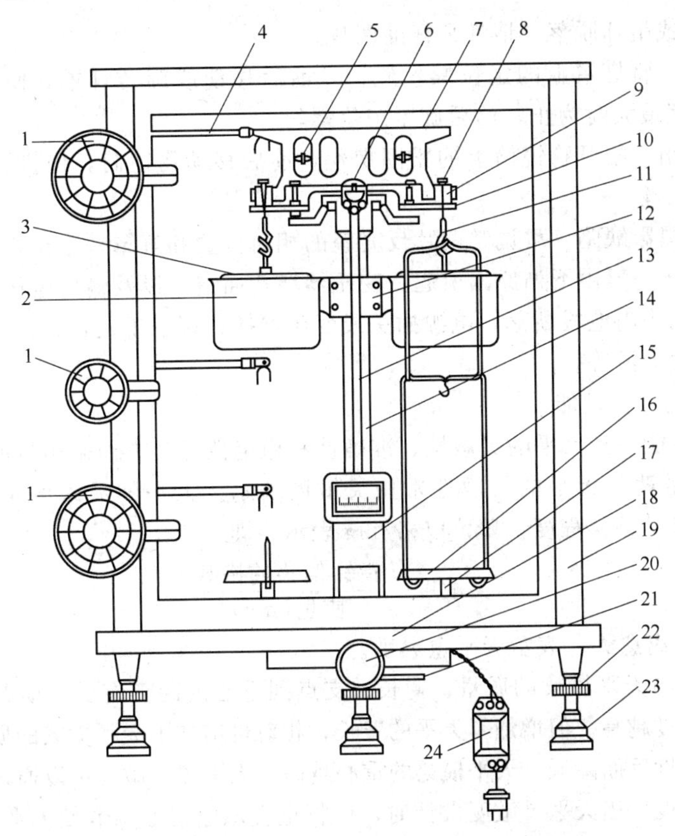

图 1-15　TG-328A 型全机械加码电光天平的构造

1—指数盘；2—阻尼器外筒；3—阻尼器内筒；4—加码杆；5—平衡螺丝；6—中刀；7—横梁；8—吊耳；9—边刀盒；10—翼托；11—挂钩；12—阻尼架；13—指针；14—立柱；15—投影屏座；16—秤盘；17—盘托；18—底座；19—框罩；20—开关旋钮；21—调零杆；22—螺旋脚；23—脚垫；24—变压器

⑭ 砝码　砝码是天平的一个重要组成部分，物体质量是根据砝码的质量确定的。砝码的组成系统为 5、2、2、1 制，即进码是 100g、50g、20g、20g、10g、5g、2g、2g、1g 共九个。质量相同的砝码，一般都附有不同记号，以便互相区别。称量时，应该使用相同的砝码，以减少由砝码而引起的称量误差。

2. 全自动电光天平

TG-328A 型分析天平是全机械加码电光天平，其构造如图 1-15 所示。

它的结构和半自动电光天平基本相同。其不同之处有以下几点：①所有的砝码均通过自动加码装置添加；②加码装置一般都在天平的左侧，分成三组，即 10g 以上、1～9g 和 10～990mg 三组砝码，10mg 以下，微分标牌经放大后在投影屏上直接读数；③悬挂系统的秤盘不同，在左盘的盘环上有三根挂砝码承受架，供承受相应的三组挂砝码；④全自动与半自动电光天平的砝码盘和称量盘正好相反；⑤微分标尺左右各 10 大格。

天平在使用过程中经常会遇到下列问题，当遇到这些问题时，可按不同方式进行调整。

① 零点不准　若零点偏离较远，可由横梁上的平衡螺丝来调节，较小的零点调节可拨动底板下的调零杆。一般零点在±2 个分度内即可由调零杆调节。

② 灵敏度不符合要求　若天平的灵敏度不符合要求，旋转重心球进行调整。但是旋转重心球后，必须重新调整天平零点。这一操作应在教师指导下进行。

③ 天平横梁或吊耳脱落　请教师帮助调整。

④ 光源不强　将灯罩上的定位螺丝旋松，前后移动或旋转灯罩，使光源处在光轴上，直至投影屏上亮度最大时为止，然后旋紧定位螺丝。

⑤ 影像不清晰　松开物镜筒上的紧固螺丝，前后移动物镜筒，使投影屏上的刻度清晰为止，然后紧固螺丝。

⑥ 投影屏有黑影缺陷　可调整两片反光镜的相对位置和灯罩，直至投影屏无黑影为止。

⑦ 光源不亮　一般由下列原因引起：变压器插孔插错，以及输出电压与灯泡电压不符，造成灯泡烧坏；插头内电线断落，电源插头或变压器插孔接触不良，以致电路不通；附在开关轴上的电源开关失灵等。

3. 分析天平的计量性能

天平的计量性能是从天平的灵敏性、准确性和稳定性等几方面来衡量的。

① 天平的灵敏性　天平的灵敏性常用灵敏度表示。天平的灵敏度是指天平载重增加1mg时所引起的指针偏移程度，单位以格/mg表示，即

$$\text{灵敏度}=\frac{\text{指针偏移的格数}}{\text{质量(mg)}}$$

指针偏移的距离愈大，表示天平愈灵敏。

天平的灵敏度与天平横梁的质量、臂长、支点到重心的距离有关。横梁越重，灵敏度越低。臂越长，灵敏度越高。但增加了天平的臂长，相对也增加了天平横梁的质量，并使载重时的变形增大，灵敏度反而降低。天平横梁的重心越高，天平越灵敏。可以通过调节天平的重心来调节天平的灵敏度。当天平灵敏度太低时，可将重心螺丝向上调节使天平横梁的重心提高。如天平的灵敏度太高，可将重心螺丝向下调节，使天平横梁的重心下降。天平的灵敏度既不能太低也不能太高，太低，称量误差增大；太高，则指针摆动不容易静止，且不便于称量。

在实际应用中常用“感量”来表示灵敏度。感量是灵敏度的倒数。感量是使指针位移1格时所需要增加的质量，以“mg/格”来表示，即

$$\text{感量}=\frac{1}{\text{灵敏度}}=\frac{\text{质量(mg)}}{\text{指针偏移的格数}}$$

例如，某天平的灵敏度为2.5格/mg，则感量为0.4mg/格，这类天平称为“万分之四”的天平；又如半自动电光天平的感量为0.1mg/格，则其灵敏度为10格/mg。表示1mg砝码使投影屏上有10小格的偏移。

② 天平的准确性　天平的准确性系指天平的等臂性而言。一架完好的天平，虽不能要求其两臂完全相等，但两臂之差应符合一定的要求（长度差值相对于臂长不超过1/40000），以控制天平不等臂所引起的误差不超过一定的限度。

用等臂天平称量时，天平不等臂性引起的误差是难免的，这种误差属于系统误差。在分析工作中使用同一架天平进行重复称量时，这种误差往往可以相互抵消。

③ 天平的稳定性　天平梁在平衡状态受到扰动后能自动回到初始平衡位置的能力，称为天平的稳定性。天平不仅要有一定的灵敏性，而且要有相当的稳定性，才能完成准确的称量。灵敏性和稳定性是相互矛盾的两种性质。一台天平，其灵敏度和稳定性的积是一个常数，两者都兼顾到，才能使天平处于最佳状态。

天平稳定的条件是横梁的重心在支点的下方，重心越低，则越稳定，重心越高，越不稳定。不稳定的天平是无法称量的。

在不改变天平状态的情况下多次开关天平，天平平衡位置的重复性，称做示值变动性。

稳定性只与天平横梁的重心位置有关，示值变动性不仅与横梁重心有关，还与温度、气流、震动以及横梁的调整状态等因素有关。因此，示值变动性可包括稳定性。

天平的示值变动性实际上就表示了衡量结果的可靠程度。它用多次测定天平空载时指针在标牌平衡位置上的最大值与最小值之差来表示。天平的示值变动性不应大于0.2mg。使用很久的天平灵敏度下降，可以在保证示值变动性合格的范围内，调节重心螺丝，增大其灵敏度，使天平既有高的灵敏度，又不致引起过大的变动性，两者数值上应保持一定的比例关系。

4. 分析天平的使用规则

① 称量前取下天平罩，必须折叠好放在天平箱上面或一侧。

② 天平箱内、秤盘上必须保持清洁，如有灰尘，必须用毛刷刷净。

③ 每人只能用指定的天平和砝码完成一次实验的全部称量，中途不能更换天平。

④ 天平前门不能随意打开（修天平例外），称量物和砝码只能由边门取放。

⑤ 不准在天平开启时取放称量物和砝码。开启或关闭天平要轻缓，切勿用力过猛，以免刀口受撞击而损伤。

⑥ 粉末状、潮湿、有腐蚀性的物质绝对不能直接放在秤盘上，必须用干燥、洁净的容器（称量瓶、坩埚等）盛好，才能称量。

⑦ 称量物应放在秤盘中央，其外部必须清洁，质量不得超过天平最大载荷，外形尺寸也不宜过大，温度必须与天平箱内温度相同。

⑧ 必须用砝码专用镊子按量值大小依次取换砝码，严禁用手直接拿取砝码。砝码应轻放在秤盘中央，大砝码在中心，小砝码在大砝码四周，不要侧放或堆叠在一起。砝码除放在砝码盒内及天平秤盘上外，不得放在其他地方。砝码不用时应放回砝码盒原空穴内，并随时盖好盒盖，以防止灰尘落入。

砝码和天平是配套检定的，同一砝码盒中的各个砝码的质量，彼此间都保持一定的比例关系，因此，不能将不同砝码盒内的砝码相互调换。称量中应遵循“最少砝码个数”的原则。

⑨ 使用机械加码装置时，不要将箭头对着两个读数之间，指数盘可以按顺或反时针方向旋转，转动读数指数盘的动作应轻缓，以免造成圈码变形、互相重叠、圈码或砝码脱钩等。估计称量物的质量，按“由大到小，中间截取”的原则选用砝码。先微微开启天平进行观察，当指针的偏转在标牌范围内时，方可完全开启天平。

⑩ 读数时，应将天平完全打开，并关闭天平的门（以免指针摆动受空气流动的影响）。

称量结束时关闭天平，取出称量物、砝码，指数盘恢复到“0.00”位置，关好天平门，罩好天平罩，填写天平使用登记卡，经教师同意后，方可离开天平室。

5. 分析天平的称量步骤

① 取下天平罩，折叠好放在天平箱上面或一侧。

② 检查　称量前要检查天平是否处于正常状态，如天平是否水平，吊耳和圈码有无脱落，圈码指数盘是否指示在“0.00”的位置，天平盘上是否有异物，箱内是否清洁等。

③ 调节零点　接通电源，缓慢开启升降旋钮，当天平指针静止后，观察投影屏上的标线与缩微标尺上的“0.0”刻度线是否重合。如未重合，可调节位于升降旋钮下面的调零杆，移动投影屏的位置，使二者重合，即调好零点。如已将调零杆调到尽头仍不能重合，则需关闭天平，调节天平横梁上的平衡螺丝（初学者应在教师指导下进行）。

④ 天平灵敏度的测定（该步骤视情况可省略）　首先调节天平的零点，即使投影屏上的

标线与刻度标尺的“0.0”线重合。然后在天平的称物盘上放一个校准过的10mg片码，观察天平的平衡点，标尺应移至98～102小刻度（即9.8～10.2mg）范围内，即灵敏度为(10±0.2)格/mg。如不合要求，则应调节灵敏度。若为全自动电光天平，在天平的左边加上10mg的圈码，打开天平，若微分标尺上显示质量在−98～−102小刻度范围内，即天平的灵敏度合格。

⑤ 称量　打开天平升降旋钮，把在台秤上粗称过的被称量物放在左盘中央，在右盘上按粗称的质量加上砝码和圈码。关好天平门，慢慢开启升降旋钮，根据指针或微分标尺偏转的方向（指针偏转方向与微分标尺相反），决定加减砝码和圈码。如指针向左偏转（标尺向右偏转），则表示砝码比物体重，应立即关闭升降旋钮，减少砝码或圈码后再称量。如指针向右偏转，且微分标尺上10.0mg的刻度线已超过投影屏上的标线，则表示砝码比物体轻，应关闭升降旋钮，增加砝码或圈码。这样反复调整，直到开启升降旋钮时，投影屏上的标线与微分标尺上的刻度线重合在0.0～10.0mg为止。

加减砝码的原则是由大到小，中间截取。

⑥ 读数　当微分标尺稳定后，即可读出投影屏标线与标尺重合处的数值。其中一大格为1mg，一小格为0.1mg，若刻度线在两小格之间，则按四舍五入的原则取舍。读取投影屏上的读数后，立即关闭升降旋钮。

被称量物的质量＝砝码质量 ＋ 圈码质量 ＋ 投影屏上的读数

例如，某次称量结果是：砝码重25g，圈码重230mg，投影屏上的读数为1.3mg（见图1-16，不能读为1.29mg），则被称量物的质量为

$$25g + 0.230g + 0.0013g = 25.2313g$$

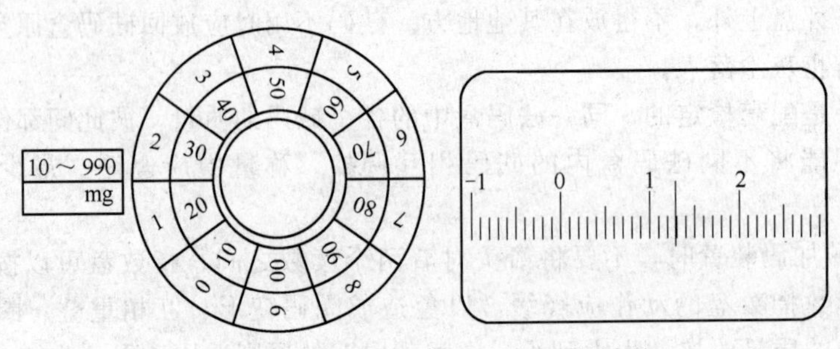

图 1-16　圈码指数盘和投影屏上的读数

称量结果要立即如实地记录在记录本上。

⑦ 复原　称量完毕，取出被称量物，把砝码放回砝码盒内，圈码指数盘恢复到“0.00”的位置，罩好天平的布罩，填写天平使用登记簿。

6. 称量方法

天平称量可采用直接称量法、固定质量称量法和差减称量法。

① 直接称量法　先把天平零点调整好，然后将表面皿洗净干燥后称其质量。再将适量的试样放入表面皿中，称重。两次读数之差即为试样重（试样倒入烧杯或其他容器时，要用蒸馏水将表面皿上的试样洗净，洗涤水并入烧杯中）。

称量液体试样时，为防止其挥发损失，应采用安瓿瓶称量，先称安瓿瓶重，然后在酒精灯上小火加热安瓿瓶球部，驱除球中空气，立即将毛细管插入液体试样中，待吸入试样后，封好毛细管口再称其质量。两次读数之差，即为试样重。

② 固定质量称量法　固定质量称量法即称量规定质量的方法。例如，称取0.1000g样

品，可在称量表面皿（或小烧杯）得到平衡点之后，改变指数盘位置，增加100mg环码，然后在半开天平的情况下，在天平左盘的表面皿中间处用牛角勺慢慢加入样品，这时，既要注意试样抖入量，同时也要注意微分标牌的读数，当所加试样能在微分标尺上显示时，将天平完全打开，继续加入试样，当微分标尺正好移动到所需要的刻度时，立即停止抖入试样，在此过程中右手不要离开天平的开关旋钮，以便及时开关天平。若不慎多加了试样，应将天平关闭，再用牛角匙取出多余的试样（不要放回原试样瓶中）。称好后，用干净的小纸片衬垫取出表面皿，将试样全部转移到接受的容器内。试样若为可溶性盐类，可用少量蒸馏水将沾在表面皿上的粉末吹洗进容器。亦可用称量纸（俗称硫酸纸）称量，但每次倒出样品后都应称一次纸重，以防纸上有残留物而改变称量纸的质量。

上述两种称量方法适用于不吸湿、在空气中不发生变化的物质的称量。

③ 差减称量法　差减称量法是分析实验中应用最普遍的一种方法，特别是做几个平行测定需称取多份样品时，应用更为方便。差减称量法适用于称取易吸湿、易氧化、易与二氧化碳反应的物质。其操作方法是：用干净纸带套住装试样的称量瓶，手持纸带两头，见图1-17(a)，将称量瓶放在天平盘中央，拿去纸带，称重。称量完毕后，在砝码端先减去需称量质量范围的下限（如需称量0.4～0.5g范围内的样品，可先减去0.4g的砝码），再用纸带套住称量瓶取出，放在接受试样的容器上方，用一干净纸片包着称量瓶盖上的把柄。打开瓶盖，将称量瓶倾斜（瓶底略高于瓶口），用瓶盖轻轻敲动瓶口上方，使试样落到容器中，见图1-17(b)。注意不要让试样洒落到容器外。当试样量接近要求时，边敲动瓶口上沿边将称量瓶缓慢竖起，使粘在瓶口的试样落入称量瓶或容器中，盖好瓶盖，放回称量盘中，判断倒出的样品是否超过称量范围的下限（0.4g），若没有，继续倾倒，至超过称量范围的下限（0.4g）后，完全打开天平，称出最后质量，两次读数之差即为取出试样的质量。

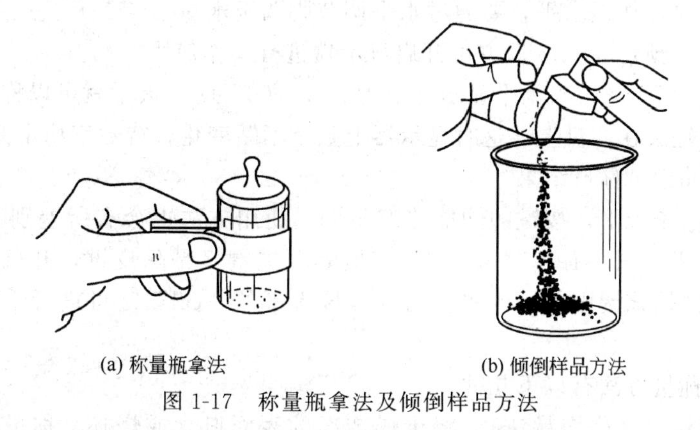

(a) 称量瓶拿法　　(b) 倾倒样品方法

图1-17　称量瓶拿法及倾倒样品方法

五、电子天平

最新一代的天平是电子天平，它是利用电子装置完成电磁力补偿的调节，使物体在重力场中实现力的平衡。或通过电磁力矩的调节，使物体在重力场中实现力矩的平衡。常见电子天平的结构都是机电结合式的，由载荷接受与传递装置、测量与补偿装置等部件组成。可分成顶部承载式和底部承载式两类，目前常见的大多数是顶部承载式的上皿天平。从天平的校准方法来分，则有内校式和外校式两种。前者是标准砝码预装在天平内，启动校准键后，可自动加码进行校准。后者则需人工取拿标准砝码放到秤盘上进行校正。图1-18为赛多利斯BS/BT 124S电子天平的外形图。

电子天平的使用方法如下。

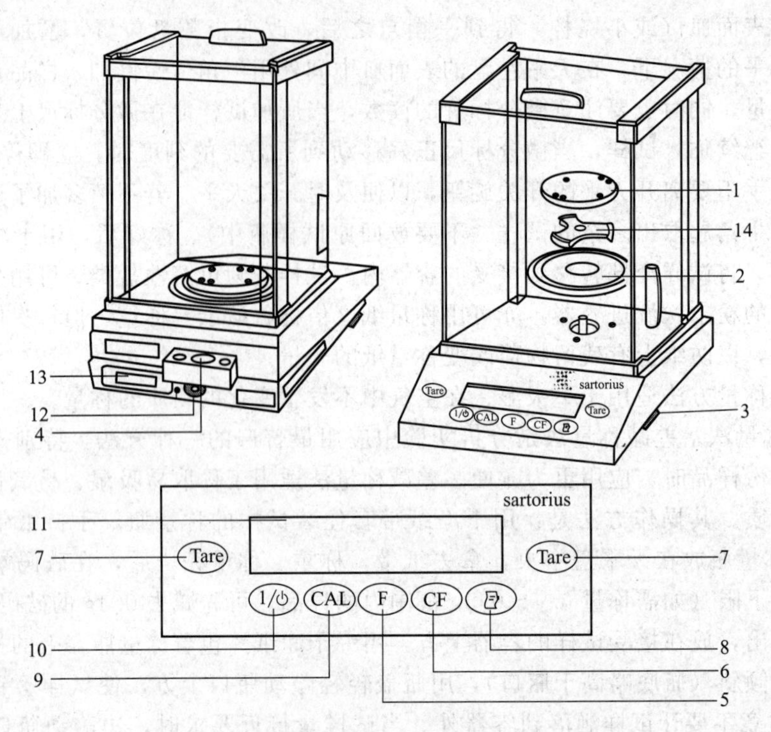

图 1-18　赛多利斯 BS/BT 124S 电子天平外形图

1—秤盘；2—屏蔽环；3—地脚螺栓；4—水平仪；5—功能键；6—CF 清除键；7—除皮键；8—打印键；9—调校键；10—开关键；11—显示屏；12—电源接口；13—数据接口；14—秤盘支架

① 查看水平仪，如不水平，要通过水平调节脚调至水平。

② 接通电源，预热 60min 后方可开启显示器进行操作使用。

③ 按除皮键“Tare”，当天平显示屏上为“0.0000”时，天平就可以称量了。

④ 将称量物轻放在秤盘上，这时显示器上数字不断变化，待数字稳定并出现质量单位 g 后，即可读数，并记录称量结果。

注意，不同电子天平，按键的功能略有不同，使用方法也会有所差别。如梅特勒-托利多 AL104 电子天平（图 1-19），“on/off”键既是开关键又是除皮键，开机状态时，按此键为除皮，但长时间按该键则关闭天平。另外，该天平的“cal”键可进行千分之一和万分之一的称量转换。

电子天平的称量方法有以下几种。

① 直接称量法（又称增量法）　将干燥洁净的表面皿（或烧杯、称量纸等）放在秤盘上，按去皮键 Tare，显示“0.0000”后，打开天平门，缓缓往表面皿中加入试样，当达到所需质量时停止加样，关上天平门，数据稳定后即可记录所称试样的净质量。

② 减量法　将称量瓶（装有试样）放在天平秤盘中央，关上天平门，按去皮键 Tare，取出称量瓶向容器中敲出一定量的试样（倒出试样的方法和注意事项与差减称量法相同），再将称量瓶放在天平上称量，如果所示质量（数字前负号表示质量减少）达到要求范围，即可记录数据。再按去皮键 Tare，称取第二份试样。

③ 差减称量法　与 TG-328 型电光天平的差减称量法相同。

使用注意事项如下。

① 电子天平的开机、通电预热、校准均由实验室技术人员负责完成。学生称量时只需

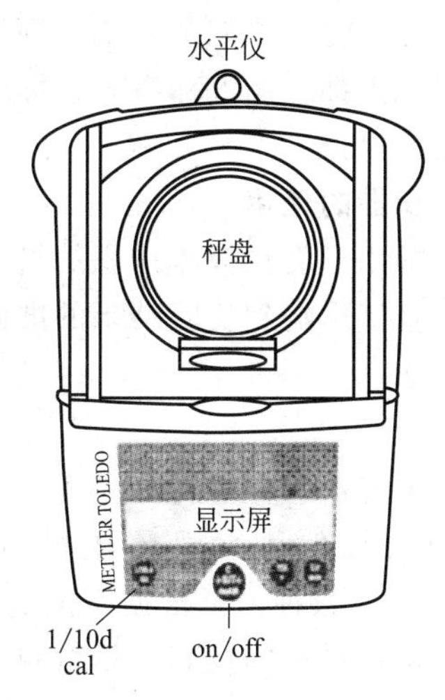

图 1-19　梅特勒-托利多 AL104 电子天平

按 on 键、Tare 键及 off 键就可使用，其他键不允许乱按。

② 电子天平自重较轻，容易被碰撞移位，造成不水平，从而影响称量结果。所以在使用时要特别注意，动作要轻、缓，并要经常查看水平仪。

③ 其他注意事项与电光天平基本相同。

第五节　试剂的取用及溶液的配制

一、试剂的级别

化学试剂的等级规格是根据试剂纯度划分的。化学试剂（指通用试剂）的等级标准基本上分四级。

优级纯（G. R.）或一级品，也叫保证试剂，用于精密分析和科学研究。试剂的瓶签为“绿色”。

分析纯（A. R.）或二级品，也叫分析纯试剂，用于质量分析和一般科研工作，试剂的瓶签为“红色”。

化学纯（C. P.）或三级品，用于一般分析工作，试剂包装瓶签为“蓝色”。

实验试剂（L. R.）或四级品，用于一般要求不高的实验，可做辅助试剂。试剂的瓶签为“棕黄色”。

此外，根据专用试剂的用途，还有色谱试剂、光谱试剂、生物试剂等。这些试剂不能认为是化学分析的基准试剂。

二、试剂的存放

试剂存放的方法不仅要考虑试剂的物理状态，而且要考虑试剂的性质和试剂瓶的材质，如固体试剂一般存放在易于取用的广口瓶中，液体试剂则存放在细口瓶中；硝酸银、高锰酸钾、碘化钾等见光易分解的试剂应装在棕色瓶中，但见光分解的双氧水只能装在不透明的塑料瓶中，并避光于阴凉处，而不能用棕色瓶存放，因为棕色瓶中的重金属离子会加速双氧水的分解；存放氢氧化钠、氢氧化钾、硅酸钠等试剂时，不能用磨口塞，应换用橡胶塞，避免试剂与玻璃中的二氧化硅起反应而黏结，难以开启瓶盖；氟化钠腐蚀玻璃，必须用塑料瓶或铅制瓶保存；易氧化物质如金属钠、钾等，应在煤油中存放。

每个试剂瓶上都应贴上标签，并标明试剂的名称、纯度、浓度和配制日期，标签外应涂蜡或用透明胶带保护。

三、度量仪器的使用

实验室中常用于度量液体体积的量具有量筒、移液管、滴定管和容量瓶等。能否正确使用这些量器，直接影响到实验结果的准确度。因此，必须了解各种量器的特点、性能，掌握正确的使用方法。

1. 量筒

量筒为量出容器（标注符号“A”），即倒出液体的体积为所量取的溶液体积。量筒是化学实验中最常用的度量液体体积的仪器，见表1-1。其规格有5mL、10mL、50mL、100mL、500mL等数种，可根据不同需要选择使用。选用量筒的原则：在尽可能一次性量取的前提下，选用最小的量筒，尽量减少误差。如量取15mL的液体，应选用容量为20mL的量筒，不能选用容量为10mL或50mL的量筒。使用时，把要量取的液体注入量筒中，手拿量筒的上部，让量筒竖直，使量筒内液体凹面的最低处与视线保持水平，见图1-20，然后读出量筒上所对应的刻度，即得液体的体积。倾倒完毕后要停留一会，使液体全部流出。

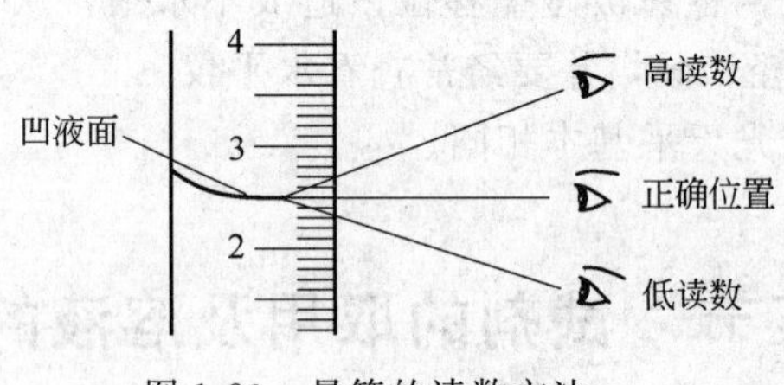

图1-20　量筒的读数方法

2. 移液管

移液管是精确量取一定体积液体的仪器，为量出容器。移液管的种类很多，通常分为无分度移液管和分度移液管两类，见表1-1。无分度移液管的中部膨大，上下两端细长，上端刻有环形标线，膨大部分标有其容积和标定时的温度（一般为20℃）。使用时将溶液吸入管内，使液面与标线相切，再放出，则放出的溶液体积就等于管上标示的容积。常用无分度移液管的容积有5mL、10mL、25mL和50mL等多种。由于读数部分管颈小，其准确性较高，缺点是只能用于量取一定体积的溶液。另一种是带有分度的移液管，可以准确量取所需要刻度范围内某一体积的溶液，但其准确度差一些。容积有0.5mL、1mL、2mL、5mL、10mL等多种，这种有分度的移液管也称为吸量管。

① 移液管的洗涤　在使用移液管前，应先用自来水洗至内壁不挂水珠（若内壁有水珠，必须用洗液洗涤后，再用自来水冲洗至内壁不挂水珠），再用蒸馏水洗涤3遍。

② 移液管的润洗　移取溶液时，应将洗净的移液管尖嘴部分残留水吹出，再用吸水纸吸干水分，最后伸入试剂瓶约1.5cm处吸取少量移取液于移液管中（注意不能让溶液上下回荡），然后迅速用手指封住移液管口部并由试剂瓶中取出，平托移液管使其润湿整个内壁，放出润洗液，用此方法润洗3次，以保持转移的溶液浓度不变。

③ 移液管的操作方法　把移液管插入溶液液面下约1.5cm处，不应伸入太多（注意：绝不能让移液管下部尖嘴接触容器底部，以免尖嘴损坏），以免外壁沾有溶液过多；也不应伸入太少，以免液面下降时吸入空气。一般用右手的拇指和中指捏住移液管的标线上方，用左手持洗耳球，先把洗耳球内空气压出，然后把洗耳球的尖端压在移液管上口，慢慢松开左

手使溶液吸入管内，当液面升高到刻度以上时移去洗耳球，立即用右手的食指按住管口。将移液管移开试剂瓶，用一废液瓶接取多余液体，使管尖端靠着废液瓶内壁，略为放松食指并用拇指和中指轻轻转动移液管，让溶液慢慢流出。当液面平稳下降至凹液面最低点与标线相切时，立即用食指压紧管口。取出移液管，移入准备接受液体的容器中，使移液管尖端紧靠容器内壁，容器倾斜而移液管保持直立，放开食指让液体自然下流，待移液管内液体全部流出后，停 15s 后，再移开移液管，见图 1-21。液体排放过程中，流液口尖端和容器内壁接触保持不动。切勿把残留在管尖的液体吹出，因为在校正移液管时，已经考虑了尖端所保留液体的体积。若移液管上面标有“吹”字，则应将留在管端的液体吹出。

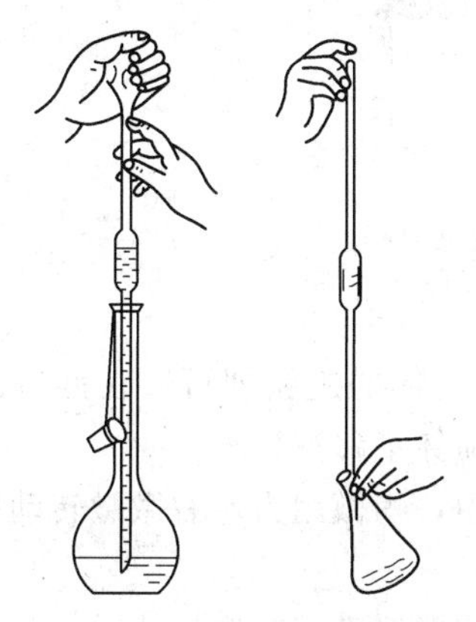

图 1-21　移液管的使用

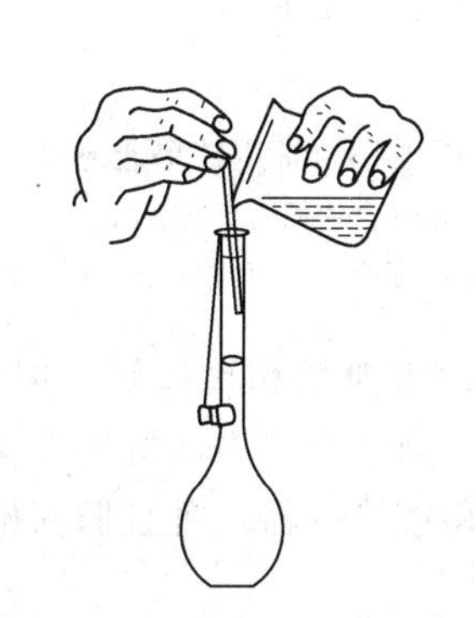
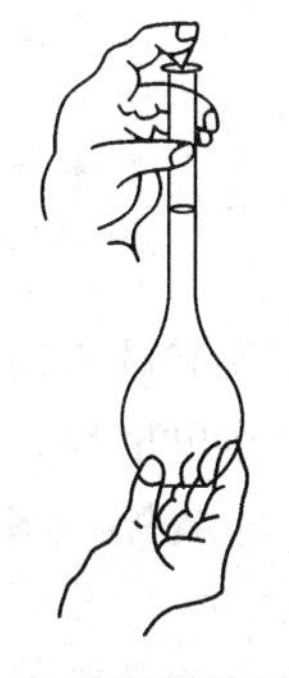

图 1-22　容量瓶的使用

3. 容量瓶

容量瓶（见表 1-1）是一种细颈梨形的平底瓶，带有磨口玻璃塞或橡皮塞。瓶颈上刻有标线，瓶上标有其体积和标定时的温度。在标定温度下，当液体充满到标线位置时，所容纳的溶液体积等于容量瓶上标示的体积，即容量瓶为量入容器（标注符号“E”）。容量瓶主要用来配制标准溶液，或稀释一定量溶液到一定的体积。通常有 10mL、25mL、50mL、100mL、250mL、500mL、1000mL、2000mL 等规格。

容量瓶在使用前要检查是否漏水，方法是将容量瓶装入自来水至刻度线，盖上塞子，左手按住瓶塞，右手拿住瓶底，倒置容量瓶，观察是否有漏水现象，若不漏水，将瓶立正，把瓶塞旋转 180℃后塞紧，用相同方法检验仍不漏水即可使用。容量瓶应洗干净后使用（如图 1-22 所示）。

用固体配制溶液时，称量后先在小烧杯中加入少量水把固体溶解（必要时可加热），待冷却到室温后，将杯中的溶液沿玻璃棒小心地注入容量瓶中，溶液倒完后，烧杯嘴沿玻璃棒向上提起的同时竖起烧杯（为什么?），再从洗瓶中挤出少量水淋洗玻璃棒及烧杯 4 次以上，并将每次淋洗液注入容量瓶中。然后加水至容量瓶约 2/3 处时，将容量瓶沿水平方向摇动，使溶液初步混匀（切记不能加塞倒置摇动，使溶液浸湿瓶塞及瓶壁磨口处，为什么?）。接着再继续加水，并将刻度线以上部分用水适当冲洗（磨口处除外）。当液面将接近标线时，停留几分钟（为什么?），再用滴管小心地逐滴加水至弯月面最低点恰好与标线相切。塞紧瓶塞，将容量瓶倒转数 10 次以上（必须用手指压紧瓶塞，以防脱落），并在倒转时加以振荡，以保证瓶内溶液浓度上下各部分均匀。

容量瓶是磨口瓶，瓶塞不能张冠李戴，一般可以用橡皮筋系在瓶颈上，避免沾污、打碎或丢失。

4. 滴定管

滴定管是滴定时用来准确测量流出液体体积的量器（使用方法见本章第十节）。

5. 移液枪

在进行分析测试时，量取少量或微量的液体时一般采用移液枪进行移取。正确掌握移液枪的使用方法，是现代分析人员必须掌握的实验技能之一。常用的单通道移液枪见图 1-23。

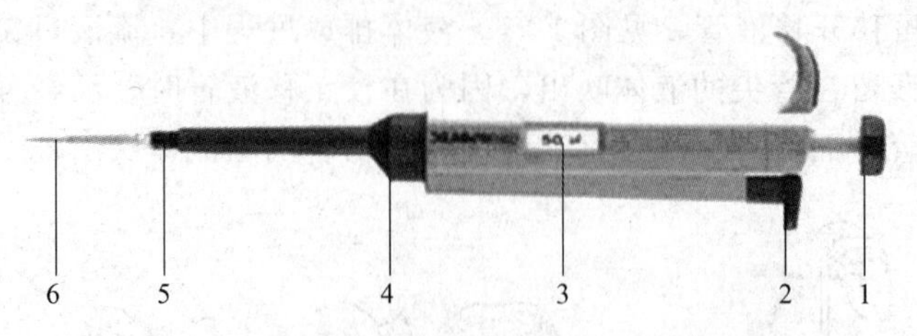

图 1-23　常用的单通道移液枪

1—控制按钮（含体积调节功能）；2—枪头卸去按钮；
3—体积显示容器；4—套筒；5—弹性吸嘴；6—枪头

量程的调节：在调节量程时，用拇指和食指旋转取液器上部的旋钮即可。在调节过程中，千万不要将按钮旋出量程，否则会卡住内部机械装置而损坏了移液枪。

枪头（吸液嘴）的装配：将移液枪（器）垂直插入枪头中，稍微用力左右微微转动即可使其紧密结合。

移液方法：移液之前，要保证移液器、枪头和液体处于相同温度。吸取液体时，四指并拢握住移液器上部，用拇指按住柱塞杆顶端的按钮，移液器保持竖直状态，将枪头插入液面下 2～3mm，缓慢松开按钮，吸上液体，并停留 1～2s（黏性大的溶液可加长停留时间），将吸头沿器壁滑出容器，排液时吸头接触倾斜的器壁。在吸液之前，可以先吸放几次液体以润湿吸液嘴（尤其是要吸取黏稠或密度与水不同的液体时）。最后按下除吸头推杆，将吸头推入废物缸。

使用完毕，可以将其竖直挂在移液枪架上，但要小心别掉下来。当移液器枪头里有液体时，切勿将移液器水平放置或倒置，以免液体倒流腐蚀活塞弹簧。

移液枪使用注意事项如下。

① 吸取液体时一定要缓慢平稳地松开拇指，绝不允许突然松开，以防将溶液吸入过快而冲入取液器内腐蚀柱塞而造成漏气。为获得较高的精度，吸头需预先吸取一次样品溶液，然后再正式移液。浓度和黏度大的液体，会产生误差，为消除其误差的补偿量，可由试验确定，补偿量可用调节旋钮改变读数窗的读数来进行设定。移液器未装吸头时，切莫移液。移液器严禁吸取有强挥发性、强腐蚀性的液体（如浓酸、浓碱、有机物等）。

② 校准是可以在 20～25℃环境中，通过重复几次秤量蒸馏水的方法来进行。1mL 蒸馏水 20℃时重 0.9982g。

③ 移液器反复撞击吸头来上紧的方法是非常不可取的，长期操作会使内部零件松散而损坏移液器。

④ 在设置量程时，旋转到所需量程数字清楚地显示在窗中。请注意所设量程在移液器量程范围内不要将按钮旋出量程，否则会卡住机械装置，损坏了移液器。

⑤ 不要用大量程的移液器移取小体积的液体，以免影响准确度。同时，如果需要移取量程范围以外较大量的液体，请使用移液管进行操作。

⑥ 如不使用，要把移液枪的量程调至最大值的刻度，使弹簧处于松弛状态以保护弹簧。

⑦ 最好定期清洗移液枪，可以用肥皂水或60%的异丙醇，再用蒸馏水清洗，自然晾干。

⑧ 使用时要检查是否有漏液现象。方法是吸取液体后悬空垂直放置几秒钟，看看液面是否下降。如果漏液，请检查枪头是否匹配，弹簧活塞是否正常；如果是易挥发的液体（许多有机溶剂都如此），则可能是饱和蒸汽压的问题。可以先吸放几次液体，然后再移液。

四、试剂的取用

1. 固体试剂的取用

固体试剂一般用药勺取用，其材质有牛角、塑料和不锈钢等。药勺两端有大小两个勺，取用大量固体时用大勺，取用少量固体时用小勺。药勺要保持干燥、洁净，最好专勺专用。取用固体试剂时，先将试剂瓶盖取下，倒放在实验台上，试剂取用后，要立即盖上瓶盖，并将试剂瓶放回原处，标签向外。

取用一定量固体时，可将固体放在纸上（不能放在滤纸上）或表面皿上，根据要求在台秤或天平上称量。具有腐蚀性或易潮解的固体不能放在纸上，应放在玻璃容器内进行称量。称量后多余的试剂不能放回原瓶，以防把原试剂污染。

往试管（特别是湿试管）中加入固体试剂时，可先将盛有药品的药匙伸进试管适当深处，见图1-24，然后再将试管及药匙慢慢竖起。或将取出的药品放在对折的纸片上，再按上述方法将药品放入试管，见图1-25。加入块状固体时，应将试管倾斜，使其沿管壁慢慢滑下，以免碰破试管底部，见图1-26。固体颗粒较大时，应在干燥的研钵中研磨成小颗粒或粉末状，研钵中所盛固体量不得超过研钵容量的1/3。

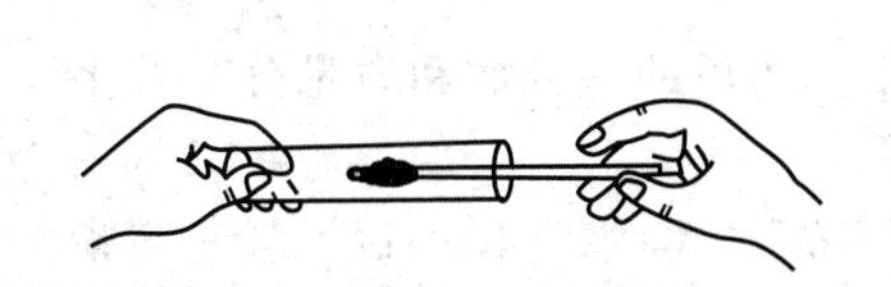

图1-24 用药匙将固体试剂加入试管

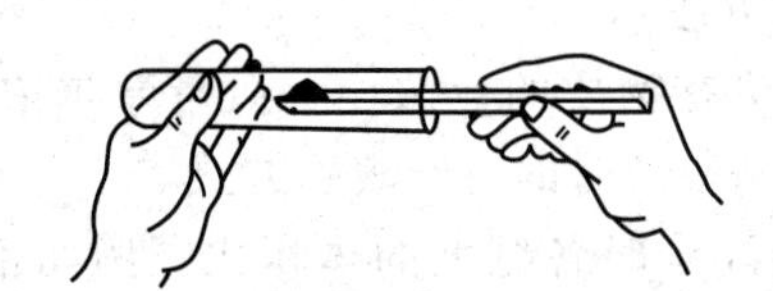

图1-25 用对折纸将固体试剂加入试管

图1-26 块状固体沿试管壁慢慢滑下

2. 液体试剂的取用

从细口瓶取用液体试剂时，取下瓶盖把它倒放在实验台上，用左手拿住容器（如试管、量筒、小烧杯等），右手握住试剂瓶，掌心对着试剂瓶上的标签，倒出所需量的试剂，倒完后，应该将试剂瓶口在容器上靠一下，再将瓶子慢慢竖起，以免液滴沿外壁流下，见图1-27(a)。

将液体从试剂瓶中倒入烧杯时，用右手握住试剂瓶，左手拿玻璃棒，使棒的下端斜靠在烧杯内壁上，将瓶口靠在玻璃棒上，使液体沿着玻璃棒流下，见图1-27(b)。

从滴瓶中取少量试剂时，提起滴管，使管口离开液面，用手指轻捏滴管上部的橡皮头排去空气，再把滴管伸入试剂瓶中，吸取试剂。往试管中滴加试剂时，只能把滴管尖头垂直放在管口上方滴加，如图1-27(c)所示，严禁将滴管伸入试管中（为什么?）。滴完液后，应将滴管中剩余的试剂挤回原滴瓶，然后放松胶头滴管，插回原滴瓶，切勿插错。一只滴瓶上的滴管不能用来移取其他滴瓶中的试剂，也不能用自己的吸管伸入试剂瓶吸取试液以免污染试剂。吸有试剂的滴管必须保持橡皮胶头在上，不能平放、斜放，更不能放在桌面上或胶头向

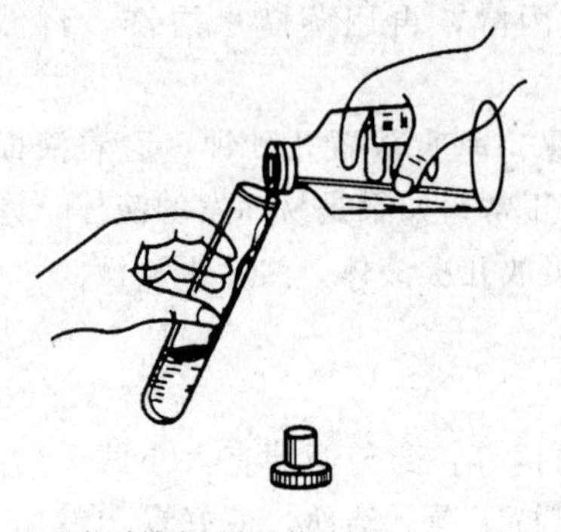

(a) 往试管中倒取液体试剂

(b) 往烧杯中倒取液体试剂

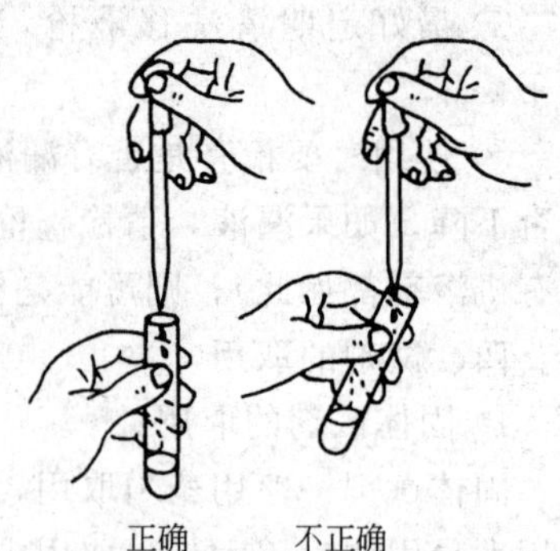

(c) 往试管中滴加液体试剂

图 1-27　试剂的取用方法

下倒置，以防滴管中试剂流入胶头而使橡皮胶头腐蚀、损坏。

从滴瓶取用液体试剂时，有时要估计其取用量，此时可通过计算滴下的滴数来估计，一般滴出 20～25 滴为 1mL。若需准确取液体试剂，则需用移液管移取，并按移液管的使用方法进行操作。

五、溶液的配制

溶液的配制一般是把固态试剂溶于水（或其他溶剂）配制成溶液或把液态试剂（或浓溶液）加水稀释为所需的稀溶液。化学实验中的溶液有两类，一类用来控制化学反应条件，在样品处理、分离、掩蔽等操作中使用，其浓度不必准确到四位有效数字，这类溶液称为一般溶液，也称为辅助溶液。另一类是用来测定物质含量的具有准确浓度的溶液，也称标准溶液。配制好的溶液应贴上标签，注明溶液的名称、浓度及配制时间。

1. 溶液组成的表示方法

溶液组成的度量方法有物质的量浓度、质量摩尔浓度、物质的量分数和质量分数等多种，在此仅介绍一些配制溶液时的特殊表示方式。

① 体积比溶液　指配制时各试剂的体积比。例如正丁醇-乙醇-水（40∶11∶19）是指 40 体积正丁醇、11 体积乙醇和 19 体积水混合而成的溶液。有时试剂名称后注明 1＋2、5＋4 等符号，第一个数字表示试剂的体积，第 2 个数字表示水的体积。若试剂是固体，则表示试剂与水的质量比，第一个数字表示试剂的质量，第二个数字表示水的质量。

② 体积分数　表示某组分的体积除以溶液的体积，取代体积百分浓度。

③ 质量浓度　表示单位体积中某种物质的质量，常以 $mg \cdot L^{-1}$、$\mu g \cdot L^{-1}$ 或 $mg \cdot mL^{-1}$、$\mu g \cdot mL^{-1}$ 等表示。

2. 一般溶液的配制

① 直接水溶法　对易溶于水而不发生水解的固体试剂，如 NaOH、KNO_3、NaCl 等，配制其溶液时可用托盘天平直接称取一定量的固体于烧杯中，加入少量蒸馏水，搅拌溶解后稀释至所需体积，再转入试剂瓶中。

② 稀释法　对于液态试剂，如 HCl、H_2SO_4、HNO_3、HAc 等，配制其稀溶液时，先用量筒量取所需量的浓溶液，然后用适量蒸馏水稀释。

3. 特殊溶液的配制

① 配制饱和溶液时，所用溶质的量比计算量要多，加热使之溶解后，冷却，待结晶析出后再用。这样可保证溶液的饱和。

② 配制易水解盐的溶液，必须把它们先溶解在相应的酸溶液（如 $SnCl_2$、$SbCl_3$ 溶液

等）或碱溶液（如 Na_2S、Na_2CO_3 溶液等）中以抑制水解。对易氧化的盐（如 $FeSO_4$、$SnCl_2$ 等），不仅需要酸化溶液，而且应该在溶液中加入相应的纯金属。

③ 试剂溶解时如有较高的溶解热发生，则配制溶液的操作一定要在烧杯中进行，如氢氧化钠、浓硫酸的稀释等。在配制过程中，加热和搅拌可加速溶解，但搅拌速度不易太快，也不能使搅拌棒触及烧杯壁。

④ 稀释浓硫酸时，应将浓硫酸在搅拌下慢慢倒入水中，千万不能把水倒入浓硫酸中，以免硫酸溅出。因为浓硫酸的相对密度比水的大，当水倒入浓硫酸时，水不会下沉而会覆盖在硫酸的表面，使产生的溶解热不能及时放出造成飞溅。

4. 准确浓度溶液的配制

① 直接法　用分析天平准确称取一定量的基准试剂于烧杯中，加入适量的蒸馏水溶解后，转入容量瓶，再用蒸馏水稀释至刻度，摇匀。其准确浓度可由称量数据及稀释体积求得。

② 标定法　不符合基准物质试剂条件的物质，不能用直接法配制标准溶液，但可先用一般溶液的配制方法配成近似于所需要浓度的溶液，然后用基准试剂或已知准确浓度的标准溶液标定它的浓度。当需要通过稀释法配制标准溶液的稀溶液时，可用移液管准确吸取其浓溶液至适当的容量瓶中配制。

实验阅读

1. 一般浓度溶液的配制

① 配制 100mL $0.5mol \cdot L^{-1}$ NaOH 溶液。计算溶质、溶剂需要量，用台秤称取 NaOH 试剂并倒入烧杯中，用量筒量取计算量水溶解 NaOH，溶解后装入试剂瓶（或倒入教师指定的回收瓶），贴好标签，备用。

② 配制 100mL $0.1mol \cdot L^{-1}$ $CuSO_4$ 溶液。用台秤称取适量硫酸铜晶体（$CuSO_4 \cdot 5H_2O$）于小烧杯中溶解，然后将溶液转移到 100mL 容量瓶（或量筒）中，并用少量的水冲洗烧杯 2～3 次，洗涤用水也转移到容量瓶中，最后再加水至规定标线，振荡摇匀。溶液装入试剂瓶，贴上标签，备用。

③ 配制 100mL $0.5mol \cdot L^{-1}$ HCl 溶液。计算所需 1∶1HCl 的体积，根据教师要求选用上述①或②的方法配制 HCl 溶液。

2. 准确浓度溶液的配制

① 配制 100mL $0.2mol \cdot L^{-1}$ 的氯化钠溶液。用分析天平准确称取适量氯化钠（减量法）于小烧杯中溶解，再转移至 100mL 容量瓶中定容，并计算所配溶液的浓度。

② NaCl 标准溶液的稀释。按教师要求，将①所配溶液稀释 10 倍，并计算其准确浓度。

第六节　气体的制备与净化

一、气体的制备方法

气体的实验室化学制备方法，按反应物的状态和反应条件可分为四类：第一类为固体或固体混合物加热的反应，如 O_2、NH_3、N_2 等的制备，其典型装置如图 1-28(a) 所示；第二类为不溶于水的块状或粒状固体与液体之间不需加热的反应，如 H_2、CO_2、H_2S 等的制备，其典型装置为启普发生器，如图 1-28(b) 所示；第三类为固体与液体之间需加热的反应，或粉末状固体与液体之间不需加热的反应，如 SO_2、Cl_2、HCl 等的制备；第四类为液体与液体之间的反应，如甲酸与热的浓硫酸作用制备 CO 等。后两类制备方法的典型装置如图 1-28(c) 所示。

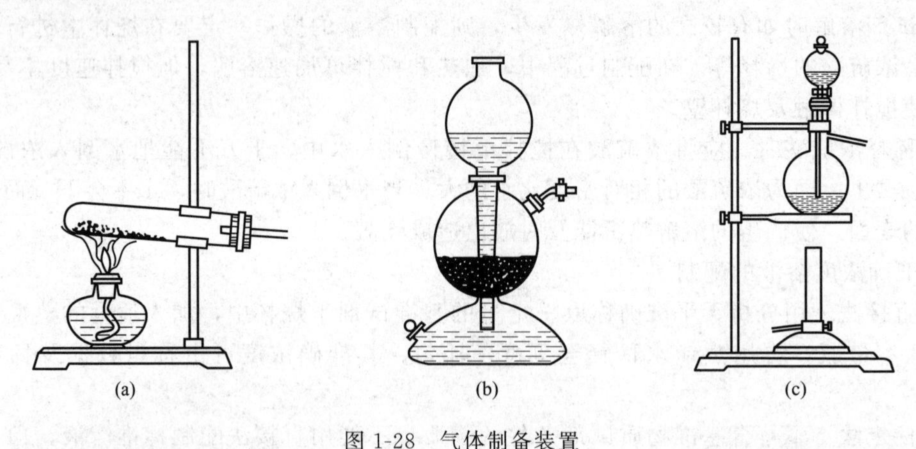

图 1-28 气体制备装置

二、气体的收集方法

实验室中常用的气体收集方法有排气（空气）集气法和排水集气法。凡不与空气发生反应、密度与空气相差较大的气体都可以用排气（空气）法来收集。对于密度比空气小的气体，因能浮于空气的上面，收集时集气瓶的瓶口应朝下，让原来瓶子中的空气从下方排出。此种集气方法就称为向下排气集气法，见图 1-29(a)。如 H_2、NH_3、CH_4 等气体收集就可用此法。对于密度比空气大的气体，因气体能沉于空气的下面，集气时瓶口应朝上，以利于瓶内空气的排出。这种集气方法就称为向上排气集气法，见图 1-29(b)。此法常用于 CO_2、Cl_2、HCl、SO_2、H_2S、NO_2 等相对分子质量明显大于 29（空气的平均分子量）的气体的收集。

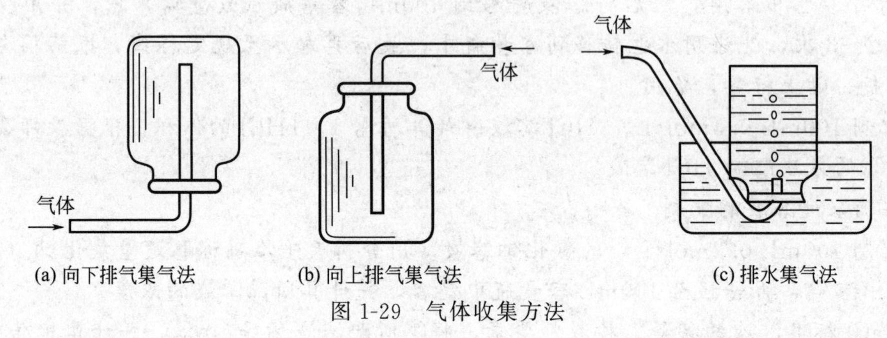

图 1-29 气体收集方法

在用排气法收集气体时，进入的导管应插入瓶内接近瓶底处。同时，为了避免空气流的冲击而妨碍气体的收集，可在瓶口“塞上”少许脱脂棉或用穿过导气管的硬纸片遮挡瓶口（注意不能堵死，为什么?）。

在集气过程中应注意检查气体是否收集满。当集满时抽出导气管，用毛玻璃片盖住瓶口，不改变瓶口的朝向将集气瓶立于台面备用。

凡难溶于水且又不与水反应的气体，如 H_2、O_2、N_2、NO、CO、CH_4 等则可用排水集气法来收集，见图 1-29(c)。集气时，先在水槽中盛半槽水，把集气瓶灌满水，然后用毛玻璃片的磨砂面慢慢地沿瓶口水平方向移动，把瓶口多余的水赶走，并密盖住瓶口（注意此时瓶内不得有气泡），此时用手将毛玻璃片紧按瓶口，把集气瓶倒立于水槽中，在水面下取出毛玻璃片，将导管伸入瓶内。气体生成时，气体逐渐将瓶内的水排出。当集气瓶口有气泡冒出时，说明气体已集满。取出集气瓶时，应在水中用毛玻璃片盖严瓶口，并使集气瓶立于实验台面上（应正立？倒立？如何判断?）。

排水集气法收集气体的优点是纯度高。对于易爆气体，若收集的量比较大，更应该用排水集气法收集气体，以免用排气法时混入空气，达到爆炸极限，点火时引起爆炸。

如果气体有颜色，会看到集气瓶内的颜色逐渐充满整个集气瓶；如果气体能溶于水，收集到的气体和水接触后（集气瓶倒置在水中），水就会进入集气瓶内；如果气体有酸性或碱性，可用湿润的 pH 试纸试验其酸碱性，或用 pH 试纸试验其溶于水后的酸碱性。

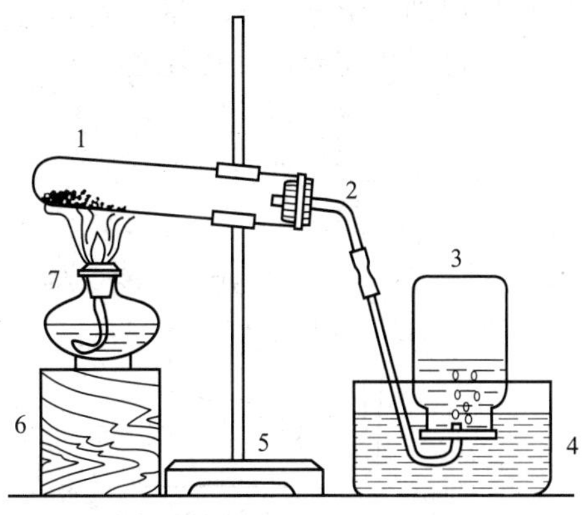

图 1-30　氧气的制取装置

1—试管；2—导气管；3—集气瓶；4—水槽；5—铁架台；6—木垫；7—酒精灯

三、实验装置的装配技能

实验装置一般是由各种仪器通过不同的连接方式组合而成的。实验前通常要将所用的仪器予以组装一次，以确定各个部分的相对位置和整体性能。仪器依类型和要求的不同可固定于夹持工具或支撑物上，相互间通过导管连接。装置的组装顺序是：先下后上，从左到右；先装主体部分，后装配属部分。做到主次兼顾，合理布局，美观整洁大方。

下面以氧气的制备集取装置为例说明。

① 选择合适的仪器、连接材料和夹持工具　准备硬质试管、试管塞（打单孔）、玻璃导管（两段，按图 1-30 所示弯成适当角度）、橡胶管、铁架台及夹具、酒精灯及木垫等。塞子的大小要掌握能塞入容器颈口的 3/5 左右，塞子的孔洞、胶管的口径要和玻璃导管相吻合。铁夹双钳的保护性衬层应完好，夹具固紧定位可靠，支持物稳定性能好。

② 根据热源及集气装置（以集气瓶位置为准）位置将硬质试管固定在铁架台上合适位置，注意试管的管口应略向下倾斜（为什么?），铁夹夹在管口端试管的 1/3 处，而且要夹得松紧合适。太紧，则易将试管夹破，太松，则试管易摇动甚至滑落。

③ 将玻璃导管插入试管中，导管出头半厘米即可。如太长，则空气易在试管内形成涡而排不尽，影响气体纯度，太短，则易漏气。玻璃导管通过橡胶管与集气导管连接，再塞好试管塞，放置好水槽。

④ 放置好酒精灯，根据灯焰高度选择好木垫（或适当调整试管的高低位置）。

⑤ 总体复查，微调定位。

装好的气体发生装置应做气密性检查，确保气密性良好后方可使用。气密性检查的方法如下：用双手握着试管的外壁，或用微火加热试管，使管内空气受热膨胀，若气密性好，水中的导管口就有气泡冒出，否则就无气泡产生。在手移开或停止加热后，管内因温度降低，气压减小，水在其静压力作用下升入导管形成一段水柱，而且在较长时间内不回落降低，就说明装置严密，不漏气，否则就不严密，要更换处理。

四、启普发生器的使用方法

常温下，实验室常将液体与固体试剂放在启普发生器中制备气体。例如用石灰石与稀盐酸作用产生二氧化碳，硫化亚铁与盐酸作用制备硫化氢等。启普发生器的结构如图1-31(a)所示。在球形容器中部盛有参加反应的固体（如石灰石），液体（如盐酸）自安全漏斗注入，通过球形漏斗流到容器底部。底部有一液体出口，平时用玻璃塞塞紧。球形容器上部有气体出口，与带有活塞的导气管相连。使用时，将活塞打开，由于容器内压力降低，液体即从底部通过狭缝上升与固体反应，见图 1-31(b)。停止使用时，关闭活塞，容器内产生的气体会将液体压回到球形漏斗中，这样就会使液体和固体分开，反应随即停止，见图 1-31(c)。调节活塞就可得到需要的气体流速。

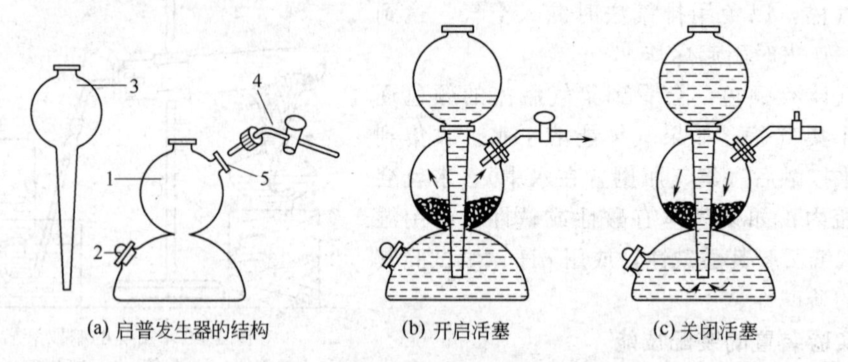

图 1-31　启普发生器的结构与作用

1—球形容器；2—废液出口；3—球形漏斗；4—导气管（带活塞）；5—固体进料口

启普发生器不能加热，装入的固体反应物又必须是较大的块料，不适用小颗粒或粉末状固体反应物。所以制备氯气、二氧化硫等气体就不能使用启普发生器。

在实验室中，也可以使用气体钢瓶。如氧气、氮气、氢气、二氧化碳等钢瓶。使用时可以通过减压阀来控制气体流量。

五、气体钢瓶及注意事项

气体钢瓶是储存压缩气体或液化气的高压容器。实验室中常用它直接获得各种气体。钢瓶是用无缝合金钢或碳素钢管制成的圆柱形容器，器壁很厚，一般最高工作压力为 15MPa。使用时为了降低压力并保持压力稳定，必须装置减压阀，各种气体的减压阀不能混用。使用钢瓶时，必须注意下列事项。

① 在气体钢瓶使用前，要按照钢瓶外表字样、油漆颜色（如氧气瓶为天蓝色，氢气瓶为深绿色，氮气瓶为黑色等）等正确识别气体种类，切勿误用，以免造成事故。

② 气体钢瓶在运输、储存和使用时，切忌与其他坚硬物体撞击，或暴晒在烈日下以及靠近高温，以免引起钢瓶爆炸。气体钢瓶存放或使用时要固定好，防止滚动或跌倒。为确保安全，钢瓶外面应装上橡胶防震圈。钢瓶应定期进行安全检查，如进行水压实验、气密性实验和壁厚测定等。

③ 氢气、氧气或可燃气体钢瓶严禁靠近明火，与明火的距离一般不小于 10m，否则必须采取有效的保护措施。存放可燃性气体钢瓶的房间应注意通风，以免漏出的可燃性气体与空气混合后遇到火种发生爆炸。室内的照明灯及电气通风装置均应防爆。严禁油脂等有机物沾污氧气钢瓶，因为油脂遇到逸出的氧气就可能燃烧，若已有油脂沾污，则应立即用四氯化碳洗净。氢气钢瓶最好放在远离实验室的小屋内。采暖期间，气瓶与暖气片的距离不小于 1m。

④ 有毒气体（如液氯等）钢瓶一般应单独存放，严防有毒气体逸出，并注意室内通风。存放有毒气体钢瓶的实验室内最好安装毒气检测装置。

⑤ 若两种钢瓶中的气体接触后可能引起燃烧或爆炸，则这两种钢瓶不能存放在一起。液化气体钢瓶使用时一定要直立放置，禁止倒置使用。

⑥ 使用钢瓶时，应缓缓打开钢瓶上端之阀门，不能猛开阀门，也不能将钢瓶内的气体全部用完，一定要保持 0.05MPa 以上的残余压力，一般可燃性气体应保留 0.2～0.3MPa 的压力，氢气应保留更高的压力。

六、气体的干燥与净化

实验室制备的气体通常都带有酸雾、水汽和其他气体杂质或固体微粒杂质。为得到纯度较高的气体，还需经过净化和干燥。气体的净化通常是将其洗涤，即通过选择相应的洗涤液来吸收、除去气体中的杂质。如用水可除去酸雾和一些易溶于水的杂质；用浓硫酸（或其他干燥剂）可除去水汽、碱性物质和一些还原性杂质；用碱性溶液可除去酸性杂质，对一些不易直接吸收除去的杂质如硫化氢、砷化氢还可用高锰酸钾、醋酸铅等溶液来使之转化成可溶物或沉淀除去。但要注意，能与被提纯的气体发生化学反应的洗涤剂不能选用。经洗涤后的气体一般都带有水汽，可用干燥剂吸收除去。

实验室常用的干燥剂一般有三类：一为酸性干燥剂，如浓硫酸、五氧化二磷、硅胶等；二为碱性干燥剂，如固体烧碱、石灰、碱石灰等；三为中性干燥剂，如无水氯化钙等。干燥剂的选用除了要考虑不能与被干燥的气体发生反应外，还要考虑具体的工作条件。实验中常见干燥剂见表 1-5。

表 1-5　常见气体可选用的干燥剂

气体	干燥剂	气体	干燥剂
H_2	$CaCl_2$、P_4O_{10}、H_2SO_4(浓)	H_2S	$CaCl_2$
O_2	$CaCl_2$、P_4O_{10}、H_2SO_4(浓)	NH_3	CaO 或 CaO 与 KOH 的混合物
Cl_2	$CaCl_2$	NO	$Ca(NO_3)_2$
N_2	H_2SO_4(浓)、$CaCl_2$、P_4O_{10}	HCl	$CaCl_2$
O_3	$CaCl_2$	HBr	$CaBr_2$
CO	H_2SO_4(浓)、$CaCl_2$、P_4O_{10}	HI	CaI_2
CO_2	H_2SO_4(浓)、$CaCl_2$、P_4O_{10}	SO_2	H_2SO_4(浓)、$CaCl_2$、P_4O_{10}

气体的洗涤通常是在洗气瓶中进行的。洗涤时，让气体以一定的流速通过洗涤液（可通过形成气泡的速度来控制），杂质便可除去。

洗气瓶的使用一是要注意不能漏气（使用前涂凡士林密封，同时注意与导管的配套使用，避免互换而影响气密性）；二是洗气时，液面下的那根导管接进气，另一根接出气，它们通过橡胶管连接到装置中；三是洗涤剂的装入量不要太多，以淹没导管 2cm 为宜，否则气压太低时气体就出不来。

洗气瓶也可作缓冲瓶用（缓冲气流或使气体中烟尘等微小固体沉降），此时瓶中不装洗涤剂，并将它反接到装置中，即短管进气，长管出气。常用的气体干燥装置有干燥管、U 形管及干燥塔，见图 1-32。前二者装填的干燥剂较少，而后者则较多。干燥气体时应注意以下几点。

① 进气端和出气端都要塞上一些疏松的脱脂棉。它们一方面使干燥剂不至于流洒，另一方面则起过滤作用，防止被干燥气体中的固体小颗粒带入干燥剂，同时也防止干燥剂的小颗粒带入干燥后的气体中。

② 干燥剂不要填充太紧，颗粒大小要适当。颗粒太大，与气体的接触面积小，降低干燥效率；颗粒太小，颗粒间的孔隙小而使气体不易通过。

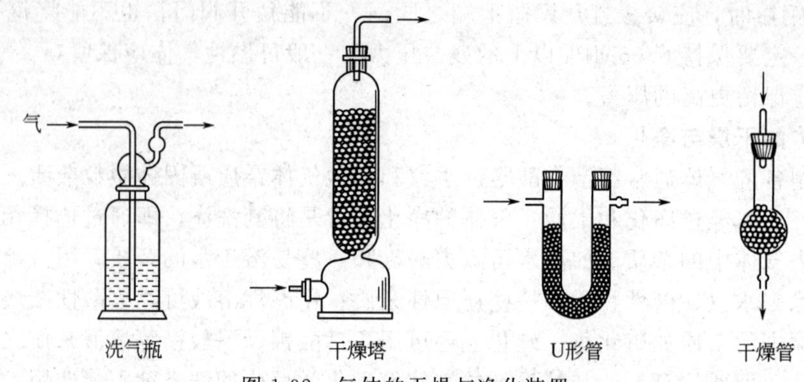

图 1-32　气体的干燥与净化装置

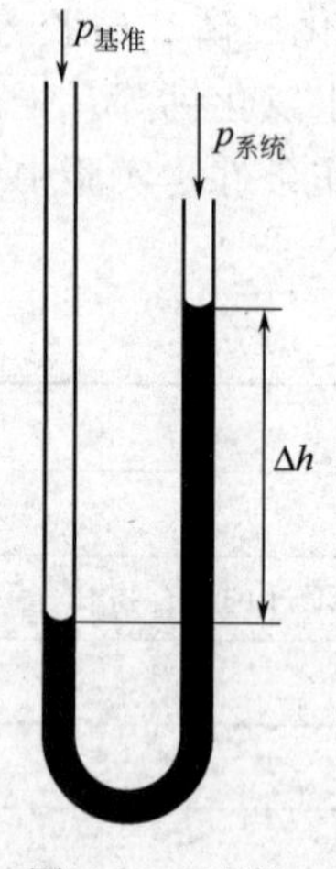

图 1-33　U 形水银压力计

③ 干燥剂要临用前填充。因为它们都易吸潮，过早填充会影响干燥效果。如确需提早填充，则填好后要将干燥装置在干燥的烘箱或干燥器中保存。

④ 使用后，应倒去干燥剂，并洗刷干净后存放，以免因干燥剂在干燥装置内变潮结块，不易清除，进而影响干燥装置的继续使用。干燥装置除干燥塔外，其余都应用铁夹固定。

七、气体压力的测定方法

压力是指垂直作用于物体表面的力，其大小常用压强（单位面积上的力）描述。压力的单位很多，常用的有下列四种：①帕（Pa），$1Pa=1N\cdot m^{-2}$，国际单位制（SI）规定单位；②标准大气压（$p^{\ominus}=100kPa$）；③毫米汞柱（mmHg），1mmHg＝133.322Pa；④巴（bar），$1bar=10^5Pa$。常用的压力计有 U 形液柱压力计、气压计等。

（1）U 形液柱压力计

实验室中通常使用的是 U 形水银压力计，如图 1-33 所示。该压力计制作容易，使用方便，准确度也比较高。压力计的 U 形管内装水银，一端与待测压力系统相连（压力记为 $p_{系统}$，Pa），另一端连接已知压力的基准系统（压力记录为 $p_{基准}$，Pa），在 U 形管的后面紧靠着带刻度的标尺。测定气体的压力时，先测定出两水银柱高度差（Δh，m），再由下式计算出气体的压力。

$$p_{系统}=p_{基准}-\rho g\Delta h$$

式中，ρ 为水银密度，$kg\cdot m^{-3}$；g 为重力加速度，$m\cdot s^{-2}$。

由于水银的密度和刻度标尺的长度随温度的变化不同，在精确的测定中需对压力计的读数进行校正。

（2）气压计

常用于测定室内大气压，其大气压数据可直接读出。具体使用方法需参考气压计说明书。

八、气体体积的测量方法

测量气体体积的方法可分为直接测量法和间接测量法两种。气体的体积不仅与温度有关，而且与压力有关，因此，测量体积的同时，应指明温度和压力。为了测量方便，压力通常为测定温度下的大气压。

1. 直接测量法

直接测量法就是将气体通入带有刻度的容器中，直接读取气体的体积。根据所用测量仪器的不同，直接测量法可分为倒置量筒法和量气管法两种。

① 倒置量筒法　将装满液体（通常为水）的量筒倒放在盛有液体的水槽中。气体从下面通入，实验结束，即可读取气体的体积。如利用氯酸钾分解制备氧气的反应测定氧气的摩尔质量，其实验装置如图 1-34。

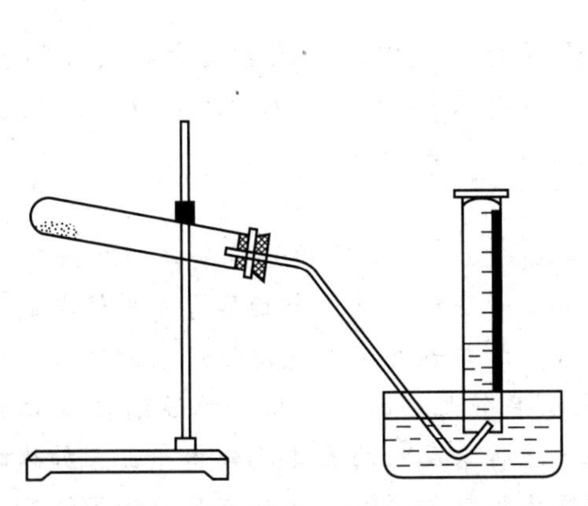

图 1-34　倒置量筒法测量气体装置

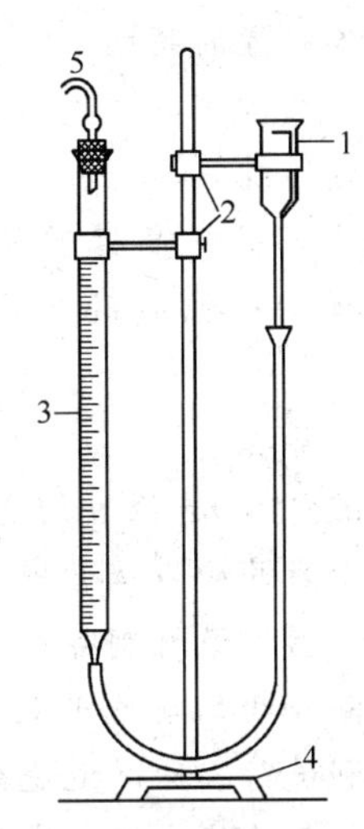

图 1-35　量气管法测定气体装置

1—水平管（长颈漏斗）；2—铁夹；3—量气管；4—铁架台；5—导气管

测量收集的气体体积必须首先使试管和量筒内的气体都冷却至室温，然后调整量筒内外液面高度使之相同（慢慢将量筒下移），最后读取量筒内气体的体积。

② 量气管法　将碱式滴定管的乳胶管及玻璃尖嘴去掉，用橡胶管将它与另一漏斗连接组成连通器，向其中注入封闭液体（通常为水），即制成一简单量气管（图 1-35）。用单孔橡皮塞把滴定管塞好，用于与制备气体装置连接。记下反应前滴定管中液面的读数，反应后再读取滴定管中液面的读数，其差值就是气体体积，具体使用方法见实验十一。在读数之前，必须保证气体的温度、压力均与外界相同。为此，应等所制备气体的温度与环境一致后，通过调节两端液面，到两端高度相同时再读取体积。

2. 间接测量法

间接测量法是指利用气体将液体（通常为水）排出，通过测量所排出液体的体积从而得

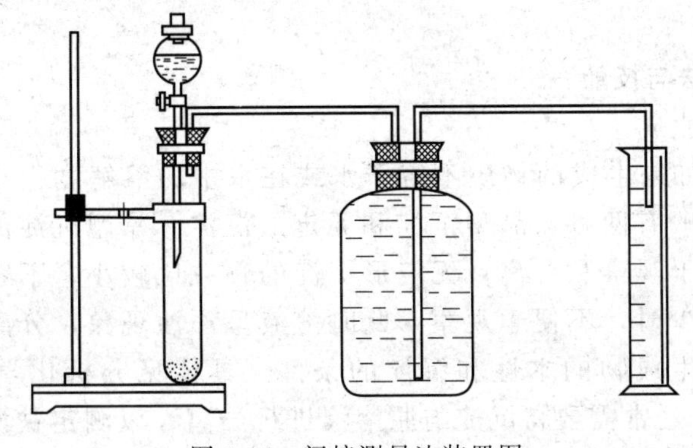

图 1-36　间接测量法装置图

到气体体积的测量方法。装置见图1-36。

无论是直接测量法还是间接测量法，准确读取液面是关键。在读数之前，必须保证气体的温度、压力均与外界相同。

实验阅读

1. 氧气制备实验

(1) 氧气制备装置的装配

根据图1-30，装配好氧气制备装置，并做气密性检查。

(2) 试管加热的练习

取少量（约半药匙）高锰酸钾固体放入干燥的试管中，用试管夹夹持，在酒精灯上加热。观察高锰酸钾受热时的变化，并用一根带有余烬的木条放于试管口，检验生成的气体。

(3) 氧气的制备

称取15g氯酸钾和5g经过灼烧并冷却的二氧化锰，在洁净的瓷蒸发皿中用玻璃棒混合均匀，然后装入干燥的硬质试管中。用手指轻弹试管底部，使混合物尽可能平铺在试管底部附近，然后装好仪器，做好制备氧气的准备工作。加热制气时，先用灯焰来回均匀地预热试管，然后灯焰从混合物的前端开始加热，每次以半个火焰的距离从前端逐渐往试管底部移动，以便反应顺利进行，同时避免分解产生的气流将未反应的固体混合物冲出。加热时，当导气管口有连续的气泡逸出时，表明装置的空气已被氧气排除，此时可开始收集氧气，并仔细观察实验现象。

2. 二氧化碳制备的实验（启普发生器的使用练习）

① 练习装配启普发生器和检查漏气、漏液，至掌握为止。

② 将石灰石装入启普发生器的中部，用水代替液态反应物料，练习中途更换反应物料。此时为使水能压回球形漏斗，可用洗耳球通过导气管往容器内打气。打气时，旋开旋塞，待洗耳球捏瘪后即关闭旋塞，松开洗耳球吸满空气后再重复上过程打气，至符合要求为止。

③ 按照前面介绍的方法，将②中的水换成适量的硫酸溶液，装配好启普发生器经试用检查合格后即可制备二氧化碳气体。

用试管收集生成的二氧化碳，并检验其溶解性。

第七节　分离方法与技能

一、固液分离方法与技能

1. 沉淀的类型及生成

在化学反应中，如果生成的物质不溶于水或在水中的溶解度很小，就会看到有沉淀生成。沉淀的类型一般有两种：晶型沉淀和无定形沉淀。晶型沉淀的颗粒比较大，易沉淀于容器的底部，便于观察和分离；无定形沉淀的颗粒比较小，不容易沉降到容器的底部，当沉淀的量比较少时，不便于观察，此时溶液呈浑浊现象，分离时也比较困难。沉淀颗粒的大小取决于生成物的本性和沉淀的条件（具体见分析化学教材的重量分析内容）。在分析化学中，经常需要将沉淀与原溶液进行分离，以测定被测组分的含量；在无机合成化学中，将生成物与母液分离也是必不可少的步骤。因此，固液分离技能在无机及分析化学实验中具有重要的地位。

2. 沉淀的分离

沉淀的分离方法一般有三种，即倾泻法、过滤法和离心法。

(1) 倾泻法

当沉淀的颗粒较大或相对密度较大时，静止后容易沉降至容器底部，可用倾泻法进行分离或洗涤。

倾泻法是将沉淀上部的清液缓慢地倾入另一容器中，使沉淀物和溶液分离，其操作方法如图 1-37 所示。如需要洗涤时，可在转移完清液后，加入少量洗涤剂充分搅拌，待沉淀沉降后再用倾泻法倾去清液。根据实验的要求，多次重复此操作，可将沉淀洗涤干净。

图 1-37　倾泻法

(2) 过滤法

过滤法是固液分离最常用的方法。过滤时，沉淀在过滤器内，而溶液则通过过滤器进入容器中，所得到的溶液称为滤液。

过滤方法有常压过滤、减压过滤和热过滤三种。

① 常压过滤　在常压下用普通漏斗过滤的方法称为常压过滤法。所用的仪器主要是漏斗、滤纸和漏斗架（也可用带有铁圈的铁架台代替）。当沉淀物为胶体或微细的晶体时，用此法过滤较好。缺点是过滤速度较慢。过滤前，根据漏斗的大小决定滤纸的大小。

a. 漏斗的选择　通常分为长颈和短颈漏斗两种。在热过滤时，必须用短颈漏斗；在重量分析时，一般用长颈漏斗。普通漏斗的规格按内径划分，常用的有 30mm、40mm、60mm、100mm、120mm 等几种。过滤前，按固体物料的多少选择合适的漏斗。

若滤液对滤纸有腐蚀作用，则需用烧结过滤器过滤，如过滤高锰酸钾溶液，则需用玻璃漏斗。烧结过滤器是一类由颗粒状的玻璃、石英、陶瓷或金属等经高温烧结并具有微孔的过滤器。最常用是玻璃过滤器，它的底部是用玻璃砂在 873K 拍打结成的多孔片，又称为玻璃砂芯漏斗，见表 1-1。根据烧结玻璃孔径的大小，玻璃漏斗分为 6 种规格，见表 1-6。

表 1-6　玻璃漏斗的规格及用途

滤片号	孔径/μm	用　途	滤片号	孔径/μm	用　途
1	80～120	过滤粗颗粒沉淀	4	6～15	过滤细颗粒沉淀
2	40～80	过滤较粗颗粒沉淀	5	2～5	过滤极细颗粒沉淀
3	15～40	过滤一般结晶沉淀	6	<2	过滤细菌

新的玻璃漏斗使用前需经酸洗、抽滤、水洗及抽滤后再经烘干使用。过滤时常配合抽滤瓶使用。玻璃漏斗用过后需及时洗涤，洗涤时需选择能溶解沉淀的洗涤剂或试剂。注意，玻璃漏斗一般不宜过滤较浓的碱性溶液、热浓磷酸和氢氟酸溶液，也不宜过滤能堵塞砂芯漏斗的浆状沉淀。重量分析中玻璃漏斗常作坩埚使用。

b. 滤纸的选择　滤纸按孔隙大小分为“快速”、“中速”和“慢速”三种；按直径大小分为 7cm、9cm、11cm 等几种。应根据沉淀的性质选择滤纸的类型，如 $BaSO_4$ 细晶型沉淀，应选用“慢速”滤纸；NH_4MgPO_4 粗晶型沉淀，宜选用“中速”滤纸；$Fe_2O_3 \cdot nH_2O$ 为胶状沉淀，需选用“快速”滤纸过滤。根据沉淀量的多少选择滤纸的大小，一般要求沉淀的总体积不得超过滤纸锥体高度的1/3。滤纸的大小还应与漏斗的大小相适应，一般滤纸上沿应低于漏斗上沿0.5～1cm。

c. 滤纸的折叠　圆形滤纸（见图1-38）两次对折（正方形滤纸对折两次，并剪成扇形），拨开一层即折成圆锥形（一边3层，另一边1层），放于漏斗内。为保证滤纸与漏斗密合，第二次对折时不要折死，先把圆锥形滤纸拨开，放入洁净且干燥的60°角的漏斗中，如果上边缘不十分密合，可以稍稍改变滤纸的折叠角度，直到与漏斗密合为止，此时才把第二次的折边折死，为保证滤纸与漏斗之间在贴紧后无空隙，可在3层滤纸的那一边将外层撕去一小角，用食指把滤纸紧贴在漏斗内壁上，用少量水润湿滤纸，再用食指或玻璃棒轻压滤纸四周，挤出滤纸与漏斗间的气泡，使滤纸紧贴在漏斗壁上，见图1-38。若漏斗与滤纸之间有气泡，则在过滤时不能形成水柱而影响过滤速度。

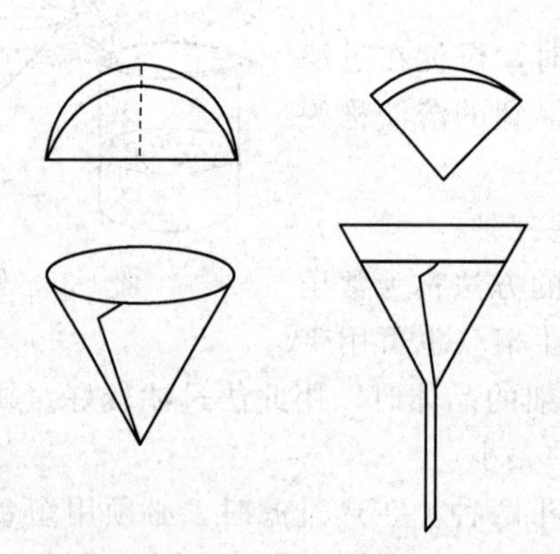

图1-38　滤纸的折叠方法

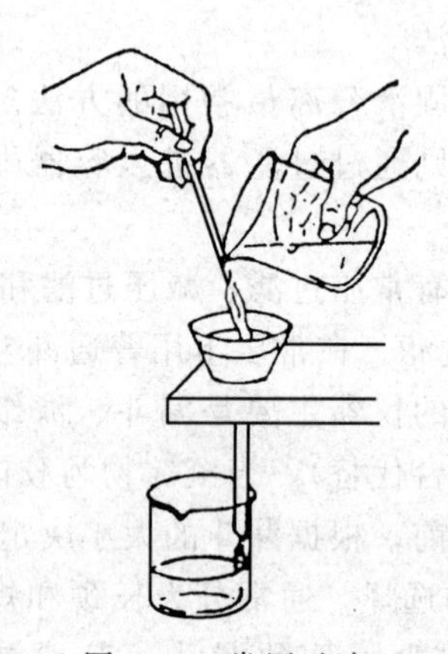

图1-39　常压过滤

d. 过滤和转移　过滤时，将贴有滤纸的漏斗放在漏斗架上，并调节漏斗架高度，使漏斗颈末端紧贴接受器内壁，将料液沿玻璃棒靠近3层滤纸一边缓慢转移到漏斗中，见图1-39。若沉淀为胶体，应加热溶液破坏胶体，趁热过滤。

注意，应先倾倒溶液，后转移沉淀，转移时应使用搅拌棒。倾倒溶液时，应使搅拌棒轻贴于3层滤纸处，漏斗中的液面高度应略低于滤纸边缘。

e. 沉淀的洗涤　如沉淀需洗涤，应先转移溶液，后用少量洗涤液洗涤沉淀。充分搅拌并静置一段时间，沉淀下沉后，将上方清液倒入漏斗，如此重复洗涤2～3遍，最后再将沉淀转移到滤纸上。沉淀转移的方法是先用少量洗涤液冲洗杯壁和玻璃棒上的沉淀，再把沉淀搅起，将悬浮液小心转移到滤纸上，每次加入的悬浮液不得超过滤纸高度的2/3。如此反复几次，尽可能地将沉淀转移到滤纸上。烧杯中残留的少量沉淀，可按图1-40所示，用左手将烧杯倾斜放在漏斗上方，杯嘴朝向漏斗。用左手食指按住架在烧杯嘴上的玻璃棒上方，其余手指拿住烧杯，杯底略朝上，玻璃棒下端对准3层滤纸处，右手拿洗瓶冲洗杯壁上所黏附的沉淀，使沉淀和洗液一起顺着玻璃棒流入漏斗中（注意勿使溶液溅出）。烧杯和滤纸上的沉淀，还必须用蒸馏水再洗涤至干净。粘在烧杯壁和玻璃棒上的沉淀，可用淀帚（见图1-41）自上而下刷至杯底，再转移到滤纸上。最后在滤纸上将沉淀洗至无杂质。洗涤时应先使洗瓶出口管充满液体后，用细小缓慢的洗涤液流从滤纸上部沿漏斗壁螺旋向下冲洗，见图1-42，绝不可骤然浇在沉淀上。待上一次洗涤液流完后，再进行下一次洗涤。在滤纸上洗涤沉淀主要是洗去杂质，并将黏附在滤纸上部的沉淀冲洗至下部。

沉淀是否洗涤干净可通过检查最后流下的滤液进行判断。

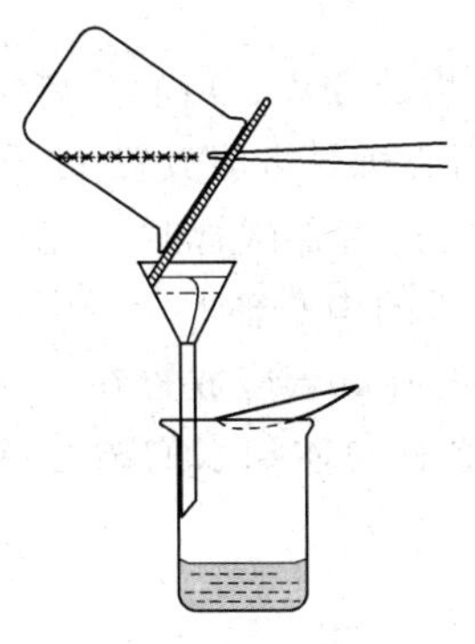
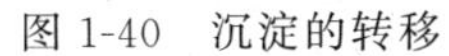

图 1-40　沉淀的转移

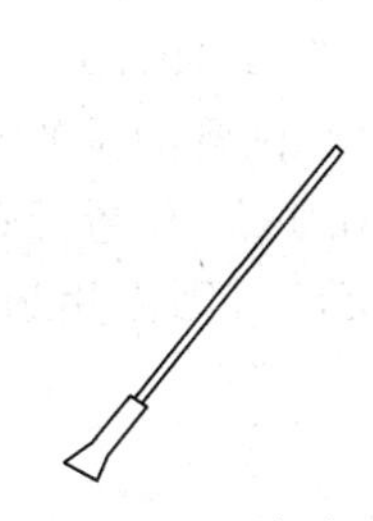

图 1-41　淀帚

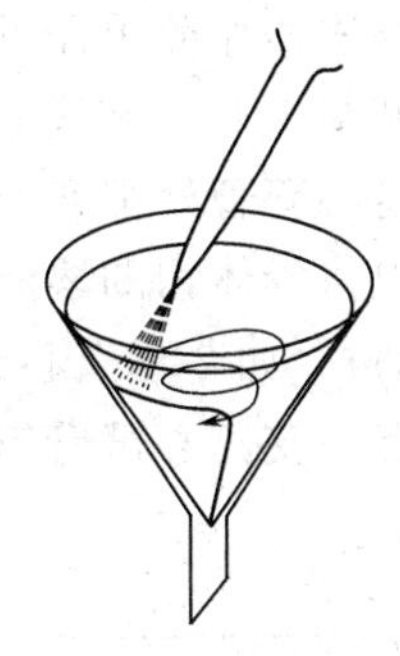

图 1-42　沉淀的洗涤

② 减压过滤　为了加快大量溶液与沉淀的分离过程，常用减压过滤的方法加快过滤速度。减压过滤的漏斗有布氏漏斗和砂芯漏斗两种，见表 1-1。减压过滤的真空泵一般为玻璃抽气管或水循环式真空泵。若用玻璃抽气管抽真空，全套仪器装置如图 1-43 所示。它由抽滤瓶、布氏漏斗（中间有许多小孔的瓷板）、安全瓶和玻璃抽气管组成。玻璃抽气管一般装在实验室的自来水龙头上，但这种装置容易损坏，且浪费大量水资源，因此，现已被水循环式真空泵所取代。安全瓶连接在抽滤瓶与真空泵中间，防止抽气管中的水倒吸入抽滤瓶。这种抽气过滤的原理是利用真空泵抽气把抽滤瓶中的空气抽出，造成部分真空，从而使过滤速度大大加快。若使用水循环真空泵，则应在其与抽滤瓶之间加以能控制压力的缓冲瓶（在图 1-43 的安全瓶上再加以导管通大气，用自由夹控制其通道），以免将滤纸抽破。

过滤前，先将滤纸剪成直径略小于布氏漏斗内径的圆形，平铺在布氏漏斗的瓷板上，再从洗瓶挤出少许蒸馏水润湿滤纸，慢慢打开自来水龙头，稍微抽吸，使滤纸紧贴在漏斗的瓷板上，然后进行抽气过滤。

过滤完后，应先把连接吸滤瓶的橡皮管拔下，然后关闭水龙头（或水循环式真空泵），以防倒吸。取下漏斗后把它倒扣在滤纸上或容器中，轻轻敲打漏斗边缘，使滤纸和沉淀脱离漏斗，滤液则从吸滤瓶的上口倾出，不要从侧口尖嘴处倒出，以免弄脏滤液。

③ 热过滤　如果某些溶质在温度降低时很容易析出晶体，而又不希望它在过滤时析出，通常使用热过滤法。热过滤时，可把玻璃漏斗放在铜质的热漏斗内，热漏斗内装有热水以维持溶液温度，见图 1-44。

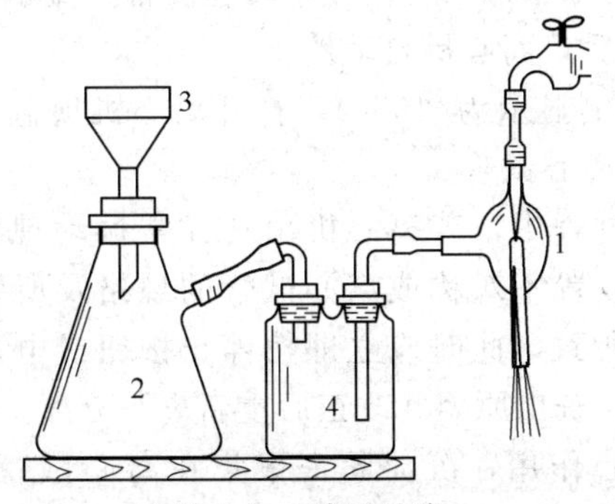

图 1-43　减压过滤

1—玻璃抽气管；2—抽滤瓶；
3—布氏漏斗；4—安全瓶

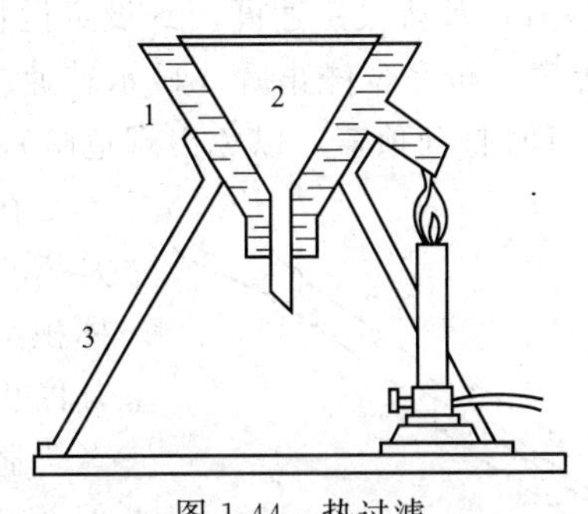

图 1-44　热过滤

1—铜漏斗套；2—短颈漏斗；
3—三脚架

(3) 离心分离法

离心分离法操作简单而迅速，适用于少量溶液与沉淀混合物的分离。离心分离法的仪器是离心机（见图 1-45）和离心试管（见表 1-1）。TD4-Ⅱ台式离心机最多能放置 12 支离心试管，每一个离心套管处都有对应编号，如图 1-45(b) 所示。放置离心试管时，应在对称位置上放置同规格等体积的溶液，以确保离心试管的重心在离心机的中心轴上（否则转动时会出现强烈振动），如 2 支离心试管可放置在 1、7 位置上；3 支离心试管应放置在 1、5、9 位置上。若只有一支离心试管有需分离的沉淀，则需用另一支盛有同体积水的离心试管与之平衡。

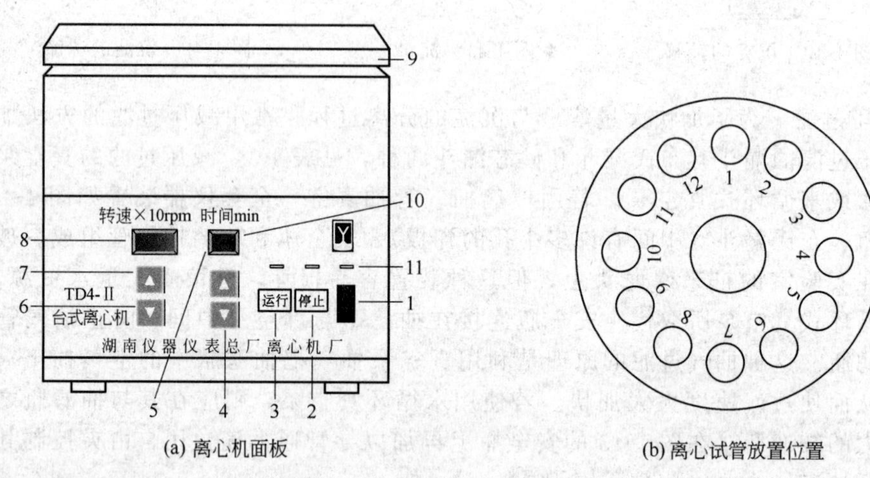

(a) 离心机面板　　(b) 离心试管放置位置

图 1-45　TD4-Ⅱ台式离心机

1—电源开关；2—停止按钮；3—运行按钮；4—运行时间减小按钮；5—运行时间增加按钮；6—转速减小按钮；7—转速增加按钮；8—显示转速屏幕；9—离心机盖；10—显示运行时间屏幕；11—指示灯

TD4-Ⅱ台式离心机的使用方法如下。

① 打开离心机顶盖，在对称的离心套管内放入离心试管后，再盖上离心机顶盖。

② 打开电源开关，由转速减小按钮 6 和转速增加按钮 7 调节所需要的转速（一般可调节至每分钟 2000 转左右）。

③ 由运行时间减小按钮 4 和运行时间增加按钮 5 调节所要离心的时间（一般 2min 左右）。

④ 按运行按钮 3，离心机开始运行，转速逐渐增加（可由显示转速屏幕 8 显示出转速的大小），最后达到所设定速度。到设定运行时间后，离心机自动停止。

⑤ 等离心机完全停止后（显示转速屏幕 8 上显示为“0”），打开离心机顶盖（切勿在离心机运行时打开顶盖，以免出现危险），取出离心试管。

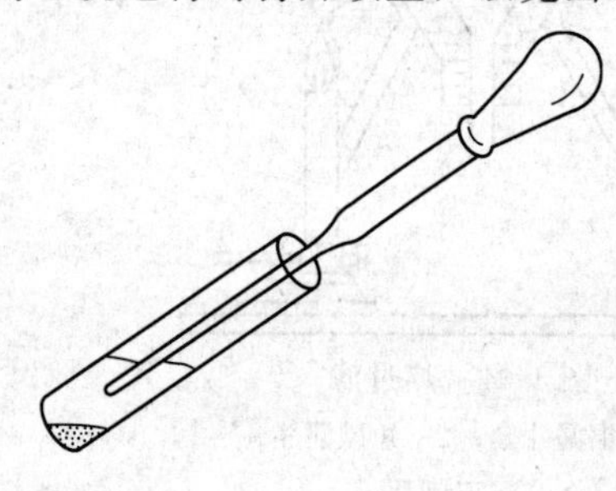

图 1-46　用滴管吸取上层清液

在离心过程中，若离心机出现异常振动现象，一般是离心试管放置不对称或离心试管的规格及所装溶液的体积不相等所致，此时应立即按停止按钮或电源开关使其停止运行，查出原因并改正后重新离心分离。

通过离心作用，沉淀紧密聚集在离心试管的底部，上方得到澄清的溶液。用滴管小心地吸取上方清液，见图 1-46，但注意不要使滴管接触沉淀，而且要尽量吸出上部清液。如果沉淀物需要洗涤，可以加入少量水或洗涤液，搅拌，再进行离心分离，按上法吸出上层清液。一般情况下重复洗涤 3 次即可达到要求。

实验阅读

1. 硫酸钡沉淀的生成及分离

取 0.2mol·L^{-1} Na_2SO_4 溶液 15mL 于 50mL 的小烧杯中，滴加 0.2mol·L^{-1} $BaCl_2$ 溶液至沉淀完全后（如何检验?），过滤分离，并检验是否分离完全。

2. 氢氧化铁沉淀的生成及过滤

取 0.2mol·L^{-1} $FeCl_3$ 溶液 15mL 于 50mL 的小烧杯中，滴加 0.2mol·L^{-1} NaOH 溶液至沉淀完全后（如何检验?），过滤分离，并检验是否分离完全。

3. 离心分离

取 0.2mol·L^{-1} $FeCl_3$ 溶液 5 滴于离心试管中，滴加 0.2mol·L^{-1} NaOH 溶液至沉淀完全后（如何检验?），离心分离，并检验是否分离完全。

二、液液分离方法与技能

1. 蒸馏

蒸馏是用来分离液体、提纯液体的常用操作。一般的蒸馏装置如图 1-47 所示，主要由蒸馏烧瓶、冷凝管和接液器三部分组成。液体在蒸馏烧瓶中加热沸腾后，蒸气进入冷凝管，在冷凝管中冷凝为液体。然后经接引管而流入接液器中，通常在蒸馏烧瓶顶端的塞子中插入一支温度计，以指示蒸气的温度，温度计的水银球应对准蒸馏烧瓶的侧管。

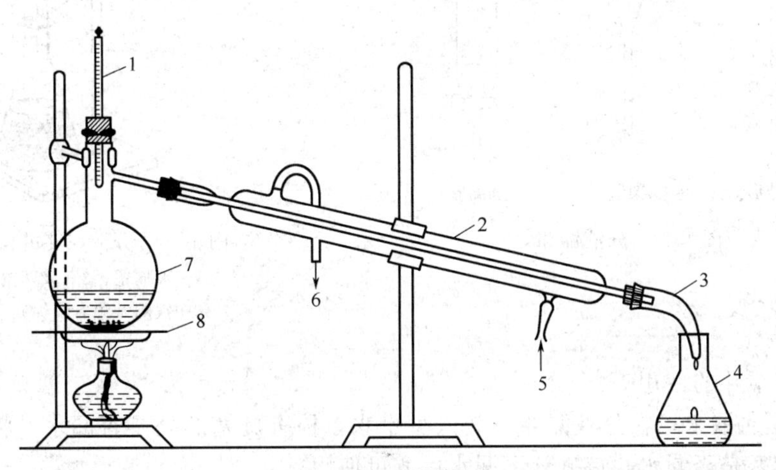

图 1-47　蒸馏装置

1—温度计；2—冷凝管；3—接引管；4—锥形瓶（接液器）；5—进水口；6—出水口；7—蒸馏烧瓶；8—石棉网

为了保持液体沸腾的平稳和避免过热现象的产生，可预先在烧瓶中放一些小块无釉瓷片（也可以用一端封闭的长的毛细管或玻璃珠代替），因为无釉瓷片能吸附气体，成为液体气化的中心，可使沸腾平稳，不致产生过热或暴沸现象。

2. 萃取

（1）萃取的原理

无机盐易溶于水，形成水合离子，这种性质叫亲水性。如果要将金属离子由水相转移到有机相中，必须设法将其由亲水性转化为疏水性。只有中和金属离子的电荷，并且用疏水基团取代水合金属离子的水分子，才能使水相中的金属离子转移到有机相中。这个过程叫做萃取过程。

萃取是利用物质在不同溶剂中溶解度的差异而达到分离目的的。其过程为某物质从其溶解或悬浮的相中转移到另一相中。

重要的萃取体系包括螯合物、离子缔合物、溶剂化合物和无机共价化合物四种。在这些体系中，金属离子分别通过生成螯合物、离子缔合物、溶剂化合物，由亲水性转化为疏水性，来实现无机离子由水相向有机相的转移。

液-液萃取分离法就是利用与水不相溶的有机相与含有多种金属离子的水溶液在一起振荡，使某些金属离子由亲水性转化为疏水性，同时转移到有机相中，而另一些金属离子仍留在水相中，以达到分离的目的。

液-液萃取是用分液漏斗来进行的。常用的分液漏斗见图 1-48。在萃取前应选择大小合适、形状适宜的漏斗。选择的漏斗应使加入液体的总体积不超过其容量的 3/4。漏斗越细长，振摇后两液分层的时间越长，然而分离越彻底。

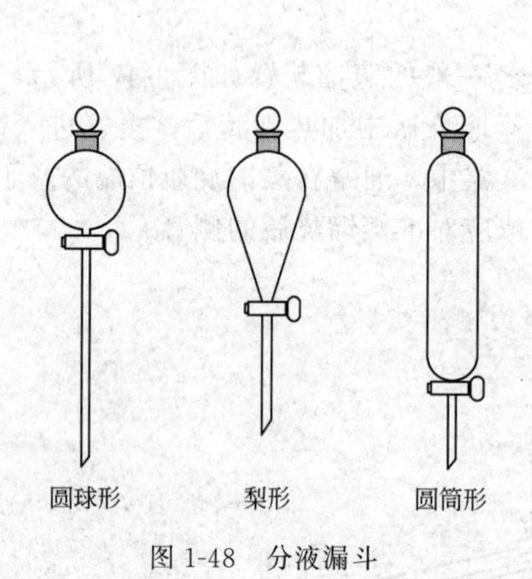

图 1-48　分液漏斗

图 1-49　分液漏斗的操作装置
1—玻璃塞；2—玻璃塞上侧槽；
3—铁圈（缠有线绳）；4—旋塞

（2）分液漏斗的使用

① 检查是否漏水　在分液漏斗中装入少量水，检查旋塞芯处是否漏水。将漏斗倒转过来，检查玻璃塞是否漏水，待确认不漏水后方可使用。

② 涂油　若分液漏斗漏水，取下旋塞，用滤纸吸干水，薄薄地涂上一层凡士林，将旋塞插进旋塞槽内，旋转数圈使凡士林均匀分布后将旋塞关闭好，再在旋塞的凹槽处套上一个直径合适的橡皮圈，以防旋塞芯在操作过程中松动。

③ 分液漏斗中全部液体的总体积不得超过其容量的 3/4。盛有液体的分液漏斗应正确地放在支架上，如图 1-49 所示。

（3）萃取操作方法

① 在分液漏斗中加入溶液和一定量的萃取溶剂后，塞上玻璃塞（操作装置如图 1-49 所示）。注意：玻璃塞上若有侧槽，必须将其与漏斗上端颈部上的小孔错开（为什么?）。

② 振荡方法　把分液漏斗横置，见图 1-50，令其上口略向下，左手握住旋塞，其拇指和食指控制旋塞柄，中指垫在分液漏斗下，这样可防止振荡时旋塞转动或脱落，又能灵活控制旋塞。右手握住分液漏斗上口颈部，右手掌压紧玻璃塞，防止其脱落。振荡时开始要慢，

且每振荡几次就要打开旋塞放气。

③ 放气方法　将漏斗倒置，使漏斗下颈导管向上，不要对着自己和别人。慢慢开启旋塞，排放可能产生的气体以解除超压。待压力减小后，关闭旋塞。振摇和放气应重复几次。振摇完毕，将漏斗如图 1-49 放置，静置分层。

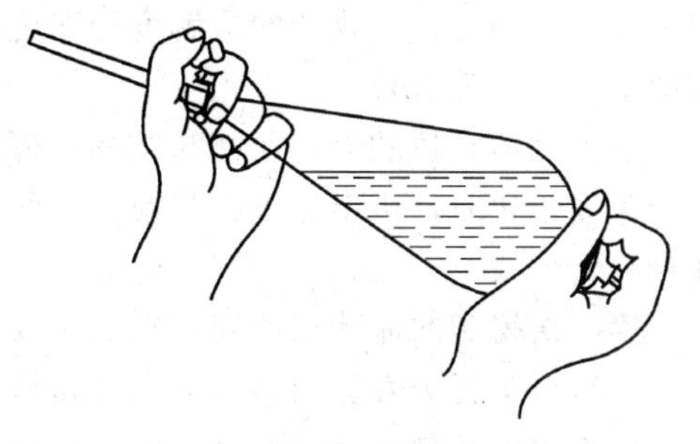

图 1-50　振荡时的操作手势

④ 待两相液体分层明显、界面清晰时，移开玻璃塞或旋转带侧槽的玻璃塞，使侧槽对准上口颈的小孔。开启活塞，放出下层液体，收集在适当的容器中。当液层接近放完时要放慢速度，一旦放完则要迅速关闭旋塞。

⑤ 取下漏斗，打开玻璃塞，将上层液体由上端口颈倒出，收集到指定容器中。

⑥ 假如一次萃取不能满足分离的要求，可采取多次萃取的方法，但一般不超过 5 次，将每次的有机相都归并到一个容器中。

3. 离子交换分离

离子交换分离法是利用离子交换剂与溶液中的离子发生交换反应而实现分离的方法。离子交换剂的种类很多，主要分为无机离子交换剂和有机离子交换剂。后者又称为离子交换树脂，是应用较多的离子交换剂。

离子交换树脂是具有可交换离子的有机高分子化合物。它分为阳离子交换树脂和阴离子交换树脂，分别能与溶液中的阳离子和阴离子发生交换反应。例如，磺酸型阳离子交换树脂 $R—SO_3^- H^+$ 和阴离子交换树脂 $R—NH_3^+ OH^-$，就分别具有与阳离子交换的 H^+ 和与阴离子交换的 OH^-。当天然水流经这些树脂时，其中阳离子 Na^+、Mg^{2+} 和 Ca^{2+} 等就与 H^+ 发生交换反应（正向交换），即

$$R—SO_3H + Na^+ \longrightarrow R—SO_3Na + H^+$$

阴离子 Cl^-、HCO_3^- 和 SO_4^{2-} 等与 OH^- 交换（正向交换），即

$$R—NH_3OH + Cl^- \longrightarrow R—NH_3Cl + OH^-$$

在水中

$$H^+ + OH^- = H_2O$$

经过多次交换，最后得到含离子很少的水，常称为去离子水。

同其他离子互换反应一样，上述离子交换反应也是可逆的，故若用酸或碱浸泡（反向交换）使用过的离子交换树脂，就可以使其“再生”继续使用。

溶剂萃取和离子交换法的最重要应用莫过于成功而有效地分离那些性质极其相近的元素，如稀土元素、锆与铪、铌与钽等。

离子交换分离包括装柱、离子交换、洗脱与分离、树脂再生 4 步。

4. 蒸发、浓缩与结晶

如果溶液中各物质间的溶解度相差比较大，可以通过蒸发、浓缩与结晶，使液体间的分离转化为固液间的分离。

当溶液很稀而欲制的无机化合物溶解度较大时，为了从溶液中析出该物质的晶体，就需在一定温度下，对溶液进行蒸发，使溶液中的溶剂不断挥发到空气中。随着水分的不断蒸发，溶液的浓度不断增加，蒸发到一定程度时（或冷却），就可析出晶体。

在进行分离时，若物质的溶解度较大，必须蒸发到溶液表面出现晶膜时才能停止蒸发；若物质的溶解度较小或高温时溶解度较大而室温时溶解度较小，则不必蒸发到液面出现晶膜

即可冷却、结晶；若物质的溶解度随温度变化不大，为了获得较多的晶体，可在结晶析出后继续蒸发（如熬盐）。

析出晶体颗粒的大小往往与结晶条件有关。若溶液的浓度较高，溶质的溶解度较小，而冷却速度较快时，析出晶体的颗粒就较细小。反之，若将溶液慢慢冷却或静置，则得到的晶体颗粒就较大。

第一次得到的晶体往往纯度较低，要得到纯度较高的晶体，可将晶体溶解于适量的蒸馏水，然后再进行蒸发、结晶、分离，这样可得到较纯净的晶体。这种操作过程叫做重结晶。对有些物质的精制有时需要进行多次重结晶。

5. Fe^{3+}、Al^{3+}的分离原理

在6mol·L^{-1}盐酸中，Fe^{3+}与Cl^-生成了$[FeCl_4]^-$配离子。在强酸-乙醚萃取体系中，乙醚（Et_2O）与H^+结合，生成了鎓离子（$Et_2O·H^+$）。由于$[FeCl_4]^-$与$Et_2O·H^+$都有较大的体积和较低的电荷，因此，容易形成离子缔合物$Et_2O·H^+·[FeCl_4]^-$，在这种离子缔合物中，Cl^-和Et_2O分别取代了Fe^{3+}和H^+的配位水分子，并且中和了电荷，具有疏水性，能够溶于乙醚中。因此，Fe^{3+}可从水相转移到有机相中。

Al^{3+}在6mol·L^{-1}盐酸中与Cl^-生成配离子的能力很弱，因此，仍然留在水相中。将Fe^{3+}由有机相中再转移到水相中去的过程叫做反萃取。将含有Fe^{3+}的乙醚相与水相混合，这时体系中的H^+浓度和Cl^-浓度明显降低。鎓离子（$Et_2O·H^+$）和配离子$[FeCl_4]^-$解离趋势增加，Fe^{3+}又生成了水合铁离子，被反萃取到水相中。由于乙醚沸点较低（35.6℃），因此，采用普通蒸馏的方法，就可以实现醚水的分离。这样Fe^{3+}又恢复了初始的状态，达到了Fe^{3+}、Al^{3+}分离的目的。

实验阅读

1. 氯化钠溶液与碘的分离

取适量碘于盛有20mL蒸馏水的小烧杯中溶解（振荡至溶液呈亮黄色），取上层清液1mL于试管中，加入1mL 0.1mol·L^{-1} NaCl溶液，摇匀。在试管中加入1mL CCl_4，摇动至上层溶液中黄色消失，CCl_4层为红色（碘在CCl_4中的溶解度大）。将上层溶液倒出，再加入1mL 10% KI溶液，用力振荡试管后，碘又进入水溶液（$I_2+I^- = I_3^-$）。如此反复，CCl_4层的红色将会完全消失。

2. Fe^{3+}、Al^{3+}的分离

将10mL 5% $FeCl_3$溶液和10mL 5% $AlCl_3$溶液于分液漏斗中混匀。依次加入20mL浓盐酸和40mL乙醚溶液，按照萃取分离的操作步骤进行萃取。萃取分离后，水相若呈黄色，则表明Fe^{3+}、Al^{3+}没有分离完全。可再次用40mL乙醚重复萃取，直至水相无色为止。每次分离后的有机相都合并在一起。

3. 蒸馏

打开冷却水，把80℃的热水倒入水槽中，按普通蒸馏操作步骤，用热水将乙醚蒸出。蒸出的乙醚要测量体积并且回收。注意，接收容器应放入冰水中，以防乙醚挥发。

第八节　性质实验基本技能

一、性质实验基本操作技能

性质实验的目的是培养学生观察和分析问题的能力，巩固化学理论知识。要达到这一目

的，必须掌握性质实验的正确操作方法。为了使性质实验得到正确的结果，除选择合适的反应和控制适宜的反应条件外，还必须掌握正确的操作方法。

1. 仪器的洗涤

在性质实验中，仪器的清洁是十分重要的。因为许多反应的灵敏度很高，器皿的任何轻微玷污，都可能引起错误的结果。

玻璃仪器洗涤后要清洁透明，水沿器壁自然流下时，均可湿润，不挂水珠。因此，一般对常用的玻璃仪器，如果没有显著的污染，可用毛刷蘸肥皂或去污粉洗刷，然后再用自来水冲洗，最后用蒸馏水通过洗瓶淋洗 3 次；如果有显著的污染，则需用洗液进行洗涤。

2. 试剂的分取和滴加

性质实验所用试剂比较多，从试剂瓶中取用试剂时，要看准标签，注意药品的名称和浓度，不要取错。取试剂时要适量，多取部分不能倒回原瓶，以免玷污。试剂用后，要盖好瓶塞，不要盖错。

3. 沉淀

定性分析中需要分离的沉淀反应，是在离心管或小试管中进行的，而不需要分离的沉淀反应，则在点滴板或滤纸上进行。

在离心管或小试管中进行沉淀反应时，将溶液放入管内，用滴管加入试剂，摇动或用玻璃棒搅动，使之混合均匀，发生反应。搅动时，用玻璃棒的尖端靠近管底沿壁转动，以免碰破管底。

4. 离心分离和洗涤

沉淀和溶液的分离是在离心机上进行的，沉淀的微粒受离心力的影响，迅速聚集在离心管的尖端而使溶液澄清。有些胶状物离心后仍不能分离时，可通过加热或加电解质（一般为铵盐）使其凝聚后再进行分离。离心管内溶液一般不能超过离心管容积的 2/3。离心沉淀后，将溶液倾入另一离心管，或用滴管徐徐将溶液吸出。用滴管时，轻捏橡皮头将滴管尖端置液面之下，不能接触沉淀，然后慢慢松开橡皮头，使溶液吸入滴管。

沉淀中还会有少量溶液或杂质。为了防止干扰下一步的实验，必须用少量洗涤液洗涤多次，不要用大量洗涤液一次洗涤。在加洗涤液之前应尽量将溶液除净。洗涤时，向沉淀中加入洗涤液，搅拌后，离心分离。如果用热水洗涤，可用热水以常法进行洗涤；也可加入蒸馏水经加热、搅动、离心分离。

5. 加热及蒸发

试管和离心管的溶液要用水浴加热，方法是将半杯水加热，将试管和离心管放入即可。水浴加热只能使管内的溶液近于沸腾，如果需要溶液沸腾时，可将溶液倒入 3～5mL 微量烧杯或坩埚中，在石棉网上加热。如果直接加热，可用试管夹夹住试管，把试管稍微倾斜，将管的底部围绕灯焰的尖端，不停地转动。试管口不要对人，以免万一溅出溶液发生灼伤。灯焰也不要烧管内液面以上的玻璃部分，以防烧炸玻璃管。

蒸发大部分是在微型烧杯或坩埚中进行的。把烧杯放在石棉网上，用小火在网下加热，并缓慢移动灯焰，以防溅失。如果要蒸发至干，应在溶液蒸发完之前，尚余 1～2 滴溶液时，即停止加热。用石棉网及容器的余热将最后的溶液蒸干。

6. 酸化及碱化

所谓酸（碱）化就是在溶液中加入一种酸（碱）使之呈酸（碱）性。可用试纸来检查，即在加入酸（碱）后，经搅拌，用玻璃棒蘸取少许溶液与蓝（红）色石蕊试纸的尖端接触，视察试纸是否变红（蓝），如不变色，应继续加入 1 滴酸（碱），搅动后，再实验，直至试纸变色为止。无论用哪种试纸，都不能把试纸浸入溶液，或把溶液滴入试纸中央，以免造成浪费（溶液与试纸尖端接触后，把湿润部分撕去仍可使用）。

7. 化学试剂

性质实验所用的试剂都是用原装试剂配制而成的。阳离子储备液用含有该离子的硝酸盐溶于水配成，阴离子储备液则用含有该离子的钠盐溶于水配成。这是因为硝酸盐和钠盐都是易溶物质，它们的浓度为每毫升含 100mg 离子。为了防止某些盐类的水解和氧化，需要加入酸或相应的金属。阳离子或阴离子的混合液是储备液混合稀释而成的，一般供分析用的溶液为 $2mg \cdot mL^{-1}$ 阳离子、$4mg \cdot mL^{-1}$ 阴离子。其他试剂的浓度以 $mol \cdot L^{-1}$ 或质量分数表示，配制这些试剂时要考虑其浓度、准确度、配制量、特殊溶剂、溶解放热等。如稀释浓硫酸时放热，需将浓硫酸慢慢加入到溶剂水中；氢氧化钠溶解是放热的，需在烧杯或烧瓶中进行；两者都不能在小口瓶中进行溶解或稀释。有些混合试剂要注意它们的加入量和加入的顺序。配好的试剂如氢氧化钠需用橡皮塞塞好，而硝酸银溶液要装入棕色瓶中避光。试剂装瓶后，要贴好标签。

8. 合理安排时间

一个熟练的分析工作者，可以有条不紊地合理安排时间，哪些工作是应该事先准备的，哪些是可以在空隙中做到的，都要心中有数。例如事先要准备好热水，在烧制热水时，可以洗涤仪器及做准备工作；在蒸发过滤时，可以将用过的仪器洗净放好；在沉淀分离后，一边蒸发溶液，一边可以处理沉淀。如果加入某种试剂需要放置时，可以进行另外一种操作。要做到思路清楚，目标明确，有事可干，忙中不乱。否则可能造成时间浪费，容易出差错，可能造成返工重做等后果。

二、试纸的种类和使用方法

1. 试纸的种类

① 石蕊试纸和酚酞试纸　石蕊试纸有红色和蓝色两种，蓝色的石蕊试纸遇酸变红，红色的石蕊试纸遇碱变蓝。石蕊试纸、酚酞试纸用来定性检验溶液的酸碱性。

② pH 试纸　pH 试纸包括广泛 pH 试纸和精密 pH 试纸两类，用来检验溶液的 pH 值。广泛 pH 试纸的变色范围是 1～14，它只能粗略地估计溶液的 pH 值。精密 pH 试纸可以较精确地估计溶液的 pH 值，根据其变色范围可分为多种。如 pH 变色范围为 3.8～5.4、8.2～10.0 等。根据待测溶液的酸碱性，可选用某一变色范围的试纸。

③ 淀粉碘化钾试纸　用来定性检验氧化性气体，如 Cl_2、Br_2 等。当氧化性气体遇到湿润的试纸后，则将试纸上的 I^- 氧化成 I_2，I_2 立即与试纸上的淀粉作用变成蓝色。若气体氧化性强，而且浓度大时，还可以进一步将 I_2 氧化成无色的 IO_3^-，使蓝色褪去。

$$I_2 + 5Cl_2 + 6H_2O \xlongequal{} 2HIO_3 + 10HCl$$

可见，使用时必须仔细观察试纸颜色的变化，否则会得出错误的结论。

④ 醋酸铅试纸　用来定性检验硫化氢气体。当含有 S^{2-} 的溶液被酸化时，逸出的硫化氢气体遇到试纸后，即与纸上的醋酸铅反应，生成黑色的硫化铅沉淀，使试纸呈褐黑色，并有金属光泽。

$$Pb(Ac)_2 + H_2S \xlongequal{} PbS\downarrow + 2HAc$$

当溶液中 S^{2-} 浓度较小时，则不易检出。

2. 试纸的使用方法

① 石蕊试纸和酚酞试纸　用镊子取小块试纸放在表面皿边缘或点滴板上，用玻璃棒将待测溶液搅拌均匀，然后用玻璃棒末端蘸少许溶液接触试纸，观察试纸颜色的变化，确定溶

液的酸碱性。切勿将试纸浸入溶液中，以免弄脏溶液。

② pH 试纸　用法同石蕊试纸，待试纸变色后，与色阶板比较，确定 pH 值或 pH 值的范围。

③ 淀粉碘化钾试纸和醋酸铅试纸　将小块试纸用蒸馏水润湿后放在试管口，注意不要使试纸直接接触溶液。

使用试纸时，要注意节约，除把试纸剪成小块外，用时不要多取。取用后，马上盖好瓶盖，以免试纸沾污。用后的试纸丢弃在垃圾桶内，不能丢在水槽内。

3. 试纸的制备

① 酚酞试纸（白色）　溶解 1g 酚酞在 100mL 乙醇中，振摇后，加 100mL 蒸馏水，将滤纸浸渍后，放在无氨蒸气处晾干。

② 淀粉碘化钾试纸（白色）　将 3g 淀粉和 25mL 水搅匀，倾入 225mL 沸水中，加入 1g 碘化钾和 1g 无水碳酸钠，再用水稀释至 500mL，将滤纸浸泡后，取出放在无氧化性气体处晾干。

③ 醋酸铅试纸（白色）　将滤纸浸入 3%醋酸铅溶液中浸渍后，放在无硫化氢气体处晾干。

三、实验现象的观察技能

化学反应的实验现象一般为：气体的生成、沉淀的生成与溶解、颜色的变化、温度的变化等。

1. 气体生成现象的观察

在化学反应时，往往会有气体生成，那么气体生成时会有什么现象发生呢？不同的气体在不同的条件下，发生的现象也不同。在气体生成的化学反应中，需要注意观察的现象有气泡生成（注意气泡的大小与溶液沸腾的区别）、颜色、气味、酸碱性、氧化还原性、溶解性等。若生成的气体有毒，则需要在通风柜中进行。若用试纸检验气体的性质，一般需将试纸用水湿润后再检验。

2. 沉淀现象的观察

在化学反应中，有很多反应可以生成沉淀，当沉淀生成后，可以看到溶液由澄清变为浑浊，有时还可以看到沉淀的颜色，或者看到由一种沉淀转化为另一种沉淀。如何观察这些现象，并准确记录，需要掌握一定的技能才能够得到正确的结果。当沉淀生成后，如果现象不明显，这可能是沉淀的量不够，只要看到了浑浊现象，均认为是生成了沉淀，并不是一定要看到大量沉淀沉降到溶液的底部，才算是沉淀生成。沉淀的颜色与生成沉淀量的多少也有一定的关系，特别是颜色比较淡的沉淀，如 AgBr 沉淀，若要看到其淡黄色，需要生成一定量的沉淀，否则，看到的几乎是白色沉淀。如果生成沉淀的量比较少，或溶液有颜色，就很难看到沉淀真正的颜色。是不是就没有办法看到这些沉淀的颜色呢？不是。可以用离心机使沉淀与溶液分离，再观察沉淀的颜色。如果要观察沉淀的转化现象，则生成沉淀的量不应太多，否则沉淀转化不完全，现象也不明显。

3. 溶液颜色变化的观察

很多化合物在水溶液中都是有颜色的，当发生化学反应的时候，往往伴随着颜色的变化，因此，根据溶液颜色的变化情况，可以了解化学反应进行的情况。

正确记录和分析实验现象中颜色的变化，必须掌握物质的浓度、溶剂与颜色之间的关系以及颜色之间的互补规律。一般情况下，物质的浓度愈小，溶液的颜色愈浅；反之，颜色愈深。因此，有些物质，当其浓度较小时，可能看不到它的颜色。另外，在不同的溶剂中，物质也会表现出不同的颜色，如碘溶解在水中为黄色，而溶解在四氯化碳中为紫红色。当同一溶液中有两种有颜色的物质时，溶液表现为它们的混合色。如蓝色溶液与红色溶液混合（假定两种溶液不发生反应），则溶液可能是蓝色、蓝紫色、紫色、红紫色和红色等，混合后溶液究竟呈现什么颜色，与这两种物质的物质的量比有关，若蓝色溶液的量比红色溶液的量大，则溶液一般以蓝色为主；反之，以红色为主。在做性质实验时，要注意试剂加入的顺序和方法对观察到的实验现象也有影响。如在 $FeCl_3$ 溶液中加入 $SnCl_2$ 溶液，若滴加 $SnCl_2$ 溶液（过量），实验现象可记录为 $FeCl_3$ 溶液的黄色逐渐变浅，最后完全消失；若将过量的 $SnCl_2$ 溶液直接倒入，则看不到颜色渐变的过程，实验现象一般记为 $FeCl_3$ 溶液的黄色消失。

在做性质实验时，不仅要观察原溶液颜色的变化，而且要注意所滴加溶液颜色的变化。如将 $FeCl_3$ 溶液滴加到 $SnCl_2$ 溶液，$SnCl_2$ 溶液本身的颜色没有什么变化，而 $FeCl_3$ 溶液的黄色消失往往被忽略。

第九节　试样的制备与处理

一、一般试样的采集和制备

定量分析的过程一般包括试样的采集与制备、试样的分解、测定和计算结果四个步骤。如果试样的采集、制备和分解过程有较大的误差，分析方法的准确度再高也没有什么意义。

1. 分析试样的采集

在工农业生产中，被分析试样的数量往往较大，而分析时所需样品的质量往往只有 1g 左右，甚至更少，因此，这么少的分析试样能否代表大批工业物料的平均组成是得到被测组分准确含量的关键因素。也就是说，送到实验室分析的试样，必须具有代表性，必须能够代表大批工业物料的平均组成。

工业物料的种类很多，不同的工业物料，其试样的采集和制备方法各不相同。因此，这里只能作一些共性的、原则性的介绍。对于具体的工业物料，必须按国家标准采集和制备样品。

① 气体试样的采集　气体试样一般有三种状态，即常压试样、正压试样和负压试样。气体的状态不同，采样的方法不同。

常压试样，用一般吸气装置，如真空泵，使盛气瓶产生真空，自由吸入气体试样。

正压试样，气体压力高于常压，可用球胆、盛气瓶直接盛取试样。

负压试样，气体压力低于常压，先用真空泵将取样器抽成真空，再用取样管接通进行取样。

大气试样的采集应根据分析目的和污染源的实际情况，按国家有关标准采集试样。

② 液体样品的采取　液体样品一般分两种情况，即静态样品和流动样品。样品的存在状态和储存方式不同，其取样方法也不同。

a. 静态样品　若装在大容器中，采用搅拌器搅拌或将纯净的空气由干净的导管深入到容器底部充分搅拌，然后用内径约 1cm、长 80～100cm 的玻璃管，在容器的各个不同深度和不同部位取样，经混合后制成分析试样；若液体样品分装在小容器中，先分别将各容器中的试样混匀，然后按该产品规定取样量，从各容器中取近似等量试样于一个试样瓶中，混匀后制成分析试样。

b. 流动样品 如输送管道中的液体物料，用装在输送管道上的采样阀采样，每间隔一定时间打开阀门，先弃去前面放出的一部分，再接取供分析的试样。取样量按规定或实际需要确定。水管中试样的采取，应先放去管内静水，取一根橡皮管，其一端套在水管上，另一端插入取样瓶底部，在瓶中装满水后，让其溢出瓶口少许时间即可。室外水质分析时，应按水源的不同，按规定方法取样。

③ 固体试样的采取 固体试样一般可概括为两类，即工业产品和自然矿物。工业生产的固态粉状产品，一般比较均匀，采样方法比较简单，如粉状化工产品，其组成较均匀，可用探料钻插入包内钻取。工业生产的金属锭块或制件试样，按锭块或制件的采样规定，可用钻、刨、切削、击碎等方法采取试样；自然矿物样品一般很不均匀，如矿石、焦炭、块煤等，不但颗粒大小相差较大，而且组分也不均匀，所以，采样时应按规定以适当的间距，从各个不同部位采取子样。所有子样合并在一起称为原始试样。

2. 分析试样的制备

对于固体样品，其原始试样的数量往往很大，且不均匀，必须按规定程序减小试样的颗粒度和数量，才能成为分析试样。这一过程称为试样的制备，一般包括粉碎、过筛、混匀、缩分四步。

粉碎又分为粗碎、中碎、细碎，每一步都必须经过过筛、混匀和缩分。每一次缩分后的质量必须符合切乔特公式，即

$$Q=kd^2$$

式中 Q——试样的最低可靠质量，kg；

k——物料的缩分系数；

d——试样中最大颗粒的直径，mm。

样品的最大颗粒直径，以粉碎后试样能全部通过的孔径最小的筛号孔径为准。

缩分的目的是在不改变物料平均组成的情况下减小试样的质量，一般有机械法、四分法等。机械法是采用分样器，将试样一分为二进行缩分；四分法是将试样混匀后堆成锥状，然后略为压平，通过中心分成四等份，弃去任意对角两份。

3. 分析试样的干燥

制备好的分析试样，其颗粒很小，具有极大的表面积，能从空气中吸附相当多的水分，因此在称样前应作干燥处理，以除去吸附的水，这样才能得到正确的结果。

由于试样的吸湿性和其性质不尽相同，干燥所需要的温度和时间也不一样。所用的温度应既能赶去水分，又不致引起试样中组成水和挥发性组分的损失。干燥试样的温度一般控制在378～383K。干燥时，将试样放在扁平称量瓶内，瓶盖斜搁在瓶口上。试样干燥一定时间后，最好搅动一次，以利水分挥发。若处理的试样较多，可平铺于蒸发皿或培养皿中。经干燥的试样应在干燥器中保存。

有的试样也可用空气干燥（风干）。风干的试样应保存在无干燥剂的干燥器中，或用纸将称量瓶包好放在干净的烧杯内保存。含结晶水的试样不能放在干燥器中。

计算各组分的含量时，应该注明试样的干燥情况。必要时应换算成干基试样表示。

二、植物样品的采集与制备

1. 植物样品采集的一般原则

采集样品应注意代表性与典型性相结合，根据作物的种类、种植密度、株型大小选定代表性样株和株数，根据分析目的和要求，充分考虑采样部位和采样时间等各因素的影响，使试样具有较好的代表性。即采集的植物样品不仅要有代表性和典型性，还要考虑适时性，并

防止样品被污染。

2. 植物样品的制备

① 去除杂质　植物样品往往混有泥土、石块或其他植物等杂物，分析时需除去这些杂物，以免影响分析结果。容易清洁的样品可用湿布仔细擦净表面沾污物，难以清洁的样品可用刷子刷净，供微量元素分析的样品需用清净剂洗涤，再用水快速淋洗干净。

② 烘干　植物样品采集后必须及时进行制备，放置时间过长，营养元素将会发生变化。将除去杂质的新鲜样品及时进行杀青处理，即把样品放入 80～90℃烘箱中烘 15～30min（松软组织烘干 15min，致密坚实的组织烘 30min），然后降温至 60～70℃，逐尽水分，时间视鲜样水分含量而定，通常为 12～24h，然后放入磨口的广口瓶中或密封袋中保存。

③ 磨碎及保存　将烘干的植物样品用植物粉碎机进行磨碎处理，并全部过筛。分析样品的细度须视称样的大小而定，若称样仅 1～2g，宜用孔径 0.5mm 的分样筛；称样小于 1g，需用孔径 0.25mm 或 0.1mm 的分样筛。磨样和过筛都必须考虑到样品污染的可能性。样品过筛后须充分混匀，保存于磨口广口瓶中，内外各贴放一样品标签。

植物微量元素分析样品的干燥和粉碎过程中，所用方法与分析常量元素样品相似，特别指出的是防止干燥和粉碎过程中仪器对样品的污染。磨细过的样品要贮存在密封的容器中，在分析前，样品应在 60～70℃下烘干 20h，然后再进行分析。

注意，测定易起变化的成分（如硝态氮、氨基态氮、氰、无机磷、水溶性糖、维生素等）需用新鲜样品，鲜样品如需短期保存，必须在冰箱中冷藏，以抑制其变化。分析时将洗净的鲜样剪碎混匀后立即称样，放入瓷研钵中与适当溶剂共研磨，进行浸提测定；测定不易变化的成分则常用干燥的样品，洗净的鲜样必须尽快干燥，以减少化学和生物的变化。

三、试样分解的方法

分解试样就是将分析试样中的待测组分全部转变为适合于测定的状态。分解过程中，一般使待测组分以可溶盐的形式进入溶液，或者使其保留于沉淀中，并进一步与其他组分分离。有时也以气体的形式将待测组分导出，再以适当的试剂吸收进行测定。

分解试样的要求是完全分解，且待测组分不能损失，也不能引入待测组分。

分解试样的方法有溶解法、熔融法、烧结法、燃烧法及升华法等。其中最常用的是前三种方法。

1. 溶解法

溶解法包括水溶、酸溶和碱溶三种。比较常见的是酸溶法。

常用的酸性溶剂有盐酸、硫酸、硝酸、磷酸、高氯酸、氢氟酸及混合酸。

2. 熔融法

熔融法是将分析试样与固体熔剂在坩埚中混匀，在高于固体熔剂熔点的条件下，使熔剂与试样发生复分解反应，生成易溶解的反应产物。

熔融法分解样品的温度和熔剂的量都很高，分解样品的能力很强，但需要在特殊材料的坩埚中进行反应。

常用的熔剂有碳酸钠、碳酸钾、氢氧化钠、氢氧化钾、过氧化钠、焦硫酸钾等。

3. 烧结法

烧结法又称半熔法，是将试样与固体熔剂在稍低于熔剂熔点的温度下进行反应，以达到分解试样的目的。因为加热温度较熔融法低，需要的时间较长，但不易腐蚀坩埚，通常可在瓷坩埚中进行。

4. 灰化法

灰化法分为干灰化法和湿灰化法（即湿法消化），干灰化法是将植物样品在高温下灼烧灰化后，用稀盐酸溶液溶解制备待测液。湿灰化法是采用硫酸-高氯酸消化法、硫酸-过氧化氢消化法、或硝酸-高氯酸消化法等方法制备分析试液。

干灰化法的操作是将盛样坩埚放在调温电炉上，稍开坩埚盖，加热，使样品慢慢地冒烟，等烟冒完后，再烧 15min 左右。把坩埚移入高温电炉中半开坩埚盖，由室温升到 400℃，保持 30min，再升到 550℃，保持 2h。冷却后，用少量水润湿灰分，然后滴加 $1.2\text{mol}\cdot\text{L}^{-1}$ 盐酸溶液，慎防灰分飞溅损失。作用缓和后滴加盐酸溶液至约 20mL，加热至沸，溶解残渣。趁热过滤，用热水洗涤坩埚和残渣，将滤液和洗涤液收集于容器中定容，即为待测液。该方法主要用于测定植物样品中金属元素的含量。

干灰化法适用于食品和植物样品等有机物含量多的样品测定，不适用于土壤和矿质样品的测定。大多数金属元素含量分析适用干灰化法，但在高温条件下，汞、铅、镉、锡、硒等易挥发损失，不适用该法。灰化是否完全通常以灰分的颜色判断。当灰分呈白色或灰白色但不含炭粒，则认为灰化完全。

四、试样分解的基本操作

试样的溶解是一个很复杂的问题，试样不同，分解试样的方法也不同。下面介绍分解易溶试样的一些实验操作。

试样溶解时若有气体产生（如用盐酸溶解碳酸盐），则应先用少量水将试样润湿，以防止产生的气体将轻细的试样扬出，同时也可防止加入溶剂后试样抱团。用表面皿将烧杯盖好，凸面向下。为防止反应过于猛烈，应用滴管将溶剂自杯嘴逐滴加入。

溶解试样时若需加热，则必须用表面皿盖好烧杯。溶液沸腾后应改用小火加热，以防止溶液剧烈沸腾和迸溅。溶解时应注意防止溶液蒸干，因溶液蒸至稠状时，极易迸溅，而且许多物质脱水后很难再溶解。若在锥形瓶中加热，可在瓶口搁置一只小漏斗，既可防灰尘落入瓶中，又可减缓溶剂挥发过快。待试样溶解完全后，用洗瓶将表面皿、烧杯（锥形瓶）内壁上沾着的溶液吹洗回烧杯（锥形瓶）内。

用熔融法处理难溶样品时，应首先根据试样和熔剂的性质选择一个合适的坩埚。将样品放入坩埚时，应首先在坩埚底部铺一层熔剂，再加入称好的试样，最后在样品上再铺一层熔剂。在高温炉内加热时，应由室温分阶段加热至所需温度，并在规定温度和时间内熔解样品。用坩埚钳将坩埚由高温炉内取出后，应冷却至近室温，再将坩埚和样品一同放入盛有规定溶剂的烧杯内浸取被测组分。取出坩埚时应将其洗涤干净。

如果溶液需要蒸发，应在水浴锅上进行。若用电热板或在石棉网上直接加热，切勿使溶液剧烈沸腾。蒸发时烧杯必须用表面皿盖好。蒸发后用洗瓶吹洗表面皿和杯壁。

实验阅读

1. 铁矿石的分解

称取 1.0g（准确到 0.0001g）试样于 400mL 烧杯中，用少量水润湿，加入氟化钠 1.0g、1∶1 盐酸 80mL，于电热板上低温加热溶解后，冷却，转移到 250mL 的容量瓶中定容。

2. 铝合金样品的分解

准确称取试样 0.25g（准确到 0.0001g）于塑料烧杯中，加入氢氧化钠（固体）4g、水 15mL，于沸水浴中加热溶解。冷却后，慢慢倾入盛有 15mL 盐酸硝酸混合酸（4∶1）的烧杯中。加双氧水 10 滴，继续加热煮沸 1min。取下冷却，移入 250mL 容量瓶中，用水定容，摇匀。

3. 植物样品的分解——硫酸-高氯酸消化法

混合酸：浓硫酸与浓高氯酸以10：1体积比混合，浓硫酸注入高氯酸中。

准确称取磨细的植物样品适量（0.8g），放在65℃恒温箱中烘干（24h），用减量法称入消煮管中，加数滴水使样品湿润，然后加10mL混合酸，管口上放一弯颈小漏斗，过夜。在通风橱中用调温电炉加热消煮，控制管内样品与酸作用后产生的泡沫不到达管颈，并只有少量的烟从管口冒出为度。当有缕状白烟在管内回旋时证明管内高氯酸基本上已经反应完全。缕状白烟不能超过管颈上部的1/2。若溶液许久未见透明，可把消煮管离火，当管颈不烫手时滴加数滴高氯酸，继续消煮。若消煮液已经变白，但还成糊状，说明硅还未脱水，需继续消煮，直至无色透明后再消煮20min。整个过程要经常摇动消煮管，以防局部烧干。

消煮完成后用水把消煮液全部洗入100mL容量瓶中，加水定容，作为测定氮、磷、钾、钠、钙、镁等系统分析的待测液。若只测氮、磷、钾，则试样量及消煮用的酸量都可以减半。

第十节　滴定操作与技能

滴定管是滴定时准确测量溶液体积的容器，分酸式和碱式两种。

一、酸式滴定管的结构和使用方法

酸式滴定管是一种准确测量流出液体体积的量器，见图1-51(a)，它是具有精确刻度、内径均匀的细长玻璃管，它的下端有一玻璃旋塞（如何保护?），开启旋塞滴定液即自管内滴出。酸式滴定管通常用来装酸性溶液或氧化性溶液，但不适用于装碱性溶液（为什么?）。

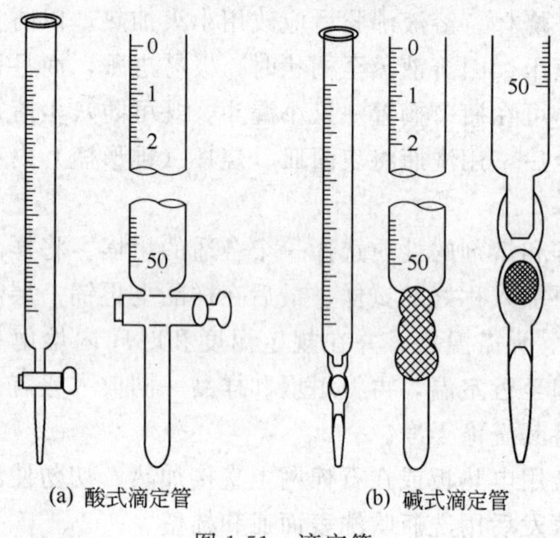

(a) 酸式滴定管　(b) 碱式滴定管

图1-51　滴定管

常量分析的滴定管容积一般有50mL和25mL两种，其最小刻度为0.1mL，最小刻度间可估计到0.01mL，一般读数误差为±0.01mL。50mL酸式滴定管的上端是0.00mL，下端是50.00mL。另外，还有容积为10mL、5mL、2mL的微量滴定管。

酸式滴定管的操作方法如下。

1. 检查

酸式滴定管在使用前，应检查滴定管是否漏水和旋塞转动是否灵活。检查滴定管是否漏水时，关闭旋塞，将管内充满水，夹在滴定管夹上，观察管口及活塞两端是否有水渗出，将活塞旋转180℃再观察一次，无漏水现象且旋塞转动灵活时即可使用，若有漏水，则重新涂油。如果活塞转动不灵活，则旋塞也应重新涂油（为什么?）。

2. 涂油

旋塞涂油起密封和润滑作用，最常用的油是凡士林油。涂油的方法是将滴定管平放在台面上，抽出旋塞，用滤纸将旋塞及塞槽内的水擦干，用手指蘸少许凡士林在旋塞的两端涂上薄薄的一层，见图1-52，在旋塞孔的两旁少涂一些，以免凡士林堵住塞孔。涂好凡士林的旋塞插入旋塞槽内，沿同一方向旋转旋塞，直到旋塞部位的油膜均匀透明，见图1-52。如

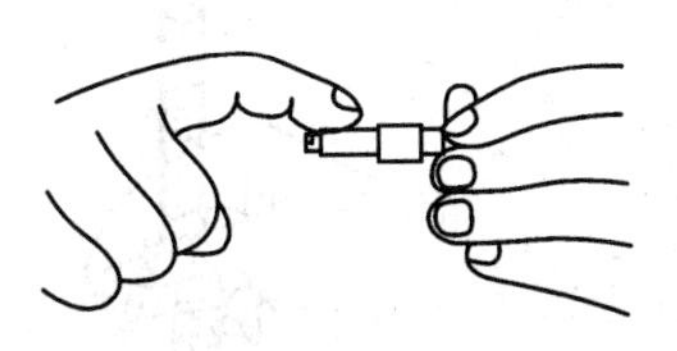
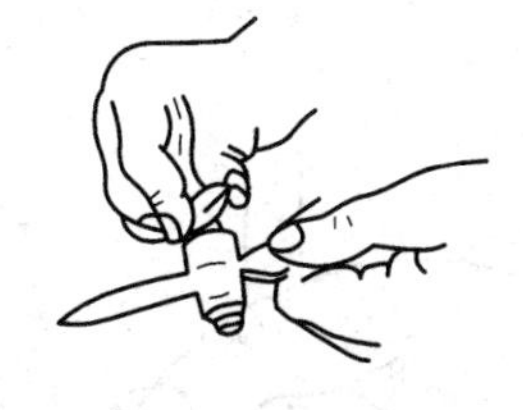

图 1-52 旋塞涂油

发现转动不灵活或旋塞上出现纹路，表示油涂得不够；若有凡士林从旋塞缝挤出，或旋塞孔被堵，表示凡士林涂得太多。遇到这些情况，都必须把旋塞和塞槽擦干净后重新处理。在涂油过程中，滴定管始终要平放、平拿，不要直立，以免擦干的塞槽又沾湿。涂好凡士林后，用橡皮筋把旋塞固定在滴定管上，以防活塞脱落破损。

3. 洗涤

滴定管在使用前先用自来水洗，然后用少量蒸馏水在管内转动淋洗 3 次。洗净的滴定管内壁应不挂水珠。如挂水珠，则说明有油污，需用洗涤剂刷洗，或用洗液洗涤。用洗液洗酸式滴定管时，关闭旋塞，加入洗液，两手分别拿住管上下部无刻度的地方，边转动边使管口倾斜，让洗液布满全管内壁，然后竖起滴定管，打开旋塞，让洗液从下端尖嘴放回原洗液瓶中。停一段时间后，用自来水洗至流出液无色，再用少量蒸馏水洗涤 3 次。洗涤时应将管子倾斜转动，使水润湿整个内壁，然后直立从管尖放出。洗涤后管内应不挂水珠。

4. 润洗、装液、排气泡

为了避免管中的水稀释标准溶液，应用少量标准溶液（约 10mL）润洗滴定管 3 次。润洗的操作要求是：先关好旋塞，倒入溶液，两手平端滴定管，即右手拿住滴定管上端无刻度部位，左手拿住旋塞无刻度部位，边转边向管口倾斜，使溶液流遍全管，然后打开滴定管的旋塞，使标准溶液由下端流出。润洗之后，随即装入溶液。向滴定管装入标准溶液时，宜由储液瓶直接倒入，不宜借助其他器皿，以免标准溶液浓度改变而引起误差。装满溶液的滴定管，应检查其尖端部分有无气泡，如有气泡，必须排除。酸式滴定管可迅速地旋转活塞，使溶液快速流出，将气泡带走。若该法不能将气泡排出，需将酸式滴定管倾斜一定角度，打开旋塞，并用手指轻轻敲击旋塞处，至气泡排出为至。

5. 旋塞的控制方法及滴定速度

使用酸式滴定管滴定时，一般用左手控制活塞，将滴定管卡于左手虎口处，用拇指与食指、中指转动活塞，如图 1-53 所示。旋转活塞时要轻轻向手心用力，以免活塞松动而漏液。在滴定时，滴定管嘴伸入瓶口约 1cm，见图 1-54，边滴边摇动锥形瓶（利用手腕的转动，使锥形瓶按顺时针方向运动），滴定的速度也不能太快（每秒不快于 3～4 滴），否则易超过终点。滴定过程中，要注意观察液滴落点周围溶液颜色的变化，以便控制溶液的滴速。一般在滴定开始时，可以采用滴速较快的连续式滴加（溶液不能成线流下）。接近终点时，则应逐滴滴入，每滴一滴都要将溶液摇匀，并注意观察终点颜色的突变。由于滴定过程中溶液因锥形瓶旋转搅动会附到锥形瓶内壁的上部，故在接近终点时，要用洗瓶吹出少量蒸馏水冲洗锥形瓶内壁，然后再继续滴定。在快到终点时溶液应逐滴（甚至半滴）滴下。滴加半滴的方法是使液滴悬挂管尖而不让液滴自由滴下，再用锥形瓶内壁将液滴擦下，然后用洗瓶吹入少量水，将内壁附着的溶液冲下去。摇匀，如此重复，直至终点为止。

滴定操作常在锥形瓶中进行，也可在烧杯中进行（需用玻璃棒搅拌）。滴定时所用操作溶液的体积应不超过滴定管的容量，因为多装一次溶液就要多读一次读数，从而使误差

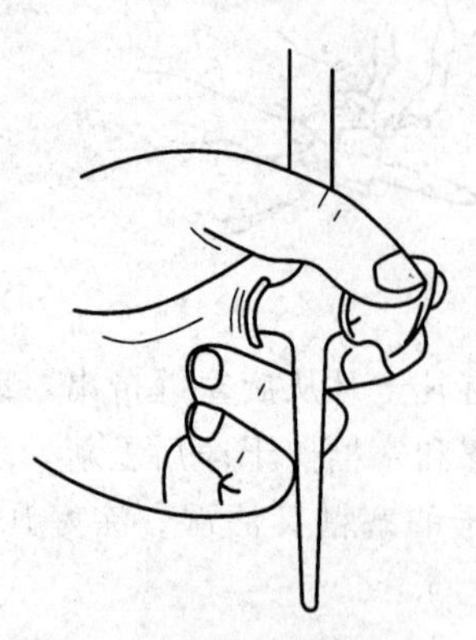

图 1-53 旋转活塞的方法

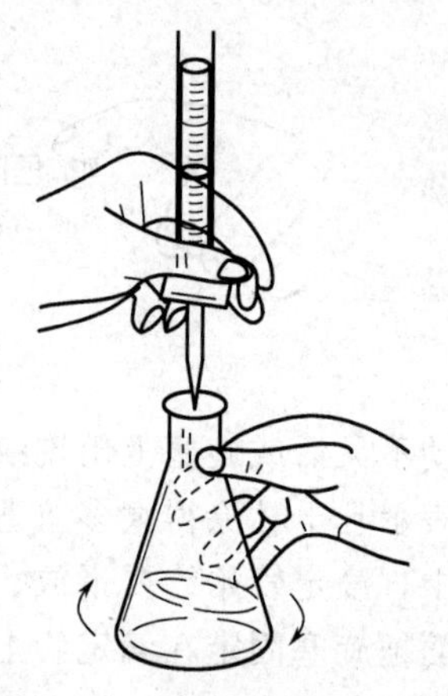

图 1-54 酸式滴定管的操作

增大。

6. 读数

滴定管液面位置的准确读出，需掌握好两点：一是读数时滴定管要保持垂直，通常可将滴定管从滴定管夹取下，用右手拇指和食指拿住管身上部无刻度的地方，让其自然下垂时读数；二是读数时，眼睛的视线应与液面处于同一水平线，然后读取与弯月面相切的刻度，见图 1-55(a)。读数时对无色或浅色溶液，应读出滴定管内液面弯月面最低处的位置，对深色溶液（如高锰酸钾溶液、碘液），由于弯月面不清晰，可读取液面最高点的位置，见图 1-55(a)。读数应估计到小数点后面第二位数。为帮助读数，可使用读数衬卡，它是用贴有黑纸条或涂有黑色长方形（约 3cm×1.5cm）的白纸制成。读数时，手持读数衬卡放在滴定管背后，使黑色部分在弯月面下约 1mm 处，此时弯月面反射成黑色，读此黑色弯月面的最低点即可，见图 1-55(b)。此外还应注意，读数时要待液面稳定不再变化后再读（装液或放液后，必须静置 30s 后再读数）；同时滴定管尖嘴处不应留有液滴，尖管内不应留有气泡。

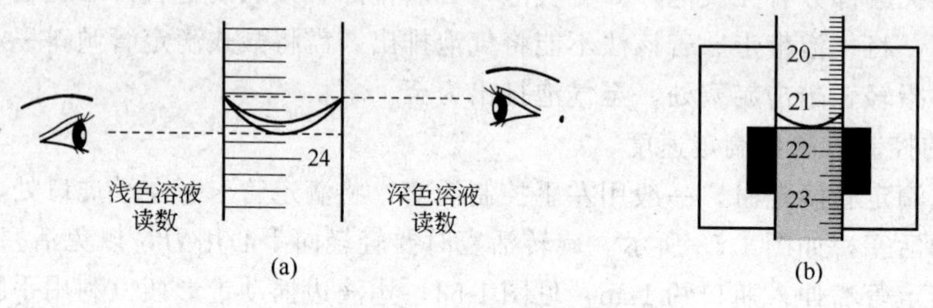

图 1-55 滴定管的读数

7. 滴定结束后滴定管的处理

滴定结束后，将管内剩余滴定液倒入废液桶或回收瓶（注意，不能倒回原试剂瓶），然后用水洗净滴定管。如还继续使用，则可将滴定管垂夹在滴定管夹上，下嘴口伸入锥形瓶内，并用滴定管帽盖住管口，或将滴定管倒置后夹于滴定台上。如滴定完后不再使用，则洗净后应在酸管旋塞与塞槽之间夹一纸片（为什么?），然后保存备用。

8. 酸式滴定管的使用步骤

① 检查酸管的活塞是否转动灵活。

② 检查旋塞是否漏水。

③ 洗涤酸管。

④ 润洗、装标准溶液和排气泡。

⑤ 调节液面在“0”刻度附近（在“0”刻度以下），读取初始读数。

⑥ 滴定。

⑦ 读取终点读数。

二、碱式滴定管的结构和使用方法

碱式滴定管是滴定管的一种，和酸式滴定管一样，是一种准确测量流出液体体积的量器[见图 1-51(b)]，它是具有精确刻度、内径均匀的细长玻璃管，它的下端连接一乳胶管，管内有玻璃珠以控制溶液的流出，乳胶管的下端再连一尖嘴玻璃管，见图 1-51(b)。凡是能与乳胶管起反应的氧化性溶液，如 $KMnO_4$、I_2 等，都不能装在碱式滴定管中。其规格和酸式滴定管一样。

碱式滴定管的使用方法如下。

1. 碱式滴定管的检查及装配

碱式滴定管在使用前应检查乳胶管是否老化，液滴是否能灵活控制及是否漏液。如果发现碱式滴定管下端的乳胶管已严重老化，则需更换乳胶管。检查碱式滴定管是否漏水是将管内充满水，将滴定管夹在滴定管夹上，观察乳胶管和下边尖嘴是否有水渗出，无漏水现象即可使用。若漏液，则需更换乳胶管。乳胶管的长度一般为 6cm，内径与玻璃珠的大小要适中，内径太大，容易漏液；内径太小，控制滴定操作比较困难。装玻璃珠时，应先用水将其润湿，再挤压进乳胶管中部。然后在乳胶管的一端装上尖嘴，另一端套在碱管的下口部，并检查滴定管是否漏水，液滴是否能灵活控制。如不合要求，需重新装配。

2. 碱式滴定管的洗涤方法

碱式滴定管的洗涤方法和酸管一样，如洗涤后内壁挂水珠，则说明有油污，需用洗涤剂刷洗，或用洗液洗涤。用洗液洗碱管时，先取去下端的乳胶管和尖嘴玻管，接上一小段塞有玻棒的橡胶管，然后按洗酸管的方法洗涤。必要时，也可在滴定管内加满洗液，浸泡一段时间，这样效果会更好。洗液洗完后，用自来水冲洗，直至流出的水为无色且管内壁不挂水珠，再接上乳胶管和尖嘴玻管，然后用蒸馏水淋洗 3 次。

3. 碱式滴定管的润洗、装液、排气泡

碱式滴定管的润洗和装液要求与酸管一样。装满溶液的碱式滴定管，应检查其乳胶管及尖端部分有无气泡，如有气泡，必须排除。排气泡时可将乳胶管稍向上弯曲，挤压玻璃球，使溶液从玻璃球和橡皮管之间的隙缝中流出，气泡即被逐出，如图 1-56 所示。然后将多余的溶液滴出，使管内液面处在“0.00”刻度线（或“0.00”刻度线稍下附近处）。

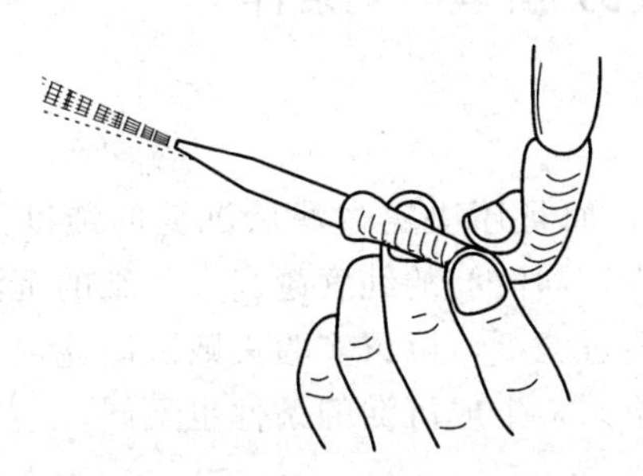

图 1-56　碱式滴定管排气泡方法

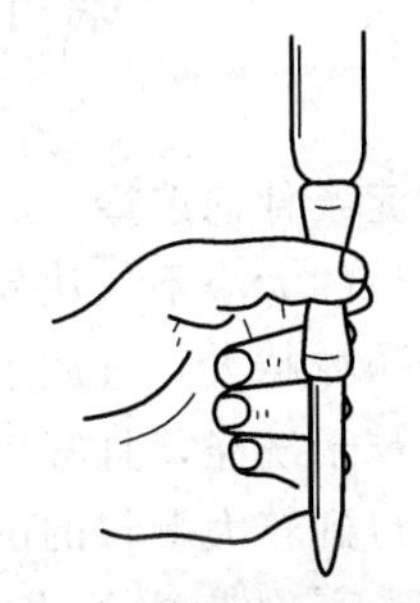

图 1-57　碱式滴定管操作

4. 碱式滴定管的滴定操作

使用碱式滴定管时左手拇指在前，食指在后，捏住乳胶管中的玻璃球所在部位稍上处，向手心捏挤乳胶管，使其与玻璃球之间形成一条缝隙，溶液即可流出，见图1-57。应注意，不能捏挤玻璃球下方的乳胶管，否则易进入空气形成气泡（为什么?）。为防止乳胶管来回摆动，可用中指和无名指夹住尖嘴的上部。滴定操作及速度的控制与酸式滴定管的要求相同。若在烧杯中进行滴定，需用玻璃棒搅拌。对于滴定碘法，则需要在碘量瓶中进行反应和滴定。碘量瓶是带有磨口玻璃塞与喇叭形瓶口之间形成一圈水槽的锥形瓶，见表1-1。槽中加入纯水可形成水封，防止瓶中被测组分（如 I_2、Br_2 等）的挥发损失。反应完成后，打开瓶塞，水即流下并可冲洗瓶塞和瓶壁。

5. 读数与滴定结束后滴定管的处理

处理方法与酸式滴定管相同。

6. 碱式滴定管的使用步骤

① 检查碱式滴定管的玻璃珠是否能灵活控制液滴及碱式滴定管是否漏水。

② 洗涤碱式滴定管。

③ 润洗、装标准溶液和排气泡。

④ 调节液面在“0”刻度附近（在“0”刻度以下），读取初始读数。

⑤ 滴定。

⑥ 读取终点读数。

三、滴定终点的判断

在滴定分析中，化学反应的计量点是用指示剂确定的，当溶液从一种颜色突变到另一种颜色时，就称为滴定终点。也就是说在滴定终点前溶液是一种颜色，当我们用肉眼观察到溶液的颜色刚好由这种颜色转变为另一种颜色时，即颜色发生了突变，就是滴定终点。在滴定的时候，在滴加的溶液液滴的周围，一般会出现终点后指示剂所表现的颜色。在滴定的起始阶段，这种颜色消失比较快，当这种颜色消失比较缓慢的时候，就可以判断接近了滴定终点，滴定速度就应该减慢，每加一滴都应该观察一下颜色的变化，然后再加第二滴，必要时应半滴半滴地加入，以防滴定过量。

甲基橙指示剂的pH变色范围为3.1～4.4，即 $pH \leqslant 3.1$ 时，溶液为红色；$pH \geqslant 4.4$ 时，溶液为黄色；pH在3.1～4.4时，溶液为过渡颜色橙色。若用 $0.1mol \cdot L^{-1}$ HCl溶液滴定20mL $0.1mol \cdot L^{-1}$ NaOH溶液，化学计量点的pH为7.0，其滴定突跃范围为9.7～4.3，因此，使用甲基橙指示剂时，其滴定终点为溶液刚好由黄色转变为橙色。

第十一节 重量分析基本操作

一、沉淀条件的选择

沉淀颗粒的大小不仅决定过滤速度的快慢，而且还决定过滤后沉淀的纯度。一般情况下，沉淀的颗粒越大，过滤越快，吸附杂质越少，即沉淀的纯度越高。太细的沉淀不仅容易吸附杂质，难于洗涤，且容易形成胶体溶液而透过滤纸，以致实验失败。因此，在重量分析中一般希望得到较大颗粒的沉淀。沉淀的类型不同，生成沉淀的条件也不同。

1. 晶型沉淀的生成条件

①在适当稀溶液进行沉淀操作；②沉淀时将溶液加热有利于生成大颗粒的沉淀；③沉淀速度要慢，边滴加沉淀剂边搅拌溶液，以防沉淀剂局部过浓而形成的沉淀太细；④沉淀生成后要放置陈化。陈化操作是将沉淀和母液放置过夜或在水浴上保温一定时间。陈化的目的是

使小晶粒转化成大晶粒，不完整的晶体转变成完整的晶体。

2. 无定形沉淀的生成条件

①沉淀在较浓的溶液中进行；②沉淀在热溶液中进行有利于得到含水量少、结构紧密的沉淀；③沉淀时注意防止生成胶体溶液，即沉淀时应加入大量电解质或能引起胶体溶液凝聚的试剂；④不能陈化。沉淀时应将沉淀剂沿着烧杯内壁加到溶液中去，边加边搅拌。

沉淀过程中若需加热，则不得使溶液沸腾（最好在水浴中加热）。沉淀完全后，用洗瓶吹洗表面皿和杯壁，以免溶液损失。

沉淀后应检查沉淀是否完全。检验的方法是待沉淀下沉后，在上层清液中，沿容器内壁缓缓滴加几滴沉淀剂，仔细观察是否有新的沉淀形成。若仍有沉淀形成，则应补加足量的沉淀剂使沉淀完全。

二、沉淀的过滤和洗涤

沉淀的过滤和洗涤是重量分析成败的关键步骤，应根据沉淀的性质选用适当的滤纸或玻璃滤器。重量分析法使用的定量滤纸，称为无灰滤纸，每张滤纸的灰分质量为0.08mg左右，可以忽略。用滤纸过滤时一般先采用倾泻法过滤，再将沉淀转移到滤纸上进行洗涤，以增加过滤速度，详见本章第七节。

三、沉淀的烘干、灼烧及恒重

1. 瓷坩埚的准备

将洗净的瓷坩埚斜放在泥三角上，见图1-58(a)，坩埚盖斜靠在坩埚口和泥三角上，用小火（必须是酒精喷灯的氧化焰）小心加热坩埚盖，见图1-58(c)，使热空气流反射到坩埚内部将其烘干。稍冷，用硫酸亚铁铵溶液（或硝酸钴溶液）在坩埚和盖上编号，小心烘干。灼烧温度和时间应与灼烧沉淀时相同。在灼烧过程中，要用热坩埚（为什么?）钳慢慢转动坩埚数次，使其灼烧均匀。

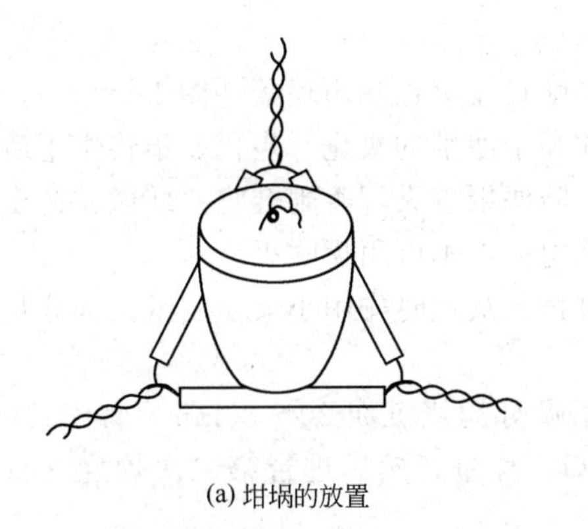

(a) 坩埚的放置　(b) 滤纸的炭化、灰化　(c) 沉淀的烘干

图1-58　沉淀和滤纸在坩埚中烘干、炭化和灰化的火焰位置

空坩埚第一次的灼烧时间为15～30min，稍冷，用热坩埚钳夹取后放入干燥器内（不要过早将干燥器盖密封），冷却至室温后称量。第二次再灼烧15min，冷却、称量（每次冷却时间要相同），直至两次称量相差不超过0.2mg，即为恒重。将恒重后的坩埚放在干燥器中备用。

若使用马弗炉灼烧，可将编好号、烘干的瓷坩埚，用长坩埚钳逐渐移入规定温度的马弗炉中（坩埚直立并盖上坩埚盖，但留有空隙）。每次灼烧的时间、冷却和称量条件与上述酒精喷灯的灼烧相同。

2. 沉淀的包裹

若沉淀为晶型沉淀，体积一般较小，可用清洁的玻璃棒将滤纸的三层部分挑起，再用洗净的手将滤纸小心取出，按图 1-59(a) 所示打开成半圆形，自右边半径的 1/3 处向左折叠，再从上边向下折，然后自右向左卷成小卷，将滤纸放入已恒重的坩埚中，包卷层数较多的一面朝上，以便于炭化和灰化。

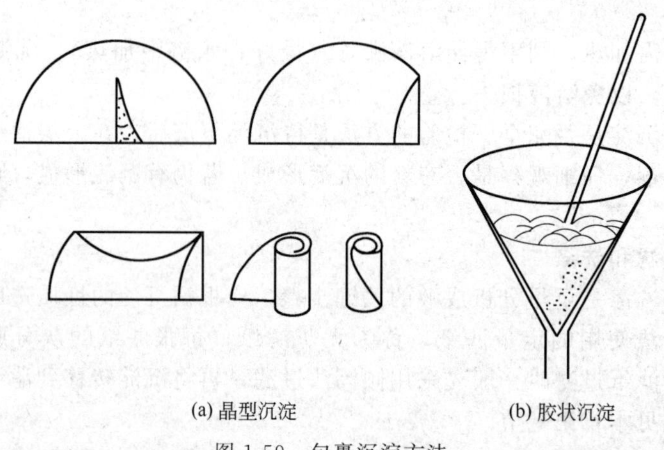

(a) 晶型沉淀　　(b) 胶状沉淀

图 1-59　包裹沉淀方法

若为胶状沉淀，沉淀的体积一般较大，不宜用上述包裹方法，而应用玻璃棒从滤纸的三层部分将其挑起，然后用玻璃棒将滤纸向中间折叠，将三层部分的滤纸折在最外面，包成锥形滤纸包，见图 1-59(b)。用玻璃棒轻轻按住滤纸包，旋转漏斗颈，慢慢将滤纸包从漏斗的锥底移至上沿。将滤纸包移至恒重的坩埚中，尖头向上，再仔细检查原烧杯嘴和漏斗内是否残留沉淀。如有沉淀，可用准备漏斗时撕下的滤纸再擦拭，一并放入坩埚内，此法也可以用于包裹晶型沉淀。

3. 沉淀的烘干、炭化、灰化、灼烧和恒重

按图 1-58(a) 放置好坩埚及盖，用酒精喷灯小火加热坩埚盖［图 1-58(c)］，这时热空气流反射到坩埚内部，使滤纸和沉淀烘干，并利于滤纸的炭化。炭化是指将烘干后的滤纸灼烧成灰的过程。炭化时温度不宜升得太快，以防滤纸着火，否则会将一些微粒扬出。如万一着火，应立即将坩埚盖住，同时移去火源使其熄灭，不可用嘴吹灭。

灰化是使呈炭黑状的滤纸灼烧成灰的过程。灰化时先用小火使滤纸大部分灰化后，再逐渐加大火焰把炭完全烧成灰，见图 1-58(b)。

炭粒完全消失后，将坩埚直立，继续用喷灯灼烧沉淀 20～30min。如 $BaSO_4$ 沉淀一般第一次灼烧 30min，按空坩埚冷却方法冷却、称量，然后进行第二次灼烧（只需 15min）、冷却、称量，直至恒重。

使用马弗炉灼烧沉淀时，沉淀和滤纸的干燥、炭化和灰化过程一般先在酒精喷灯上或电炉上进行，然后将坩埚移入适当温度的马弗炉中。在与灼烧空坩埚相同的温度和条件下灼烧至恒重。若直接放入马弗炉中，必须先在低温进行烘干、炭化、灰化后，再将温度升至规定温度灼烧。

四、计算

$$w=\frac{Fm_{\text{称量形式}}}{m_{\text{样}}}$$

式中　F——被测组分与称量形式之间的换算因数；

$m_{称量形式}$——称量形式的质量，g；

$m_{样}$——样品质量，g；

w——被测组分的质量分数。

实验阅读

准确称取0.4g左右的水泥试样于干燥的50mL烧杯中，加入2.5～3g固体氯化铵，用玻璃棒混匀，滴加浓盐酸至试样全部润湿（一般约需2mL），并滴加浓硝酸2～3滴，搅匀。盖上表面皿，于沸水加热10min，加热水约40mL，搅拌数分钟后。过滤，用热水洗涤烧杯和沉淀，直至滤液中无氯离子。

将沉淀连同滤纸按要求包裹后放入已恒重的瓷坩埚中，于电炉上烘干、炭化和灰化后，放入950℃马弗炉中灼烧30min。取出后冷却片刻，放入干燥器中冷却至室温后称量。再灼烧，直至恒重。

第二章　光电仪器介绍及使用方法

第一节　酸度计介绍及使用方法

一、pH 计的基本原理

pH 计（也称酸度计）是用来测量溶液 pH 值的仪器。它除测量溶液的酸度外，还可以测量电池的电动势（mV）。酸度计主要是由参比电极（甘汞电极）、测量电极（玻璃电极）和精密电位计三部分组成。

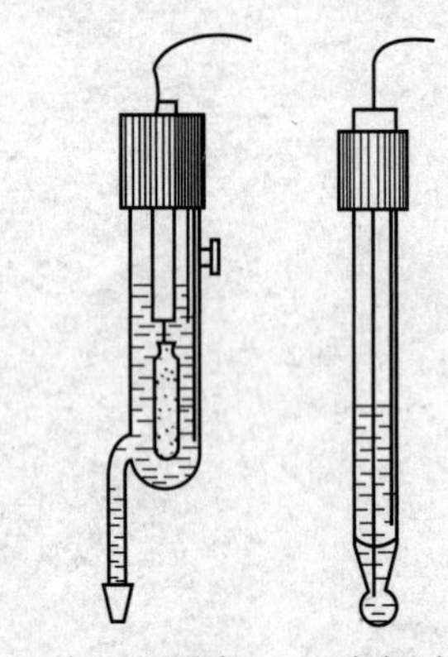

(a) 饱和甘汞电极　(b) 玻璃电极

图 2-1　电极的结构

当甘汞电极由金属汞、Hg_2Cl_2 和饱和 KCl 溶液组成时，又称为饱和甘汞电极，见图 2-1(a)。它的电极反应是：

$$Hg_2Cl_2 + 2e^- \longrightarrow 2Hg + 2Cl^-$$

甘汞电极的电极电势不随溶液 pH 值变化而变化，在一定温度下有一定值。25℃饱和甘汞电极电极电势为 0.245V。玻璃电极［见图 2-1(b)］的电极电势随溶液 pH 值的变化而改变。它的主要部分是头部的球泡，它由特殊的敏感玻璃薄膜构成。薄膜对氢离子有敏感作用，当它浸入被测溶液内，被测溶液的氢离子与电极球泡表面水化层进行离子交换，球泡内层也同样产生电极电势。由于内层氢离子浓度不变，而外层氢离子浓度在变化，因此内外层的电势差也在变化，所以该电极电势随待测溶液的 pH 值不同而改变。

$$\varphi_{玻} = \varphi^{\ominus}_{玻} + 0.0592\lg[H^+] = \varphi^{\ominus}_{玻} - 0.0592\text{pH}$$

将玻璃电极和饱和甘汞电极一起浸在被测溶液中组成电池，并连接上精密电位计，即可测定电池电极电势 E。在 25℃时，$E = \varphi_+ - \varphi_- = \varphi_{甘汞} - \varphi_{玻} = 0.245 - \varphi^{\ominus}_{玻} + 0.0592\text{pH}$

整理上式得：

$$\text{pH} = (E + \varphi^{\ominus}_{玻} - 0.245)/0.0592$$

$\varphi^{\ominus}_{玻}$可用已知 pH 值的缓冲溶液代替待测溶液而求得。为了省去计算手续，酸度计把测得的电池电动势直接用 pH 刻度值表示出来，因而从酸度计上可以直接读出溶液的 pH 值。

实验室常用的酸度计有雷磁 25 型、pHSJ-4A 型和 pHS-3B 型等。它们的原理相同，结构略有差别。下面介绍 pHSJ-4A 型酸度计，见图 2-2，其他型号酸度计的使用可查阅有关使用说明书。

二、pHSJ-4A 型酸度计及其使用方法

1. 仪器的安装

① 将多功能电极架 10 插入电极架座 3 中。

② E-201-C 型复合电极 11 和温度传感器 14 夹在多功能电极架 10 上。

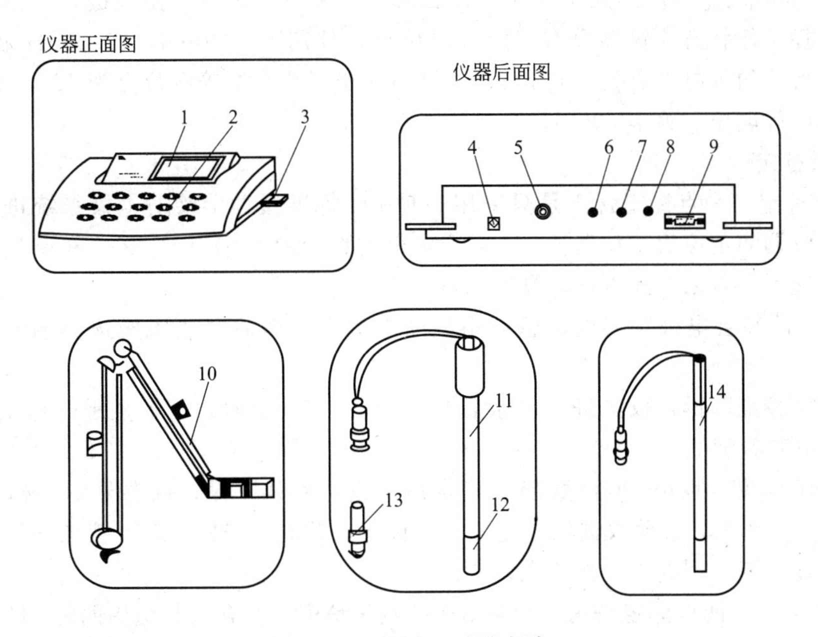

图 2-2　pHSJ-4A 型酸度计

1—显示屏；2—键盘；3—电极架座；4—电源插座；5—测量电极插座；6—参比电极插座；7—接地接线柱；8—温度传感器插座；9—RS-232 接口；10—多功能电极架；11—E-201-C 型复合电极；12—电极套；13—Q9 短路插头；14—温度传感器

③ 拉下 E-201-C 型复合电极 11 前段的电极套 12。

④ 在测量电极插座 5 处拔去 Q9 短路插头 13。然后，分别将 E-201-C 型复合电极 11 和温度传感器 14 插入测量电极插座 5 和温度传感器插座 8 内。

⑤ 用蒸馏水清洗复合电极，清洗后再用被测溶液清洗一次，然后将复合电极和温度传感器浸入被测溶液中。

⑥ 通用电源器输出插头插入仪器的电源插座 4 内。然后，接通通用电源器的电源，仪器可以进行正常操作。

⑦ 若用户配置 TP-16 型打印机，则将该打印机连接线分别插入仪器的 RS-232 接口 9 和打印机插座内。

2. 测定步骤

① 开机　参照图 2-3，按下“ON/OFF”键，仪器将显示“PHSJ-4ApH 计”和“雷磁”商标，此显示几秒后，仪器自动进入 pH 测量工作状态。

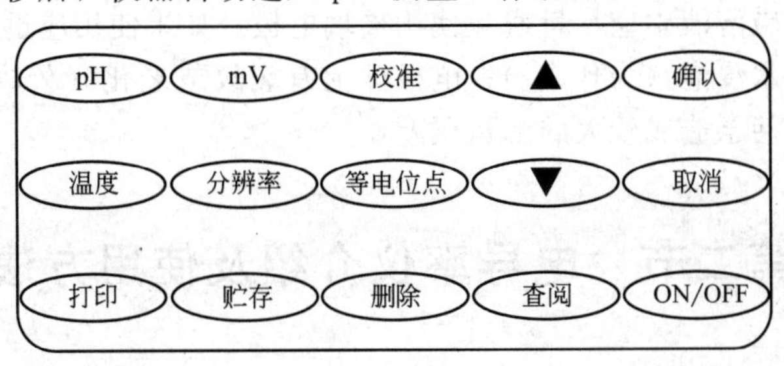

图 2-3　键盘

② 选择等电位点　仪器处于任何工作状态下，按下“等电位点”键，仪器即进入“等电位点”选择工作状态。仪器设有三个等电位点，分别为 7.00pH，12.00pH 和 17.00pH。测定一般水溶液的等电位点为 7.00pH，测定纯水和超纯水的等电位点为 12.00pH，测定含有氨水溶液的等电位点为 17.00pH。

③ 电极标定

a. 一点标定　一点标定含义是只采用一种 pH 标准缓冲溶液对电极系统进行标定，用于自动校正仪器的定位值。仪器把 pH 复合电极的百分斜率作为 100%，在测量仪器精度要求不高的情况下，可采用此方法，操作步骤如下：

(a) 将 pH 复合电极和温度传感器用蒸馏水清洗干净后，放入所选择的 pH 标准缓冲溶液中；

(b) 按“校准”键，仪器进入“标定 1”工作状态，此时，仪器显示“标定 1”以及当前测得 pH 值和温度值；

(c) 当显示屏上的 pH 值读数趋于稳定后，按“确认”键，仪器显示“标定 1 结束!”以及 pH 值和斜率值，说明仪器已经完成一点标定，此时，pH、mV、校准和等电位点键均有效，按下任一键，则进入工作状态。

b. 两点标定　两点标定是为了提高 pH 的测量精度。其含义是选用两种 pH 标准缓冲溶液对电极系统进行标定，测得 pH 复合电极的实际百分理论斜率。

(a) 在完成一点标定后，将电极取出重新用蒸馏水清洗干净，放入另一种 pH 标准缓冲液；

(b) 再按“校准”键，使仪器进入“标定 2”工作状态，仪器显示“标定 2”以及当前的 pH 值和温度值；

(c) 当显示屏上的 pH 值读数趋于稳定后，按下“确认”键，仪器显示“标定 2 结束!”以及 pH 值和斜率值，说明仪器已经完成两点标定，此时，pH、mV、校准和等电位点键均有效，按下任一键，则进入工作状态。

④ pH 值测量　按下“pH”键，仪器进入 pH 测量状态。将复合电极清洗干净后，再用少量被测液清洗，然后将 pH 复合电极放入被测溶液，显示屏上的 pH 值稳定后，即可读数。

测量结束后，应及时将电极套套上。电极套内应放少量外参比溶液以保持电极球泡的湿润。切忌浸泡在蒸馏水中。

三、玻璃电极的维护

玻璃电极的主要部分为下端的玻璃泡，该球泡极薄，切忌与硬物接触，一旦发生破裂，则完全失效。取用和收藏时应特别小心。安装时，玻璃电极球泡下端应略高于甘汞电极的下端，以免碰到烧杯底部；新的玻璃电极在使用前应在蒸馏水中浸泡 48h 以上，不用时最好浸泡在蒸馏水中；在强碱溶液中应尽量避免使用玻璃电极。如果使用应迅速操作，测完后立即用水洗涤，并用蒸馏水浸泡（为什么?）；电极球泡有裂纹或老化（久放两年以上），则应调换，否则反应缓慢，甚至造成较大的测量误差。

第二节　电导率仪介绍及使用方法

电导率是以数字表示溶液传导电流的能力。水的电导率与其所含阴、阳离子的量有关，阴阳离子的量越大，溶液的电导率也越大。因此，根据电导率的大小，可粗略估算溶液的离子的总浓度、含盐量和水的总硬度。

电导率仪的分类方法有多种，按便携性分为便携式、台式和笔式电导率仪，其基本原理大致相同，这里以雷磁 DDS-307 型电导率仪为例，介绍其使用方法。

1. 电导率仪的使用方法

① 打开电源开关，预热约 10min。

②“选择”开关指向“检查”，“常数”旋钮指向“1”刻度线，“温度”旋钮指向“25”，调节“校准”旋钮，使仪器显示 $100.0\mu S \cdot cm^{-1}$。

③ DJS—1 和 DJS—10 两种最常用电极的电极常数分别是 1 和 10 左右。调节“常数”旋钮，使仪器显示与其电极常数数字相同的百位数字。但 DJS—10 电极的测量值等于显示数值乘以 10。

④ 被测溶液电导率低于 $10\mu S \cdot cm^{-1}$用光亮电极；高于 $10\mu S \cdot cm^{-1}$用铂黑电极。

⑤ 测量时电极浸入溶液，将“选择”开关置于合适的量程位置（Ⅰ、Ⅱ、Ⅲ、Ⅳ），记下显示数值。

2. 使用电导率仪注意事项

① 电极使用前应在纯水中浸泡 1h 以上，应避免浸湿电极引线。

② 容器必须清洁，无离子污染。因此，每测一种溶液前，依次用蒸馏水、待测液冲洗方可放入溶液中并且由稀到浓测定。

③ 擦拭电极时要注意保护电极。

第三节　可见分光光度计及使用方法

一、可见分光光度法的基本原理

光通过有色溶液后，光的强度就要减弱，有色物质浓度越大或液层越厚，则溶液对光的吸收也越多，透过的光就越弱。实验证明，当一束平行的单色光通过某一有色溶液时，溶液对光的吸收程度与溶液液层的厚度和有色物质的浓度成正比（朗伯-比耳定律）。如果入射光的强度用 I_0 表示，透过光的强度用 I_t 表示，则

$$A=\lg(I_0/I_t)=\varepsilon bc$$

式中　$\lg(I_0/I_t)$——溶液对光的吸光度（I_t/I_0 是透光率），用 A 表示；

b——溶液液层的厚度，cm；

c——溶液中吸光物质的物质的量浓度，$mol \cdot L^{-1}$；

ε——摩尔吸光系数，$L \cdot mol^{-1} \cdot cm^{-1}$。

该式是光的吸收定律（或朗伯-比耳定律）的数学表达式，是定量分析的理论基础。摩尔吸光系数的大小与吸光物质的性质、入射光波长及温度等因素有关，其数值愈大，表示有色溶液对光的吸收能力愈强，同时它也反映了吸光光度法测定该物质的灵敏度。由朗伯-比耳定律可知，当溶液的厚度一定时，吸光度的大小与溶液的浓度成正比。因此，通过测定溶液的吸光度，可测定溶液中吸光物质的含量。

用可见分光光度法测定时，一般都需要将被测组分转变为有色溶液后再进行测定，这种将被测组分转变为有色溶液的试剂称为显色剂。测定溶液的吸光度时，溶液中的有色物质（干扰物质也能在测定波长处对光进行吸收）一般对测定有干扰，为了消除干扰物质的影响，

应选择一个合适的参比溶液。试剂空白（不加标准溶液，用同样的方法显色）是常用的一种参比溶液，其具体选择方法见分析化学教材。

二、分光光度计的使用方法

分光光度计的类型有多种，这里以722型光栅分光光度计为例介绍其使用方法。

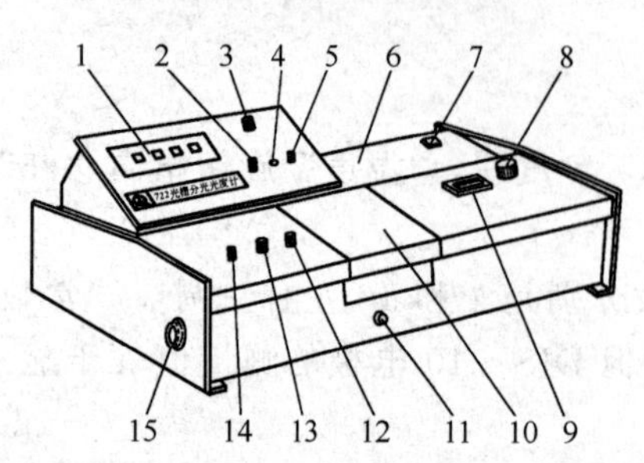

图2-4　722型光栅分光光度计仪器外形图

1—数字显示器；2—吸光度调零旋钮；3—选择开关；4—吸光度调斜率电位器；5—浓度旋钮；6—光源室；7—电源开关；8—波长手轮；9—波长刻度窗；10—比色皿箱盖；11—试样架拉手；12—100% T旋钮；13—0% T旋钮；14—灵敏度调节旋钮；15—干燥剂存放处

722型光栅分光光度计（如图2-4所示）采用数字显示器直接显示测定数据，波长范围为330～800nm，灵敏度高，使用方便。

① 接通电源　接通电源前应首先了解仪器的结构和工作原理。对照仪器或仪器外形图（图2-4），熟悉各个操作旋钮的功能。将灵敏度调节旋钮14调置“1”挡后，开启电源开关7。

② 预热　选择开关3置于“T”，用波长手轮将波长调至测试用波长。仪器预热20min。

③ 调透光率　打开比色皿箱盖，调节“0% T旋钮”13，使数字显示“00.0”。盖上比色皿箱盖。将比色皿架处于蒸馏水校正位置，使光电管受光，调节透过率“100% T旋钮”12，使数字显示为“100.0”。连续几次调整“0”和“100%”直至稳定，仪器即可进行测定工作。

如果显示不到“100.0”，则可适当增加灵敏度调节旋钮14，但不可调节过高，否则仪器的稳定性较差。灵敏度改变后必须按③重新校正“0”和“100%”。

④ 吸光度A的测量　将选择开关3置于“A”，调节吸光度调零旋钮2，使得数字显示为“00.0”，然后将被测试样移入光路，显示值即为被测试样的吸光度值。

⑤ 浓度c的测量　选择开关由“A”旋置“c”，将已标定浓度的试样放入光路，调节浓度旋钮，使得数字显示值为标定值，将被测试样放入光路，即可读出被测样品的浓度值。

如果大幅度改变测试波长时，在调整“0”和“100%”后稍等片刻，当仪器稳定后，重新调整“0”和“100%”即可工作。

注意，每台仪器所配套的比色皿，不能与其他仪器上的比色皿单个调换。

实验阅读

标准系列的配制方法

按与试样测定相同的实验方法配制的一系列浓度由低到高的标准溶液称为标准系列。标准系列常在编有号码的比色管或容量瓶中配制。如果用比色管，一般6个为一组。标准系列的配制是工作曲线线性好坏的关键步骤。配制标准系列时，一般用吸量管加试剂，因此正确使用吸量管至关重要。吸量管是移液管的一种，其使用方法与移液管的使用方法基本相同(见第一章第五节)，不同的是移取溶液时应尽量使用吸量管的上部，而不使用下端的尖嘴部分。加试剂时吸量管应专用，避免相互影响。试剂的加入顺序一般应按实验要求加入，不能颠倒顺序，因为试剂的加入顺序往往影响显色反应进行的程度和显色配合物的稳定性。定容后应先摇匀，再测定显色体系的吸光度。

第三章　实验数据的记录、处理及结果评价

第一节　有效数字及实验数据的记录

1. 有效数字

有效数字是能够测量到的数字，代表着一定的物理意义。有效数字不仅表示数值的大小，而且反映了测量仪器的精密程度及数据的可靠程度。

2. 有效数字的位数

确定有效数字位数的规则如下。

① 非零数字都是有效数字。

② “0”既可是有效数字，也可不是有效数字。在其他数字之间或之后的“0”为有效数字；在第一个非零数字之前起定位作用的“0”不是有效数字。

1.0008	4.3181	5位
0.1000	10.51％	4位
0.0382	1.96×10^{-10}	3位
54	0.0040	2位
0.05	2×10^{5}	1位

3. 有效数字的运算规则

① 计算中应先修约后计算。

② 加减运算　几个有效数字相加或相减时，和或差的有效数字位数应以各数中小数点后位数最少（绝对误差最大）的为准。如

$$
\begin{aligned}
&0.1235+15.34+2.455+11.37589\\
=&0.12+15.34+2.46+11.38\\
=&29.30
\end{aligned}
$$

③ 乘除运算　几个有效数字相乘除时，积或商的有效数字位数应以各数中有效数字位数最少（相对误差最大）的为准。如

$$\frac{0.0325\times5.103\times60.06}{139.8}=\frac{0.0325\times5.10\times60.1}{140}=0.0712$$

4. 实验数据的记录

记录实验数据时，应根据使用仪器的精度（见表3-1），只保留一位不准确数字。如用万分之一的分析天平称量时，以g为单位，小数点后应保留4位数字。用酸碱滴定管测量溶液的体积时，以mL为单位时，小数点后应保留2位。

实验记录是评价学生实验操作的依据，不能随意涂改，若确实有误时，必须报告教师并经教师批准后方可改动实验记录。修改实验记录时，不能在原来的记录上修改，而应该重新书写（在原记录上画一横线以示作废）。

表 3-1 常用仪器的精度及记录要求

仪器名称	仪器精度	记录示例	有效数字
台秤	0.1g	11.3g	3 位
电光天平	0.0001g	1.2367g	5 位
10mL 量筒	0.1mL	7.6mL	2 位
100mL 量筒	1mL	45mL	2 位
移液管	0.01mL	25.00mL	4 位
滴定管	0.01mL	24.57mL	4 位
容量瓶	0.01mL	100.0mL	4 位

记录实验数据时不仅要求字体工整，而且内容应简单明了，便于教师检查实验数据的好坏。如差减法称量某样品的质量时，可按下列形式记录。

称量瓶重	样品重
$m_1=30g+240mg+3.5mg=30.2435g$	
$m_2=29g+700mg+2.4mg=29.7024g$	$m_1-m_2=0.5411g$
$m_3=29g+200mg+5.0mg=29.2050g$	$m_2-m_3=0.4974g$
$m_4=28g+680mg+8.9mg=28.6889g$	$m_3-m_4=0.5161g$

滴定分析时，消耗标准溶液的体积可按下列形式记录。

测定次数	1	2	3	4
初读数/mL	0.02	0.12	0.15	0.05
终读数/mL	25.45	25.56	25.58	25.45
消耗体积/mL	25.43	25.44	25.43	25.40

第二节　数据处理的方法

在化学实验中，尤其是测定实验，经常需要对大量实验数据进行处理和计算，为了明确、直观地表达这些数据的内在关系，常将实验数据用列表法、作图法及代数法来表示。

1. 列表法

用列表法处理实验数据时，应注意以下几点。

① 表格名称。每一表格均应用简练的文字给予适当的名称。

② 行名与量纲。在对应数据的行或列上写出变量的名称与量纲。

③ 各列数据的小数点应对齐。

表格法的优点是简单，但不能表示出数据间连续变化的规律和实验数值范围内任意自变量与因变量的对应关系，故列表法常用于组织数据，并与作图法及代数法混合应用。

2. 作图法

将实验数据用几何图形表示出来的方法称为作图法。作图法能简明地揭示各变量之间的关系，例如数据中的极大值、极小值、转折点、周期性等都很容易从图像上找出来。有时进一步分析图像还能得到变量间的函数关系。用作图法处理数据时，应注意以下要点。

① 坐标的选择　习惯上以横坐标表示自变量，纵坐标表示因变量。坐标标度选定后，在纵、横坐标轴旁应注明轴变量的名称及单位，并在纵轴左面和横轴下面对应刻度线上标注

该变量对应的值，以便读数。

② 点和线的描绘 代表某一读数的点可用○、●、△、▲、▽、▼、◇、◆、□、■等不同的符号表示，符号的重心对应着该数据的纵、横坐标，整个符号的大小应与图的大小相适应。在曲线的极大、极小或转折处应多取一些点，以保证曲线所表示规律的可靠性；在定量分析中，自变量和因变量有确定的线性关系，将各点连接起来时，连接线要尽量平滑，不一定必须通过每一个点，但要照顾到各点。在一般的性质测定时，连接线一般要尽量通过每一个点。

如果发现个别点远离曲线，又不能判断被测物理量在此区域会发生什么突变，就要充分分析一下是否有过失误差存在，如果确属这一情况，描线时可不考虑此点。但是，如果重复实验仍有同样情况，就应在这一区间重复进行仔细的测量，搞清在此区域内是否存在某些必然的规律，并严格按照上述原则描线。总之，切不可毫无理由地舍弃远离曲线的点。

若在同一图上绘制多条曲线时，每条曲线的代表点和对应曲线要用不同的符号来表示，并在图上说明。

③ 图名和说明 曲线作好后应在图上注图名，标注主要测量条件（温度、压力、浓度、时间等）。

3. 代数法

代数法是用化学计量学方法找到自变量与因变量之间的关系，并用方程式表示其内在关系的一种方式。化学计量学方法有多种，其中主成分回归、偏最小二乘、支持向量回归和神经网络等方法在回归分件中得到了较为广泛的应用。

在仪器分析中，自变量和因变量的关系已确定，可以用线性回归法确定自变量和因变量之间的函数关系。

以光度分析为例，由吸收定律可知，吸光度与浓度之间满足线性方程。

$$y_i = bx_i + a \quad (i=1,2,3,\cdots,n)$$

y_i 为在任意给定浓度 x_i 下吸光度的测定值，根据最小二乘法可求出 a 和 b 的最佳值和相关系数 r。

$$b=\frac{L_{xy}}{L_{xx}}, a=\frac{1}{n}\left(\sum_{i=1}^{n} y_i - b\sum_{i=1}^{n} x_i\right), r=\frac{L_{xy}}{\sqrt{L_{xx}L_{yy}}}$$

其中

$$L_{xy}=\sum_{i=1}^{n}(x_i-\bar{x})(y_i-\bar{y})=\sum_{i=1}^{n}x_iy_i-\frac{1}{n}\sum_{i=1}^{n}x_i\sum_{i=1}^{n}y_i$$

$$L_{xx}=\sum_{i=1}^{n}(x_i-\bar{x})^2=\sum_{i=1}^{n}x_i^2-\frac{1}{n}\left(\sum_{i=1}^{n}x_i\right)^2$$

$$L_{xy}=\sum_{i=1}^{n}(y_i-\bar{y})^2=\sum_{i=1}^{n}y_i^2-\frac{1}{n}\left(\sum_{i=1}^{n}y_i\right)^2$$

按上述公式计算 b 和 a，即可得到回归方程。将被测组分的吸光度代入方程，则可算出被测组分的含量。

相关系数愈大，方程的线性愈好。一般要求相关系数在 0.9 以上。

代数法的实现可通过 Excel 软件或 Origin 软件来完成。以分光光度法测定铁含量的数据为例，测定数据见表 3-2，吸光度与浓度的关系符合朗伯-比耳定律。

以 Office 2003 为例，Excel 绘制工作曲线方法步骤如下。

① 打开 Excel 主程序，在表格中输入表 3-2 数据，第 1 列（或行）输入铁的浓度，第 2

列（或行）输入对应吸光度值。

表 3-2　铁的浓度及对应吸光度

铁的浓度/μg·(50mL)$^{-1}$	20.0	40.0	60.0	80.0	100
吸光度（A）	0.074	0.156	0.226	0.303	0.373

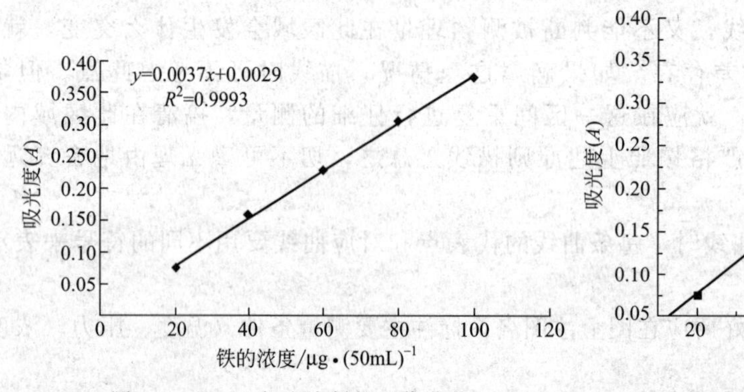

图 3-1　Excel 方法绘制的工作曲线

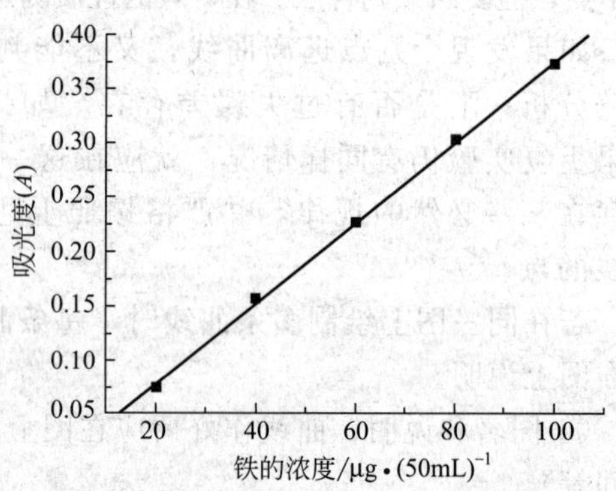

图 3-2　Origin 方法绘制的工作曲线

② 选中输入数据，依次点击"图表向导"、"XY 散点图"，在"子图表类型"中选择"散点图"（"子图表类型"中有 5 种选择，可根据需要选择数据点和平滑选项。如果仅表示数据之间的变化趋势，可选择除"散点图"以外的任一种形式；如果进行线性回归，则应选择"散点图"），然后点击"下一步"。

③ 在 X、Y 轴中分别输入铁的浓度和吸光度，点击"完成"。

④ 用鼠标点击数据点，并点击鼠标右键，选中"添加趋势线"，则出现一对话框。在对话框中选中线性，再点击"选项"，并选中显示公式和显示 R 平方值，点击确定，即可得工作曲线和线性方程。图表进一步处理，可得到 Excel 绘制的工作曲线和线性回归方程，见图 3-1。

图 3-1 中 y 为吸光度，x 为铁的浓度，R 为相关系数（Excel 中用 R 表示相关系数）。

Origin 处理数据方法。

以 Origin 7.5 为例，打开 Origin 主程序，将表 3-2 中数据输入对应的 X、Y 轴，选中数据，点击菜单栏中的工具（Tools）、选中线性拟合（Linear fit），出现一对话框，再点击 fit。选择中文输入法，将 X、Y 坐标表示出来，再进行适当处理，可得到图 3-2。

该工作曲线的回归方程可由 Origin 界面中读出。

$$A=0.00373c+0.0029,\quad r=0.9997$$

如果仅表示数据的变化趋势，如光吸收曲线（吸光度随波长变化数据），可点击数据下方的图标""，即得所需图形。将图拷贝到 Word 文档时，可将鼠标移到坐标轴外边，点鼠标右键，选中"copy page"，即将图形拷贝到"剪贴板"。复制到 Word 后，图形带有数据，可进行进一步编辑。

第三节　定量分析结果的表示方法

处理实验数据时，应以原始数据为依据，根据实验要求和有效数字的运算规则报出分析结果，并对分析结果进行精密度评价。评价精密度的好坏可用相对平均偏差、标准偏差或相对极差表示。

若对某一样品测定 n 次，其测定结果分别为 x_1、x_2、x_3、…、x_n，则其算术平均值为

$$\bar{x}=\frac{x_1+x_2+\cdots+x_n}{n}$$

绝对偏差为

$$d_1=x_1-\bar{x},\ d_2=x_2-\bar{x},\cdots,d_n=x_n-\bar{x}$$

平均偏差为

$$\bar{d}=\frac{|d_1|+|d_2|+\cdots+|d_n|}{n}$$

相对平均偏差为

$$R_{\bar{d}}=\frac{\bar{d}}{\bar{x}}$$

标准偏差为

$$s=\sqrt{\frac{d_1^2+d_2^2+\cdots+d_n^2}{n-1}}$$

相对标准偏差为

$$\mathrm{CV}=\frac{s}{\bar{x}}$$

极差是一组测定结果中最大值与最小值的差值。相对极差是极差占测定结果算术平均值的百分率。若只有两次测定结果，极差也称为相差。

在对某一试样进行分析后，不仅要报出分析结果，而且还要给出该分析结果的置信区间及可靠程度。在有限次的测定后，其分析结果可表示为

$$\mu=\bar{x}\pm\frac{ts}{\sqrt{n}}$$

式中，μ 为分析结果的真值；n 为测定次数；t 值可由置信度 P（测定值落在某一范围内的概率）和测定次数 n 在表 3-3 上查出；s 为一组测定结果的标准偏差。

表 3-3　t 值表

测定次数	置信度 P		
	90%	95%	99%
2	6.314	12.706	63.657
3	2.920	4.303	9.925
4	2.353	3.182	5.841
5	2.132	2.776	4.604
6	2.015	2.571	4.032
7	1.943	2.447	3.707
8	1.895	2.365	3.500
9	1.860	2.306	3.355
10	1.833	2.262	3.250
11	1.812	2.228	3.169
21	1.725	2.086	2.846
∞	1.645	1.960	2.576

置信区间的宽窄与置信度、测定值的精密度和测定次数有关，测定值精密度愈高（s 愈小），测定次数愈多，置信区间愈窄，即平均值愈接近真值，平均值愈可靠。

如某一样品的分析结果在置信度 95%时，$\mu=(28.34\pm0.07)\%$，则表示测定结果出现在这一范围的概率为 95%。

第四章　预备实验——基本操作与技能训练

实验一　常见仪器介绍及玻璃仪器的洗涤和干燥

一、实验目的

1. 认识无机及分析化学实验常用仪器的名称、规格与用途。

2. 学习并练习常用玻璃仪器的洗涤和干燥方法。

3. 掌握酒精灯的使用方法。

二、预习提示

1. 简述玻璃仪器的洗涤程序。

2. 在什么情况下需用铬酸洗液洗涤?

3. 实验用水与普通自来水有什么区别?

4. 使用酒精灯时应注意哪些问题?

5. 预习内容　实验室规则，安全知识，仪器的洗涤、干燥方式，实验用水的要求等。

三、实验原理与技能

1. 无机及分析化学实验常用仪器介绍（见表 1-1）

2. 化学实验用水的要求及制备（见第一章第三节实验室用水要求及玻璃仪器的洗涤和干燥）

3. 化学实验常用玻璃仪器的洗涤和干燥（见第一章第三节实验室用水要求及玻璃仪器的洗涤和干燥）

四、主要仪器及试剂

1. 仪器

电热恒温干燥箱、酒精灯、毛刷、气流烘干仪及常用玻璃容器。

2. 试剂

铬酸洗液、洗涤剂。

五、实验内容

1. 学习实验室规章制度及注意事项。

2. 认识常见仪器，了解其主要用途。

3. 烧杯、试管、锥形瓶、容量瓶等玻璃仪器的洗涤。

4. 烧杯、试管、锥形瓶、容量瓶等玻璃仪器的干燥。

实验二　纯水的制备及检验

一、实验目的

1. 熟习实验室用水的要求。

2. 了解纯水与自来水的区别。

3. 掌握溶液电导率的测定方法。

二、预习提示

1. 纯水与自来水有什么区别？

2. 纯水有哪些制备方法？

3. 如何检验纯水和自来水？

三、实验原理与技能

1. 蒸馏法（见第一章第三节实验室用水要求及玻璃仪器的洗涤和干燥）

2. 离子交换法（见第一章第三节实验室用水要求及玻璃仪器的洗涤和干燥）

四、主要仪器及试剂

1. 仪器

电导率仪、台秤、分析天平、容量瓶、移液管和量筒等。

2. 试剂

pH＝10.0 NH_3-NH_4Cl 缓冲溶液：称取 NH_4Cl 154g 加蒸馏水溶解，加浓氨水 380mL，再加蒸馏水稀至 1L。

指示剂铬黑 T、浓 HNO_3、0.1% $AgNO_3$ 溶液、0.1mol·L^{-1} $BaCl_2$ 溶液。

五、实验内容

1. 自来水与纯水的化学检验

① Ca^{2+}、Mg^{2+} 的检查。在 pH＝8～11 的溶液中，指示剂铬黑 T（本身显蓝色）能与 Ca^{2+}、Mg^{2+} 作用而显红色。取 2 支试管，分别加入 2mL 自来水及纯水，加几滴 $NH_3 \cdot H_2O$-NH_4Cl 缓冲溶液，加入 1 滴铬黑 T 指示剂，根据颜色判断自来水及纯水是否含有 Ca^{2+}、Mg^{2+}。

② Cl^- 的检查。取 2 支试管，分别加入 2mL 自来水及纯水，滴加 2 滴浓 HNO_3 酸化后，滴入 0.1% $AgNO_3$ 溶液 2 滴，观察是否有白色浑浊现象。

③ SO_4^{2-} 的检查。取 2 支试管，分别加入 2mL 自来水及纯水，滴入 0.1mol·L^{-1} $BaCl_2$ 溶液 2 滴，观察有无白色浑浊现象。

2. 自来水与纯水的电导率测定

分别取 50mL 自来水和纯水于 2 个 50mL 小烧杯中，用电导率仪分别测定其电导率。

实验三　玻璃管加工与洗瓶的装配方法

在进行化学实验时，常常需要把许多单个仪器（如烧瓶、洗气瓶等）用玻璃管和橡皮管连接成整套的装置，因此必须学会简单的玻璃管加工和塞子钻孔技术。

一、实验目的

1. 了解酒精喷灯的构造、原理，掌握正确的使用方法。

2. 学习玻璃管的截断、弯曲、拉制、熔烧等方法。

3. 学习塞子钻孔，玻璃管装配等方法。

4. 熟悉加热设备及使用方法。

二、预习提示

1. 使用酒精喷灯时要注意哪些问题？

2. 玻璃管加工中各操作的要领和注意事项如何？

3. 如何在橡皮塞和软木塞上钻孔和安装玻璃导管？

4. 预习内容　酒精喷灯，玻璃管的截断、熔光、弯曲、拉伸，塞子的钻孔等。

三、实验原理与技能

1. 玻璃管的加工技术

玻璃管的加工有截断、熔烧圆口、弯曲、抽拉与扩口等几种。

（1）玻璃管的截断与熔光

① 锉痕　将所要截断的玻璃管平放在桌面上，用三角锉刀的棱沿着拇指指甲在需截断处用力锉出一道凹痕。注意锉刀应向前方锉，而不能往复锉，以免锉刀磨损和锉痕不平整。锉出来的凹痕应与玻璃管垂直，以保证玻璃管截断后截面平整。如图4-1(a) 所示。

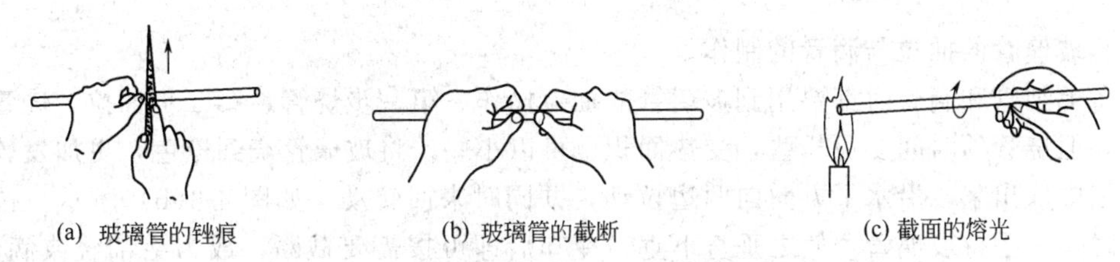

(a) 玻璃管的锉痕　　(b) 玻璃管的截断　　(c) 截面的熔光

图 4-1　玻璃管的锉痕、截断、熔光示意图

② 截断　双手持玻璃管锉痕两侧，拇指放在划痕的背后向前推压，同时食指向后拉，即可截断玻璃管。如图 4-1(b) 所示。

③ 熔光　玻璃管的断面很锋利，难以插入塞子的圆孔内，且容易把手割破，所以必须将断面在酒精灯的氧化焰焙烧光滑。操作方法是将截面斜插入氧化焰中，同时缓慢地转动玻璃管使管受热均匀，直到光滑为止。熔烧的时间不可过长，以免管口收缩。灼热的玻璃管应放在石棉网上冷却，不要放在桌面上，以免烧焦桌面，也不要用手去摸，以免烫伤。如图 4-1(c) 所示。

（2）玻璃管的弯曲

① 烧管　先将玻璃管在小火上来回并旋转预热，见图 4-2(a)。然后用双手托持玻璃管，把要弯曲的地方斜插入氧化焰中，以增大玻璃管的受热面积，同时缓慢地转动玻璃管，使之受热均匀。注意两手用力均匀，转速一致，以免玻璃管在火焰中扭曲。加热到玻璃管发黄变软即可弯管。

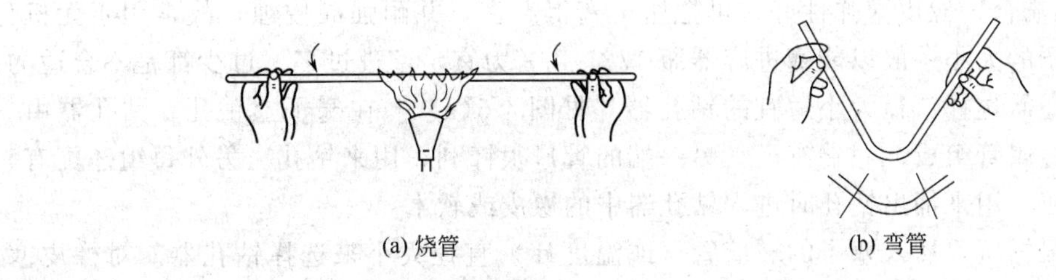

(a) 烧管　　(b) 弯管

图 4-2　玻璃管的弯曲

② 弯管　自火焰中取出玻璃管后，稍等一两秒钟，使各部分温度均匀，然后用“V”字形手法将它准确地弯成所需的角度。弯管的手法是两手在上边，玻璃管的弯曲部分在两手中间的正下方。弯好后，待其冷却变硬后才可放手，放在石棉网上继续冷却。120℃以上的角度可一次性弯成。较小的锐角可分几次弯，先弯成一个较大的角度，然后在第一次受热部位的偏左、偏右处进行再次加热和弯曲，如图 4-2(b) 中的左右两侧直线处，直到弯成所需的角度为止。

合格的弯管必须弯角里外均匀平滑，角度准确，整个玻璃管处在同一个平面上，如图4-3(a) 所示。

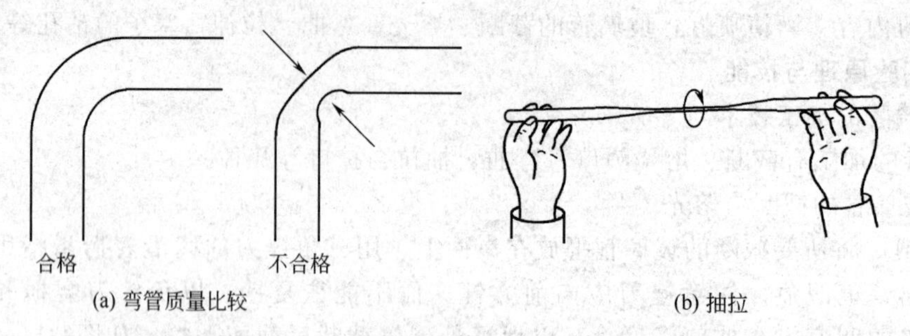

图 4-3　弯管质量的比较及抽拉示意图

(3) 玻璃管的抽拉与滴管的制作

制备毛细管和滴管时都要用到玻璃管的抽拉操作。第一步烧管，第二步抽拉。烧管的方法同上，但烧管的时间要更长些，受热面积也可以小些。将玻璃管烧到橙色，更加发软时才可从火焰中取出来，沿水平方向向两边拉动，并同时来回转动，如图 4-3(b) 所示。拉到所需细度时，一手持玻璃管，使之垂直下垂，冷却后即可按需要截断，成为毛细管或滴管料。合格的毛细管应粗细均匀一致，见图 4-4。

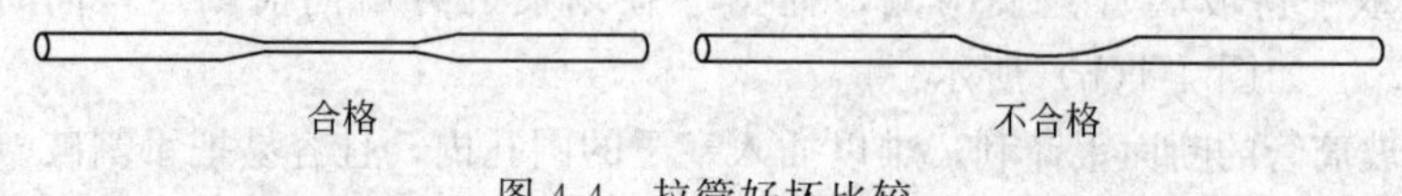

图 4-4　拉管好坏比较

截断的拉管，细端在喷灯焰中熔光即成滴管的尖嘴。粗端管口放入灯焰烧至红热后，用金属锉刀柄斜放在管内迅速而均匀地旋转，即得扩口，然后在石棉网上稍压一下，使管口外卷，冷却后套上橡胶帽便成为一支滴管。

2. 塞子的选择、钻孔及其与玻璃导管的连接方法

实验室所用的塞子有软木塞、橡皮塞及玻璃磨口塞。前两者常需要钻孔，以插配温度计和玻璃导管等。选用塞子时，除了要选择材质外，还要根据容器口径大小选择大小合适的塞子。软木塞质地松软，严密性较差，易被酸碱损坏，但与有机物作用小，故常用于有机物(溶剂) 接触的场合。橡皮塞弹性好，可把瓶子塞得严密，并耐强碱侵蚀，故常用于无机化学实验中。塞子的大小一般以能塞进容器瓶 1/2～2/3 为宜，塞进过多、过少都是不合适的。塞子选好后，还需选择口径大小适宜的钻孔器［见图 4-5(a)］在塞子上钻孔。钻孔器由一组直径不同的金属管组成，一端有柄，另一端的管口很锋利，用来钻孔。另外每组还配有一个带柄的细铁棒，用来捅出钻孔时进入钻孔器中的橡皮或软木。

钻孔前，根据所要插入塞子的玻璃管（或温度计）直径大小来选择钻孔器。对橡皮塞，因其有弹性，应选比欲插管子外径稍大的钻孔器，而对软木塞则应选比欲插管子外径稍小的钻孔器，这样便可保证导管插入塞子后严密无缝。

钻孔时，将塞子小的一端朝上，平放在桌面上的一块木板上（避免钻坏桌面），左手持塞，右手握住钻孔器的柄，并在钻孔器前端涂点甘油或水，将钻孔器按在选定的位置上，以顺时针方向，一面旋转钻孔器，一面用力向下压，如图 4-5(b) 所示。钻孔器要垂直于塞子的面上，不能左右摆动，更不能倾斜，以免把孔钻斜。钻至约达塞子高度一半时，以反时针方向一面旋转，一面向上拉，拔出钻孔器。按同法从塞子大的一端钻孔。

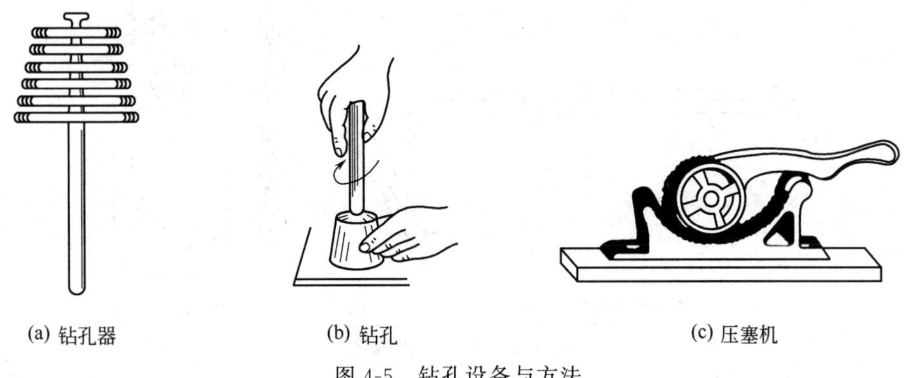

(a) 钻孔器　　(b) 钻孔　　(c) 压塞机

图 4-5　钻孔设备与方法

注意对准另一端的孔位。直到两端的圆孔贯穿为止。拔出钻孔器，捅出钻孔器内的橡皮。

钻孔后，如果玻璃管可以毫不费力地插入塞孔，说明塞孔太大，塞孔和玻璃管之间不够严密，塞子不能使用；若塞孔稍小或不光滑时，可用圆铁修整。

软木塞钻孔的方法与橡皮塞相同。但钻孔前，要先用压塞机［见图 4-5(c)］把软木塞压紧实一些，以免钻孔时钻裂。

将玻璃导管插入钻好孔的塞子的操作可分解为润湿管口、插入塞孔、旋入塞孔三个步骤。用甘油或水把玻璃管的前端润湿后，先用布包住玻璃管，然后手握玻璃管的前半部，对准塞子的孔径，边插入边旋转玻璃管至塞孔内合适的位置。如果用力过猛或者手离橡皮塞太远，都可能把玻璃管折断，刺伤手掌，务必注意。

四、主要仪器和试剂

酒精喷灯、钢锉、玻璃管及塑料瓶等。

五、实验内容

1. 酒精喷灯的使用

结合图 1-4 认识酒精喷灯的构造，了解其工作原理，并练习点燃、火焰调整与熄灭等基本操作。

2. 玻璃管的截断、熔光、弯曲、拉伸练习

取一段玻璃管，练习其截断、熔光、弯曲、拉伸。反复练习，认真体会要领。

3. 洗瓶的装配

① 选取与 500mL 聚氯乙烯塑料瓶口直径大小相适合的橡皮塞。

② 根据玻璃管的直径选用一个钻孔器，在所选的橡皮塞中间钻出一孔。

③ 截取一根长 30cm（内径为 7～8mm）的玻璃管，按图 4-6(a) 制作弯管。制作时，先在玻璃管一端约 6cm 处拉成细管（直径为 1mm）。冷却后，截断细管，焙烧管的粗口端截面。按前述方法，在离尖嘴口 6cm 处弯曲成 60°的弯管。冷却后，从弯管粗口一端旋转插入橡皮塞孔（玻璃管在插入塞孔前要用水润湿管外壁），并使塞子靠近玻璃管弯曲地方后，再把玻璃管粗口端的管外壁用布擦干。并将它放在火焰上烘干管内外壁上的水分，冷却后，按要求在粗口端弯成 135°角（弯管上两个弯要向同侧，并处于同一平面上），再冷却至室温。如图 4-6(b) 所示。

④ 将已插入橡皮塞的玻璃弯管、橡皮塞和塑料瓶都洗干净，然后按图 4-6(b) 装配成塑料洗瓶。

制作弯管时，规格应随所选用塑料瓶的大小而作适当的改变，但弯管上的角度一般

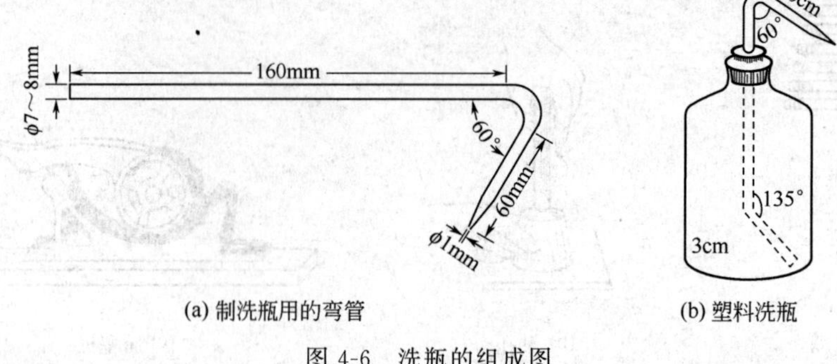

(a) 制洗瓶用的弯管　　　　(b) 塑料洗瓶

图 4-6　洗瓶的组成图

不变。

4. 洗瓶的使用

使用洗瓶时，洗瓶的尖嘴不能伸入到其他容器内部，以防将洗瓶尖嘴污染。

实验四　称量方法及操作

一、实验目的

1. 掌握台秤的工作原理及使用方法。
2. 掌握分析天平的工作原理及使用方法。
3. 掌握直接称量法、固定质量称量法及差减称量法等基本操作。

二、预习提示

1. 加减砝码的原则是什么？加减砝码、圈码要注意哪些问题？
2. 使用电光天平称量时，如何判断天平两端的轻重？
3. 在什么情况下需使用差减称量法称量？
4. 为何称量器皿的外部也要保持洁净？
5. 电子天平的去皮键有何作用？

6. 预习内容　电光天平的主要部件，加减砝码的方法，称量方式，电子天平，减量法，增量法，数据记录要求，设计数据记录格式。

三、实验原理与技能（见第一章第四节）

1. 天平的称量原理。
2. 天平的类型。
3. 称量方法。

四、主要仪器及试剂

1. 仪器

台秤、电光天平、电子天平及 50mL 的小烧杯。

2. 试剂

细沙。

五、实验内容

1. 台秤称量练习

(1) 了解台秤的构造、性能和使用方法。

(2) 称量称量瓶及细砂的质量。

2. 电光天平称量练习

(1) 直接称量法

电光分析天平的认识及检查

① 根据本教材内容，对照电光分析天平实物，了解它的构造、性能和使用方法。

② 检查天平（检查什么?）。

③ 调节电光天平的零点（如何调?）。

④ 天平灵敏度的测定（如何测定?）。如发现测定后灵敏度不合格，应请老师指导。

⑤ 称量小烧杯的重量（准确至0.1mg），与老师核对，合格后再进行下面的练习。

⑥ 用牛角勺取一定质量（2g左右）的沙子于上述小烧杯中，在分析天平上称重，并计算加入沙子的质量。反复操作，至熟练掌握为止。

(2) 差减称量法

① 称量小烧杯的重量。

② 称量称量瓶和细沙的质量。

在洁净的称量瓶中加入小半瓶细沙，擦净称量瓶外表，在台秤上称量，然后称量其重量。

③ 按差减称量法倾倒质量在0.4～0.6g（准确至0.1mg）范围内的细沙于小烧杯中（先减去0.4g圈码，再倾倒细沙）。

④ 检验

称量小烧杯及细沙的质量，并计算两种方法所得细沙的质量。

注意：在实际的差减称量法中没有称量小烧杯的步骤。此处是为了检验称量过程中是否有错误。

3. 电子天平称量练习

(1) 增量法

① 对照电子天平实物，熟悉各功能键的作用。

② 检查电子天平（检查什么?）。

③ 将称量纸或小烧杯放入称量盘中央，稳定后按去皮键TAR。

④ 用牛角勺取一定质量（0.4～0.6g）的沙子于上述称量纸或小烧杯中，直至天平显示重量符合要求为止。

⑤ 记录数据。

(2) 减量法

① 检查电子天平。

② 将盛有细沙的称量瓶放入称量盘中央，稳定后按去皮键TAR。

③ 按要求倾倒质量0.4～0.6g（准确至0.1mg）的细沙于小烧杯中。

④ 记录数据。

实验五　缓冲溶液的配制及溶液pH值的测定

一、实验目的

1. 了解缓冲溶液的配制及缓冲溶液的性质。

2. 掌握溶液配制的基本方法。

3. 学习酸度计的使用方法。

二、预习提示

1. 缓冲溶液有哪些配制方法？其 pH 如何计算？

2. 量取溶液可用哪些仪器？量取溶液应注意哪些问题？

3. 测定溶液的 pH 有哪些方法？各方法都有什么特点？

4. 使用酸度计应注意哪些问题？

5. 预习内容　溶液配制方法，试剂的取用，pH 的测定方法，酸度计的使用等。

三、实验原理及技能

1. 实验原理

能够抵抗外加少量酸、碱或稀释，而保持溶液 pH 值基本不变的溶液称为缓冲溶液。一般是由共轭酸碱对组成的，例如弱酸和弱酸盐，或弱碱和弱碱盐。如果缓冲溶液由弱酸和弱酸盐（例如 HAc-NaAc）组成，则

$$c(H^+)=K_a^{\ominus}\cdot\frac{c_a}{c_b}\qquad pH=pK_a^{\ominus}+\lg\frac{c_b}{c_a}$$

缓冲容量是衡量缓冲溶液缓冲能力大小的尺度。缓冲容量的大小与缓冲组分的浓度和缓冲组分的比值有关。缓冲组分浓度越大，缓冲容量越大；缓冲组分比值为 1 时，缓冲容量最大。

缓冲溶液配制方法（见第一章第五节）　在一定量的弱酸（或弱碱）溶液中加入固体共轭碱（或酸）。

用相同浓度的弱酸（或弱碱）及其共轭碱（或酸）溶液，按适当体积混合。

$$pH=pK_a^{\ominus}+\lg\frac{c_b}{c_a}=pK_a^{\ominus}+\lg\frac{V_b}{V_a}$$

在一定量的弱酸（碱）中加入一定量的强碱（酸），通过酸碱反应生成的共轭碱（酸）与剩余的弱酸（碱）组成缓冲溶液。

2. 实验技能

（1）酸度计的使用方法（见第二章第一节酸度计介绍及使用方法）

（2）pH 试纸的使用（见第一章第八节性质实验基本技能）

（3）试剂配制的基本操作（见第一章第五节试剂的取用及溶液的配制）

四、实验仪器与试剂

1. 仪器

酸度计，试管，量筒（50mL，10mL），烧杯（100mL，50mL），吸量管（10mL）等。

2. 试剂

HAc（0.1mol·L^{-1}，1mol·L^{-1}），NaAc（0.1mol·L^{-1}，1mol·L^{-1}），NaH_2PO_4（0.1mol·L^{-1}），Na_2HPO_4（0.1mol·L^{-1}），$NH_3\cdot H_2O$（0.1mol·L^{-1}），NH_4Cl（0.1mol·L^{-1}），HCl（0.1mol·L^{-1}），NaOH（0.1mol·L^{-1}，1mol·L^{-1}），pH=4 的 HCl 溶液，pH=10 的 NaOH 溶液，甲基红溶液，广泛 pH 试纸，精密 pH 试纸，吸水纸等。

五、实验内容

1. 缓冲溶液的配制与 pH 值的测定

按照表中所给条件，计算配制三种不同 pH 缓冲溶液所需酸及共轭碱的体积，并填入表 4-1 中。用量筒量取所需溶液体积分别于 50mL 的干燥烧杯中，混合均匀后，用精密 pH 试

纸和酸度计分别测定它们的 pH 值。比较理论计算值与两种测定方法实验值是否相符（溶液留作后面实验用）。

表 4-1　缓冲溶液的配制与 pH 值的测定

序号	理论 pH 值	各组的体积 /mL(总体积 50mL)	溶液 pH 值（精密 pH 试纸测定）	溶液 pH 值（pH 酸度计测定）
1	4.0 $pK_a=4.75$	0.1mol·L^{-1} HAc(　　)mL		
		0.1mol·L^{-1} NaAc (　　)mL		
2	7.0 $pK_{a2}=7.21$	0.1mol·L^{-1} NaH_2PO_4(　　)mL		
		0.1mol·L^{-1} Na_2HPO_4(　　)mL		
3	10.0 $pK_b=4.75$	0.1mol·L^{-1} $NH_3·H_2O$(　　)mL		
		0.1mol·L^{-1} NH_4Cl(　　)mL		

2. 缓冲溶液的性质

（1）用量筒依次量取蒸馏水，pH＝4 的 HCl 溶液和 pH＝10 的 NaOH 溶液各 3mL 分别于 3 支试管中，用广泛 pH 试纸测其 pH 值，然后用胶头滴管向各试管中加入 5 滴 0.1mol·L^{-1} HCl，再测其 pH 值。用相同的方法，试验 5 滴 0.1mol·L^{-1} NaOH 对上述三种溶液 pH 值的影响。将结果记录在表 4-2 中。

表 4-2　蒸馏水、盐酸和氢氧化钠溶液抗酸、抗碱能力测试

试管编号	溶液类别	pH 值	加 5 滴 HCl 后 pH 值	加 5 滴 NaOH 后 pH 值	加 10mL 水后的 pH 值
1	蒸馏水				
2	pH＝4 的 HCl 溶液				
3	pH＝10 的 NaOH 溶液				

（2）用量筒依次量取自己配制的 pH＝4.0、pH＝7.0、pH＝10.0 的缓冲溶液各 3mL 分别于 3 支试管中。然后向各试管中分别加入 5 滴 0.1mol·L^{-1} HCl，用精密 pH 试纸测其 pH 值。用相同的方法，试验 5 滴 0.1mol·L^{-1} NaOH 对上述三种缓冲溶液 pH 值的影响。将结果记录在表 4-3 中。

表 4-3　pH＝4、7、10 等缓冲溶液的抗酸、抗碱能力测试

试管编号	溶液类别	pH 值	加 5 滴 HCl 后 pH 值	加 5 滴 NaOH 后 pH 值	加 10mL 水后的 pH 值
1	pH＝4 的缓冲溶液				
2	pH＝7 的缓冲溶液				
3	pH＝10 的缓冲溶液				

（3）用量筒依次量取 pH＝4.0 的缓冲溶液，pH＝4 的 HCl 溶液，pH＝10 的缓冲溶液，

pH＝10 的 NaOH 溶液各 1mL 分别于 4 支试管中，用精密 pH 试纸测定各试管中溶液的 pH 值。然后向各试管中加入 10mL 蒸馏水，混匀后再用精密 pH 试纸测其 pH 值，实验结果记录于表 4-4。

表 4-4　酸、碱及缓冲溶液的抗稀释能力测试

试管编号	溶液类别	pH 值	加 10mL 水后的 pH 值
1	pH＝4 的 HCl 溶液		
2	pH＝10 的 NaOH 溶液		
3	pH＝4 的缓冲溶液		
4	pH＝10 的缓冲溶液		

3. 缓冲溶液的缓冲容量

(1) 缓冲容量与缓冲组分浓度的关系　用量筒分别量取 $0.10mol \cdot L^{-1}$ HAc 和 $0.10mol \cdot L^{-1}$ NaAc 各 3.0mL 于一试管中，再分别量取 $1.0mol \cdot L^{-1}$ HAc 和 $1.0mol \cdot L^{-1}$ NaAc 各 3.0mL 于另一试管中，混匀后用精密 pH 试纸测定两试管内溶液的 pH 值（是否相同?）。

在两试管中分别滴入 2 滴甲基红指示剂，然后在两试管中分别逐滴加入 $1mol \cdot L^{-1}$ NaOH 溶液（每加入 1 滴 NaOH 溶液均需摇匀），直至溶液的颜色变成黄色。记录实验现象和各试管所滴入 NaOH 的滴数，说明哪一试管中缓冲溶液的缓冲容量大。

(2) 缓冲容量与缓冲组分比值的关系　用吸量管分别量取 NaH_2PO_4 和 Na_2HPO_4 各 10.00mL 于 50mL 烧杯中，再用吸量管量取 2.0mL $0.1mol \cdot L^{-1}$ NaH_2PO_4 和 18.0mL $0.1mol \cdot L^{-1}$ Na_2HPO_4 于另一 50mL 小烧杯中，用玻璃棒混匀后，用精密 pH 试纸分别测量两小烧杯中溶液的 pH 值。然后在两个小烧杯中各加入 1.8mL $0.1mol \cdot L^{-1}$ NaOH，混匀后再用精密 pH 试纸分别测量两烧杯中溶液的 pH 值。说明哪种缓冲溶液的缓冲容量大。

实验六　性质实验基本技能训练

一、实验目的

1. 掌握性质实验的基本操作。
2. 掌握观察、记录性质实验现象的基本方法。

二、预习提示

1. 如果沉淀不能很快沉降到容器底部，应如何处理？
2. 当溶液和沉淀都有颜色时，如何观察沉淀的颜色？
3. 当化学反应有气体生成时，应从哪些方面考虑观察气体所具有的性质？
4. 记录实验现象时，应记录哪些方面的内容？

5. 用胶头滴管取用试剂时，应注意哪些问题？

6. 预习内容 试剂的取用，试纸的使用，离心分离，实验现象的观察内容，颜色互补原理。

三、实验原理与技能

1. 实验原理（略）

2. 实验技能（见第一章第八节性质实验基本技能）

（1）性质实验基本操作。

（2）试纸的种类和使用方法。

（3）实验现象的观察。

四、主要仪器和试剂

1. 仪器

离心机、酒精灯、启普发生器。

2. 试剂

NH_4NO_3、NaOH、乙醇、无水乙醇、无水 $CuSO_4$、无水 $CoCl_2$、CCl_4、I_2、NaCl、$NaNO_3$、NaAc、$Na_2S_2O_3$、5mol·L^{-1} HCl 溶液、二氧化锰、浓硫酸、锌粒、浓 HNO_3、2mol·L^{-1} HNO_3 溶液、铜片、0.1mol·L^{-1} KI 溶液、1%硝酸银溶液、0.1mol·L^{-1} Na_2S 溶液、0.1mol·L^{-1} K_2CrO_4 溶液、0.1mol·L^{-1} $Pb(NO_3)_2$ 溶液、0.1mol·L^{-1}的 $BaCl_2$ 溶液、饱和 $(NH_4)_2C_2O_4$ 溶液、6mol·L^{-1} HCl 溶液、1mol·L^{-1} Na_2S 溶液、饱和 Na_2SO_4 溶液、0.1mol·L^{-1} $FeCl_3$ 溶液、0.1mol·L^{-1} $KMnO_4$ 溶液、3mol·L^{-1} H_2SO_4 溶液、3% H_2O_2 溶液、0.05mol·L^{-1} $CuSO_4$ 溶液、0.05mol·L^{-1} EDTA 溶液、Cu-PAN 溶液、pH 试纸、淀粉-碘化钾试纸。

五、实验内容

1. 溶液的性质

溶质的溶解过程会伴随着一些物理化学变化，如热效应、体积效应和颜色效应等。溶质的溶解度与溶剂的种类及温度有关。一般来讲，溶液都可形成亚稳态的过饱和溶液，它可由高温下不含有固相的饱和溶液小心冷却得到，但加入晶体或用玻璃棒搅拌摩擦器壁都可以破坏这种过饱和状态。

① 溶解过程中的热效应 在两支试管中，各加入 2mL 蒸馏水，再分别加入 0.5g NH_4NO_3 与 0.5g NaOH，振荡试管使其溶解。用手触摸试管底部，有何感觉？

② 溶解过程中的体积效应 在 10mL 量筒中加入 4.0mL 蒸馏水，然后用吸量管吸取 4.0mL 乙醇，小心沿量筒壁注入水中，记下体积读数，用玻璃棒搅匀（取出玻璃棒时应将玻璃棒在量筒内壁靠停半分钟，使沾在玻璃棒上的液体流下，以免影响液体体积），并用手触摸量筒外壁有无热量产生？待冷却后观察体积有何变化？

③ 溶解过程中的颜色效应 在两支干燥的试管中分别加入少量无水 $CuSO_4$ 和无水 $CoCl_2$。观察它们的颜色后再滴加 1～2mL 蒸馏水使其溶解，观察溶液的颜色。

④ 溶解度与溶剂的关系 在三支试管中分别加入 2mL 蒸馏水、2mL 无水乙醇、2mL CCl_4。然后各加入少量 I_2，振荡试管，观察 I_2 的溶解情况和溶液颜色。

⑤ 溶解度与温度的关系 在两支试管中各加入 5mL 蒸馏水，再分别加入 5g NaCl 和 5g

$NaNO_3$，振荡试管，观察溶解情况。加热至沸，观察固体能否全溶？将管中溶液各倾入另一试管中，冷至室温，观察有无晶体析出？数量如何？

⑥ 过饱和溶液的制备和破坏　往盛有 2.5mL 和 1mL 蒸馏水的两支试管中分别加入 5g NaAc 和 3g $Na_2S_2O_3$，加热使其全溶。静置冷却至室温，观察有无晶体析出？然后用玻璃棒摩擦试管内壁，观察有何现象？

2. 气体生成的反应现象

① 在试管中加入 $5mol \cdot L^{-1}$ HCl 溶液，再加入数粒锌粒，立即塞上带玻璃导管的塞子，并让氢气在一个干燥的烧杯中燃烧，观察实验现象。

② 往盛有少量氯化钠和二氧化锰固体的试管中加入 1mL 浓硫酸，稍稍加热，并把湿润的淀粉碘化钾试纸放在试管口部，观察实验现象。

③ 用启普发生器制备二氧化碳气体，并实验其溶于水后的酸碱性。

④ 往盛有少量氯化钠固体的试管中加入 1mL 浓硫酸，并用玻璃棒蘸一些浓氨水移近试管口部，观察实验现象。将湿润的 pH 试纸放在试管口部，观察实验现象。

⑤ 取两支试管，各加入一粒锌粒，分别加入 3mL 浓 HNO_3 和 3mL $2mol \cdot L^{-1}$ HNO_3，观察实验现象并如实记录。

⑥ 往一支盛有 3mL 浓 H_2SO_4 的试管中加入 1 片擦去表面氧化膜的铜片，稍加热，并在试管口用润湿的 pH 试纸检验生成的气体。

3. 沉淀生成

① 在两支盛有 2mL $0.1mol \cdot L^{-1}$碘化钾溶液的试管中分别加入 1 滴 1%硝酸银溶液、10 滴 1%硝酸银溶液，观察实验现象并说明它们不同的原因。

② 在试管中滴入 2 滴 $0.1mol \cdot L^{-1}$ Na_2S 溶液和 8 滴 $0.1mol \cdot L^{-1}$ K_2CrO_4 溶液，加水 2mL，然后逐滴滴入 3 滴 $0.1mol \cdot L^{-1}$ $Pb(NO_3)_2$ 溶液。观察现象后，离心分离沉淀，继续向清液中滴加 $Pb(NO_3)_2$ 溶液，观察现象。离心分离沉淀后，观察现象。

③ 取一支试管加入 5 滴 $0.1mol \cdot L^{-1}$ $BaCl_2$ 溶液，加 3 滴饱和 $(NH_4)_2C_2O_4$ 溶液，离心分离，弃去溶液，在沉淀物上滴加 $6mol \cdot L^{-1}$ HCl 溶液，观察现象。

④ 在离心试管中滴入 5 滴 $0.1mol \cdot L^{-1}$ $Pb(NO_3)_2$ 溶液，再滴入 3 滴 $1mol \cdot L^{-1}$ NaCl 溶液，振荡离心试管，沉淀完全后离心分离。用少量（约 0.5mL）蒸馏水洗涤沉淀一次，然后在 $PbCl_2$ 沉淀上滴加 3 滴 $0.1mol \cdot L^{-1}$ KI 溶液，观察实验现象。按上述操作于生成的 PbI_2 沉淀上滴加 5 滴 $1mol \cdot L^{-1}$ Na_2S 溶液，观察实验现象；再于生成的 PbS 沉淀上滴加 5 滴饱和 Na_2SO_4 溶液，观察实验现象。

⑤ 取 2 支试管分别加入 10 滴 $0.1mol \cdot L^{-1}$ Na_2S 溶液和 10 滴 $0.1mol \cdot L^{-1}$ K_2CrO_4 溶液，然后边振荡边滴加 5 滴 $AgNO_3$ 溶液，观察实验现象，离心分离后，再观察实验现象。

4. 溶液颜色

① 取 3～4 滴 $0.1mol \cdot L^{-1}$ $FeCl_3$ 溶液于试管中，逐滴加入 $0.1mol \cdot L^{-1}$ KI 溶液，观察实验现象。

② 在另一支试管中加入 $0.1mol \cdot L^{-1}$ $KMnO_4$ 溶液 5 滴、$3mol \cdot L^{-1}$ H_2SO_4 溶液 5 滴，然后加 3% H_2O_2 溶液 10 滴，观察实验现象。

③ 在试管中加入 5 滴 0.1mol·L^{-1} $FeCl_3$ 溶液，滴加适量 0.1mol·L^{-1} KI 溶液，再加入 10 滴 CCl_4，振荡试管并观察实验现象。

④ 取 2mL 0.05mol·L^{-1} $CuSO_4$，滴加 2mL 0.05mol·L^{-1} EDTA 溶液，观察溶液颜色变化。向溶液中滴加 Cu-PAN 溶液，观察溶液颜色变化。

实验七　粗食盐的提纯

一、实验目的

1. 掌握粗食盐提纯的基本原理及提纯过程。
2. 学习称量、过滤、蒸发及减压抽滤等基本操作。
3. 熟悉产品纯度的检验方法。

二、预习提示

1. 在除去 Ca^{2+}、Mg^{2+} 和 SO_4^{2-} 时，为什么要先加 $BaCl_2$ 溶液，然后再加 Na_2CO_3 溶液？

2. 溶液浓缩时为什么不能蒸干？

3. 预习内容　粗食盐中杂质的成分，沉淀完全的检查方法，过滤、蒸发浓缩、台秤的使用、试纸的使用、加热等操作。

三、实验原理与技能

1. 实验原理

粗食盐中通常含有不溶性杂质（如泥沙等）和可溶性杂质（主要是 Ca^{2+}、Mg^{2+}、K^+ 和 SO_4^{2-}）。不溶性杂质可以通过溶解、过滤的方法除去。可溶性杂质可选择适当的化学试剂使它们分别生成难溶化合物而被除去。除去粗食盐中可溶性杂质的方法如下。

（1）在粗食盐溶液中加入稍微过量的 $BaCl_2$ 溶液，SO_4^{2-} 转化为 $BaSO_4$ 沉淀，过滤可除去 SO_4^{2-}。

$$SO_4^{2-} + Ba^{2+} = BaSO_4 \downarrow$$

（2）向除去 SO_4^{2-} 的滤液中加入 NaOH 和 Na_2CO_3，可将 Ca^{2+}、Mg^{2+} 和 Ba^{2+} 转化为 $Mg_2(OH)_2CO_3$、$CaCO_3$、$BaCO_3$ 沉淀，过滤除去。

$$2Mg^{2+} + 2OH^- + CO_3^{2-} = Mg_2(OH)_2CO_3 \downarrow$$

$$Ca^{2+} + CO_3^{2-} = CaCO_3 \downarrow$$

$$Ba^{2+} + CO_3^{2-} = BaCO_3 \downarrow$$

（3）用稀 HCl 溶液调节滤液 pH 至 2～3，可除去过量的 NaOH 和 Na_2CO_3。

$$OH^- + H^+ = H_2O$$

$$CO_3^{2-} + 2H^+ = CO_2 \uparrow + H_2O$$

粗食盐中 K^+ 和这些沉淀剂不起作用，仍留在溶液中。由于 KCl 在粗食盐中的含量较少，所以在结晶过程中留在母液中。

2. 实验技能

称量、溶解、沉淀的洗涤、蒸发及减压抽滤，台秤的使用，试纸的使用，产品纯度检验方法。

四、主要仪器和试剂

1. 仪器

蒸发皿、表面皿、烧杯（250mL，100mL）、量筒（100mL，10mL）、布氏漏斗、吸滤瓶、电炉。

2. 试剂

粗食盐、2.0mol·L^{-1} HCl 溶液、2.0mol·L^{-1} NaOH 溶液、6.0mol·L^{-1} HAc 溶液、1.0mol·L^{-1} Na_2CO_3 溶液、1.0mol·L^{-1} $BaCl_2$ 溶液、饱和 $(NH_4)_2C_2O_4$ 溶液、pH 试纸、镁试剂。

五、实验内容

1. 粗食盐的提纯

① 溶解粗食盐　用台秤称取 5.0g 粗食盐放入 100mL 烧杯中，加 25mL 蒸馏水，加热搅拌使大部分固体溶解，剩下少量不溶的泥沙等杂质。

② 除去 SO_4^{2-} 及不溶性杂质　在加热的条件下，边搅拌边滴加 1mL 1.0mol·L^{-1} $BaCl_2$ 溶液，继续加热使 $BaSO_4$ 沉淀完全。2～4min 后停止加热（如果溶液蒸发较快，应补加水至原体积，为什么?）。待沉淀沉降后，在上层清液滴加 $BaCl_2$，以检验 SO_4^{2-} 是否沉淀完全，如有白色沉淀生成，则需在热溶液中再补加适量的 $BaCl_2$ 直至 SO_4^{2-} 沉淀完全。如没有白色沉淀生成，则表明 SO_4^{2-} 沉淀完全，抽滤。用少量的蒸馏水洗涤沉淀 2～3 次，滤液转移到 150mL 烧杯中。

③ 除去 Ca^{2+}、Mg^{2+} 和 Ba^{2+}　在滤液中加入 10 滴 2.0mol·L^{-1} NaOH 溶液和 2.0mL 1.0mol·L^{-1}的 Na_2CO_3 溶液，加热至沸，静置片刻。以检验沉淀是否完全。沉淀完全后抽滤，滤液转移到 100mL 烧杯中。

④ 除去 OH^- 和 CO_3^{2-}　在滤液中逐滴加入 2.0mol·L^{-1} HCl 溶液，使 pH 约等于 3。

⑤ 蒸发结晶　将滤液放入蒸发皿中，小火加热，将溶液浓缩至糊状（勿蒸干!），停止加热。

⑥ 冷却过滤　冷却后减压抽滤，尽量将 NaCl 晶体抽干。将晶体转移至事先称好的表面皿中，放入烘箱内烘干（或者将晶体转移至事先称好的蒸发皿中，在石棉网上用小火蒸干）。

⑦ 称量　冷却后，称出表面皿（或蒸发皿）和晶体的总质量，计算产率。

$$产率=精盐质量(g)/5.0g\times100\%$$

2. 产品纯度的检验

取粗食盐和精盐各 0.5g 放入试管内，分别用 5mL 蒸馏水溶解，然后各分三等份，盛在六支试管中，分成三组，用对比法比较它们的纯度。

① SO_4^{2-} 的检验　在第一组试管中先加 1mL 2.0mol·L^{-1} HCl 酸化，然后各滴加 2 滴 1.0mol·L^{-1} $BaCl_2$ 溶液，观察现象。

② Ca^{2+}的检验　在第二组试管中先加 1mL 2.0mol·L^{-1} HAc，然后各滴加 2 滴饱和 $(NH_4)_2C_2O_4$ 溶液，观察现象。加 HAc 的目的是为了排除 Mg^{2+} 的干扰，因为 MgC_2O_4 溶于 HAc，而 CaC_2O_4 不溶于醋酸。

③ Mg^{2+}的检验　在第三组试管中各滴加 2 滴 2.0mol·L^{-1} NaOH，使溶液呈碱性，再各加 1 滴镁试剂，观察有无天蓝色沉淀生成。镁试剂是对硝基偶氮间苯二酚，它在酸性溶液中呈黄色，在碱性溶液中呈红色或紫色，当被 $Mg(OH)_2$ 吸附后则呈天蓝色。

保存合成样品，作为实验三十七分析试样使用。

实验八　滴定管、容量瓶和移液管的校正

一、实验目的

1. 掌握滴定管、容量瓶、移液管的校正方法。
2. 学习温度计的使用方法。

二、预习提示

1. 校正滴定管时，为什么锥形瓶和水的质量只准确到小数点后第三位？
2. 为什么滴定分析要用同一支滴定管或移液管？
3. 锥形瓶磨口部位是否可以沾到水？
4. 分段校准滴定管时，为什么每次都要从 0.00 开始？
5. 预习内容　水银（汞）的性质及温度计的使用，水的密度，称量方法，滴定管、容量瓶及移液管操作方法，设计数据记录与处理格式。

三、实验原理与技能

1. 容量仪器的校正原理

容量仪器都具有刻度和标称容量，出厂时都允许有一定的容量误差。若分析测定时要求的准确度较高，则需要对所使用的量器进行校正。校正量器的方法有称量法和相对法。

（1）称量法

称量法是用分析天平称量容量仪器量入或量出的纯水的质量，再根据纯水的密度计算出容量仪器的实际体积。

由于热胀冷缩，在不同的温度下，量器的容积并不相同。因此，规定使用玻璃量器的标准温度为 20℃。各种量器的规格均表示在标准温度 20℃时标出的容量，称为标称容量。

在实际校准工作中，容器中水的质量是在室温下和空气中称量的，因此仍然会存在一定的误差，这主要是因为：①空气的浮力可使称量不够准确；②水的密度随着温度的变化而变化；③玻璃容器的容积随温度的变化而变化。考虑这些因素的影响，可得出 20℃容量为 1L 的玻璃容器，在不同温度时所盛水的质量，见表 4-5。如某支 25mL 移液管在 25℃放出的纯水质量为 24.921g，密度为 $0.99617g \cdot mL^{-1}$，则该移液管在 20℃时的实际容积为

$$V_{20}=\frac{24.921g}{0.99617g \cdot mL^{-1}}=25.02mL$$

则这支移液管的校正值为 25.02mL－25.00mL＝＋0.02mL。

在实际操作时，其校准次数不应少于两次，且两次校准数据的偏差应不超过该量器容量允许的 1/4，并取其平均值作为校准值。

（2）相对法

在定量分析时，若只要求两种容器之间有一定的比例关系，而无需知道它们各自的准确体积，这时可用容量相对校准法。经常配套使用的容量仪器，采用相对校准法尤为重要。例如，用 25mL 移液管移取 4 次蒸馏水于一干净且干燥的 100mL 容量瓶中，观察瓶颈处水的弯月面下缘是否刚好与容量瓶的刻度线相切。若不相切，则用胶布在瓶颈上重新作一记号为标线，以后此移液管与该容量瓶配套使用时就用校准的标线。容量仪器的详细校准方法可参考 JJG 196—90《常用玻璃量器检定规程》。

表 4-5　在不同温度下用蒸馏水充满 20℃ 1L 玻璃容器的水重

温度/℃	水重/g	温度/℃	水重/g	温度/℃	水重/g
10	998.39	19	997.34	28	995.44
11	998.33	20	997.18	29	995.18
12	998.24	21	997.00	30	994.91
13	998.15	22	996.80	31	994.64
14	998.04	23	996.60	32	994.34
15	997.92	24	996.38	33	994.06
16	997.78	25	996.17	34	993.75
17	997.64	26	995.93	35	993.45
18	997.51	27	995.69		

2. 实验技能

(1) 水银温度计的使用方法（见第一章第二节加热方法及温度的测量与控制）

(2) 称量操作（见第一章第四节天平的使用及称量方法）

四、主要仪器和试剂

酸式滴定管、碱式滴定管、容量瓶、移液管、锥形瓶和温度计。

五、实验内容

1. 滴定管的校正

① 清洗酸式和碱式滴定管各 1 支。

② 将已洗净的滴定管盛满蒸馏水，调至“0.00”刻度后，从滴定管中放出一定体积的蒸馏水于已称重的且外壁干燥的 50mL 带磨口塞的锥形瓶中。每次放出蒸馏水的体积叫表观体积，根据滴定管的大小不同，表观体积可为 1mL、5mL、10mL。用同一架天平称其质量，准确到小数点后三位。根据称量数据，算出蒸馏水质量，用此质量除以表中所查得该温度时水的密度，即得实际体积。最后求其校正值。重复校正一次。两次相应区间的水质量相差应小于 0.020g，求出其平均值。

2. 容量瓶、移液管的使用及相对校正

取清洁、干燥的 250mL 容量瓶一只，用一支干净的 25mL 移液管准确移取 10 次，放入容量瓶中（在此处，对操作应强调准确，而不强调迅速）。然后观察液面最低点是否与标线相切，如不相切，应另作标记。经相互校正后，此容量瓶与移液管可配套使用。

移液管和容量瓶也可用称量法校正，校正容量瓶时，称准至 0.01g 即可。

注意：测量实验水温时，需将温度计插入水中 5～10min 后才读数，读数时温度计下端玻璃球仍应浸在水中。严格来说，必须使用分度值为 0.1℃的温度计。

实验九　滴定操作训练

一、实验目的

1. 掌握酸、碱滴定管的使用方法。

2. 学习滴定终点的判断方法。

3. 学习滴定的基本操作。

二、预习提示

1. 若酸式滴定管的旋塞转动不灵活，应如何处理？

2. 为什么要排除酸、碱管内的气泡？如何排除？

3. 读取滴定管内溶液的体积时，应注意哪些问题？

4. 滴定终点与化学计量点有什么不同？如何确定滴定终点？

5. 用 NaOH 溶液滴定 HCl 溶液时，以酚酞为指示剂，为什么微红色保持 30s 不消失即为滴定终点？

6. 预习内容　酸、碱管的检查方法，酸、碱管的洗涤、装液、排气泡、读数，滴定操作，移液管，有效数字，设计数据记录格式。

三、实验原理与技能

1. 实验原理

$$HCl + NaOH \xlongequal{} NaCl + H_2O$$

计量点 pH＝7.0，HCl 滴定 NaOH，可选择甲基红或甲基橙为指示剂；NaOH 滴定 HCl 常选择酚酞为指示剂。

2. 实验技能（见第一章第十节滴定操作与技能）

（1）酸、碱滴定管的检查及装配。

（2）酸、碱滴定管的洗涤。

（3）酸、碱滴定管的润洗、装液及排气泡。

（4）酸、碱滴定管的读数及滴定操作。

（5）滴定终点的判断。

四、主要仪器和试剂

1. 仪器

酸、碱滴定管等。

2. 试剂

0.1mol·L^{-1} HCl 溶液、0.1mol·L^{-1} NaOH 溶液和甲基橙指示剂。

五、实验内容

1. 酸式滴定管的滴定操作练习

①将酸、碱滴定管加满自来水；②排气泡；③调节液面，读初始体积读数；④滴定，要求控制滴定速度不能超过 3 滴/s，并反复关闭打开，滴定至溶液液面降至 50mL 附近；⑤取下滴定管读终点体积读数。

2. 0.1mol·L^{-1} NaOH 溶液滴定 0.1mol·L^{-1} HCl 溶液

用酸式滴定管逐滴滴加 20.00mL 0.1mol·L^{-1} HCl 溶液于 250mL 的锥形瓶中，滴加 1～2 滴酚酞指示剂，用 0.1mol·L^{-1} NaOH 溶液滴定至溶液由无色变为微红色，且 30s 红色不消失即为滴定终点。再用盐酸溶液滴定至红色刚好消失。如此反复，每次记录读数，并计算所消耗 NaOH 溶液与 HCl 溶液的体积比，保留 4 位有效数字。

3. 0.1mol·L^{-1} HCl 溶液滴定 0.1mol·L^{-1} NaOH 溶液

用碱式滴定管逐滴滴加 20.00mL 0.1mol·L^{-1} NaOH 溶液于 250mL 的锥形瓶中，滴加 1～2 滴甲基橙指示剂，用 0.1mol·L^{-1} HCl 溶液滴定至溶液刚好由亮黄色变为橙色，即为滴定终点。再用 NaOH 溶液滴定至橙色刚好变为亮黄色。如此反复数次，每次记录读数，并计算所消耗 NaOH 溶液与 HCl 溶液的体积比，保留 4 位有效数字。

实验十　定量分析标准系列的配制及工作曲线的绘制

一、实验目的

1. 学习分光光度计的使用方法。

2. 掌握实验数据的处理方法。

3. 掌握标准系列的配制方法。

二、预习提示

1. 用吸量管加溶液时，为什么要避免使用其尖嘴部分体积?

2. 使用比色皿时应注意哪些问题?

3. 数据处理的方法有哪几种?

4. 预习内容　朗伯-比耳定律，工作曲线，722 分光光度计使用方法，数据处理方法，Excel 的使用，吸量管的使用，线性回归方法。

三、实验原理与技能

1. 基本原理

邻二氮菲（又称邻菲罗啉）法是比色法测定微量铁常用的方法。在 pH＝2～9 的溶液中，显色剂邻二氮菲与 Fe^{2+} 生成稳定的橙红色配合物，该橙红色配合物的最大吸收波长 λ_{max} 为 508nm，摩尔吸光系数 ε 为 $1.1\times10^{4}L\cdot mol^{-1}\cdot cm^{-1}$，反应的灵敏度高，稳定性好。

如果铁以 Fe^{3+} 形式存在，则测定时应预先加入还原剂盐酸羟胺将 Fe^{3+} 还原为 Fe^{2+}，即

$$4Fe^{3+}+2NH_2OH = 4Fe^{2+}+N_2O+4H^{+}+H_2O$$

2. 标准系列的配制方法

按与试样测定相同的实验方法配制的一系列浓度由低到高的标准溶液称为标准系列。标准系列常在编有号码的比色管或容量瓶中配制。如果用比色管，一般 6 个为一组。标准系列的配制是工作曲线线性好坏的关键步骤。配制标准系列时，一般用吸量管加试剂，因此正确使用吸量管至关重要。吸量管是移液管的一种，其使用方法与移液管的使用方法基本相同(见第一章第五节)，不同的是移取溶液时应尽量使用吸量管的上部，而不使用下端的尖嘴部分。加试剂时吸量管应专用，避免相互影响。试剂的加入顺序一般应按实验要求加入，不能颠倒顺序，因为试剂的加入顺序往往影响显色反应进行的程度和显色配合物的稳定性。定容后应先摇匀，再测定显色体系的吸光度。

3. 工作曲线法

在仪器分析中，经常用工作曲线法测定被测组分的含量，工作曲线的好坏直接影响着测量结果的准确度，因此，正确的绘制工作曲线是保证测量结果准确的重要步骤之一。

以可见分光光度法为例，工作曲线法是首先按与试样测定相同的实验方法配制一系列浓度由低到高的标准溶液，然后测定系列标准溶液的吸光度后，以吸光度为纵坐标，溶液的浓度为横坐标，作出吸光度-浓度曲线，即得工作曲线，见图 3-1。若同时测出试样的吸光度，就可从工作曲线求出其浓度。

横坐标既可以为比色管内溶液的物质的量浓度，也可以为比色管内量取标准溶液的毫升数或比色管内量取标准溶液的质量。若横坐标为比色管内溶液的物质的量浓度，则由样品溶液的吸光度在工作曲线上查出的对应于横坐标的数值为被测组分在比色管内的物质的量浓度；若横坐标为比色管内量取标准溶液的毫升数，则由样品溶液的吸光度在工作曲线上的位

置，可查出对应于横坐标的数值，即被测组分相当于标准溶液的体积；若横坐标为比色管内量取标准溶液的质量，则由样品溶液的吸光度在工作曲线上的位置，可查出对应于横坐标的数值，即被测组分在比色管内的质量。

4. Excel处理数据方法（见第三章实验数据记录、处理方法及实验结果评价）

5. 分光光度计的使用方法（见第二章第三节可见分光光度计介绍及使用方法）

四、主要仪器和试剂

1. 仪器

722型光栅分光光度计或721型分光光度计、计算机、打印机。

2. 试剂

10$\mu g \cdot mL^{-1}$铁标准溶液、10%盐酸羟胺、1$mol \cdot L^{-1}$ NaAc溶液、0.15%邻二氮菲溶液。

五、实验内容

1. 标准系列的配制

取50mL容量瓶6只，分别准确加入10$\mu g \cdot mL^{-1}$铁标准溶液0mL、2.00mL、4.00mL、6.00mL、8.00mL、10.00mL，用移液管于各容量瓶中分别加入10%盐酸羟胺1mL，摇匀，再各加入1$mol \cdot L^{-1}$ NaAc溶液5mL及0.15%邻二氮菲溶液2mL。用水稀释至刻度，摇匀，备用。

2. 标准溶液吸光度的测定

在最大吸收波长处，以不含铁的试剂空白溶液作参比溶液，测定标准系列溶液的吸光度。

3. 工作曲线的绘制

以吸光度为纵坐标，标准系列溶液的浓度（μg/50mL或标准溶液的体积）为横坐标，用Excel软件绘制工作曲线，并计算回归方程和相关系数。

4. 光吸收曲线的测定

用1cm比色皿，以试剂空白为参比，在波长400～700nm，每间隔1nm对加有4mL铁标准溶液的显色液进行吸光度扫描，即得光吸收曲线。

若取5mL分析试液，按上述方法测定某溶液的吸光度A，则可在工作曲线上查出所对应的铁含量。

第二篇　化学技能与实践

第五章　物理量与化学常数的测定

实验十一　摩尔气体常数的测定

一、实验目的

1. 了解置换法测定摩尔气体常数的原理和方法。

2. 熟悉气体状态方程和分压定律的有关计算。

3. 巩固分析天平的使用技术，学习气体体积的测量技术和气压计的使用方法。

二、预习提示

1. 为什么要使漏斗水面与量气管水面在同一水平位置才读取读数？

2. 酸的浓度和用量是否要严格控制和准确量取？为什么？

3. 镁条与稀酸作用完毕后，为什么要等试管冷却到室温时方可读取读数？

4. 如何调节封闭液液面在0～1mL？

5. 预习内容　气体状态方程，分压定律，分析天平、温度计、量气管及气压计的使用方法，设计实验记录格式。

三、实验原理与技能

1. 实验原理

由理想气体状态方程可知，摩尔气体常数

$$R=\frac{pV}{nT}$$

通过一定的方法测得理想气体的 p、V、n、T，即可计算出摩尔气体常数。本实验通过一定质量的镁条（铝片或锌片）与过量的稀酸作用，即

$$Mg + H_2SO_4 = MgSO_4 + H_2\uparrow$$

用排水集气法收集氢气，氢气的体积由量气管测出，氢气的物质的量 $n(H_2)$ 可根据反应的镁条质量求出，称量时除了要刮净镁条表面的氧化膜外，还要保证称量准确。

由于在量气管内收集的氢气是被水蒸气所饱和的，根据道尔顿分压定律，量气管内的气压 p（为总压力，等于大气压）是氢气的分压 $p(H_2)$ 和实验温度 T 时水的饱和蒸气压 $p(H_2O, g)$的总和，即

$$p=p(H_2)+p(H_2O,g)$$

式中，p 取大气压值。实验中要做到量气管与水平管内液面在同一水平面上，保证量气管内的气体与外界气体等压，即 $p=p_{大气}$。$p(H_2O, g)$ 可由附录11查取一定温度下水的饱和蒸气压值得到。最后将各项数据代入

$$R=\frac{p(H_2)V}{n(H_2)T}$$

式中，V 为量气管所收集到 H_2 的体积，由于 Mg 与 H_2SO_4 的反应为一放热反应，而气体的体积又与温度有关，故 V 值的读取一定要等量气管冷却到室温；T 为热力学温度，用实验时的室温代替。将有关数据代入上式，即可计算出摩尔气体常数 R。R 值的测定实际上是通过测定 p、V、m(Mg)、T 值来实现的，测准它们即为做好本实验的关键。

2. 实验技能

气体体积测量方法（见第一章第六节），量气管的使用方法，气压计的使用方法（见第一章第六节），分析天平、温度计及量筒的使用。

四、主要仪器和试剂

1. 仪器

分析天平、气压计、温度计、烧杯（100mL）、量气管（50mL，可用 50mL 碱式滴定管代替）、试管、漏斗、橡皮管、导气管、铁架台。

2. 试剂

1.0mol·L^{-1} H_2SO_4 溶液、镁条（铝片或锌片）。

五、实验内容

1. 称量金属质量

用分析天平准确称取镁条质量（0.0300～0.0400g）。如用锌片，称取范围为 0.0800～0.1000g；如用铝片，称取范围在 0.0220～0.0300g（注意：称取金属前，先用砂纸擦去表面氧化膜）。

2. 装配量气管

按图 5-1 装配量气管并与反应试管连接，即可得测定摩尔气体常数的装置。安装后，取下试管，往量气管中加水（称为封闭液），水从漏斗注入，使漏斗和量气管都充满水（皮管内勿存气泡，为什么?）。量气管的水面调节至略低于“0”刻度线，漏斗中水面保持在漏斗体积约 1/3 处（视漏斗大小而定）。然后把连接管一端塞紧量气管口，另一端塞紧反应试管口。

3. 检查气密性

将漏斗向上（或向下）移动一段距离，使量气管水面略低（或略高）于漏斗水面。固定漏斗后，观察量气管水面是否移动，若不移动，说明不漏气；若移动，说明漏气，应检查各管子连接处，直到不漏气为止。

4. 金属与稀硫酸作用前的准备

打开试管塞子，调整漏斗的位置，使量气管内液面与漏斗内液面在同一水平面上（量气管内的液面在 0～1mL），用滴管（或小漏斗）向试管中加入 4mL 1.0 mol·L^{-1} H_2SO_4

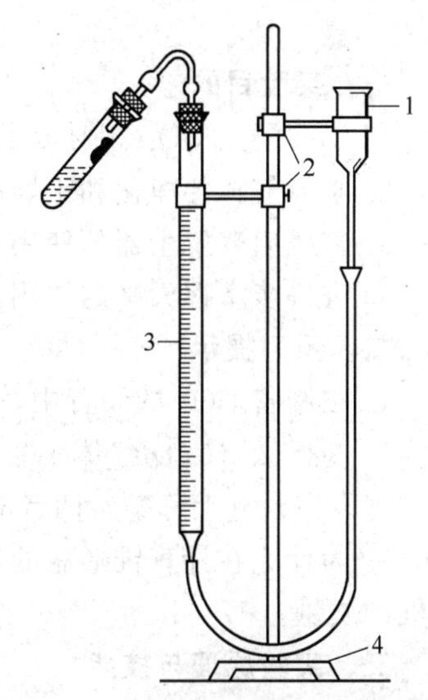

图 5-1　测定摩尔气体常数的装置

1—水平管（长颈漏斗）；2—铁夹；3—量气管；4—铁架台

溶液，注意不要使酸液沾湿试管液面上段的试管壁。将已称好的镁条沾少量水，小心贴在试管壁上，避免与酸液接触，塞紧塞子（镁条在试管内液面上段下侧，谨防镁条掉进酸中）。

5. 再次检查气密性

按步骤 3 再次检查气密性。如不漏气，准确读出量气管内液面的弯月面最低点的刻度（准确至 0.01mL），记录读数 V_1。

6. 氢气的反应、收集和体积的度量

将图 5-1 装置向右倾斜（或取下量气管向右倾斜），使镁条落入酸液，发生反应产生氢气。此时反应产生的氢气进入量气管中，将量气管中的水压入漏斗内。为防止压力增大造成漏气，在量气管水面下降的同时，缓慢下移漏斗，保持漏斗水面大致与量气管水面在同一水平位置。待反应完全停止后，冷却约 10min 左右后，移动漏斗，使其水面与量气管水面在同一水平位置，固定漏斗，准确读出量气管水面最低处所对应的刻度线读数，记录读数 V_2。

7. 记录室温 T 和大气压 $p_{大气}$，从附录 11 中查出室温时水的饱和蒸气压 $p(H_2O)$。

8. 数据处理

(1) 根据镁条的质量及反应方程式计算氢气的物质的量 $n(H_2)$，代入有关数据计算。

$$R=\frac{p(H_2)V}{n(H_2)T}=\frac{[p_{大气}-p(H_2O)](V_2-V_1)}{n(H_2)T} \quad (Pa \cdot m^3 \cdot K^{-1} \cdot mol^{-1})$$

(2) 从有关化学手册中查得 R 的文献值 $R_{文献值}$，计算相对误差，并分析造成误差的原因。

$$RE=\frac{R_{实测值}-R_{文献值}}{R_{文献值}}\times 100\%$$

实验十二　二氧化碳相对分子质量的测定

一、实验目的

1. 了解测定 CO_2 相对分子质量的原理的方法。
2. 学习气体的净化和干燥的原理和方法。
3. 掌握启普发生器的使用方法。
4. 进一步掌握天平的使用。

二、预习提示

1. 在制备 CO_2 的装置中，能否把瓶 2 和瓶 3 倒过来装置（见图 5-2）？为什么？

2. 为什么（CO_2 气体＋瓶＋塞子）的质量要在天平上称量，而（水＋瓶＋塞子）的质量则可以在台秤上称量？两者的要求有何不同？

3. 为什么在计算锥形瓶的容积时不考虑空气的质量，而在计算 CO_2 的质量时却要考虑空气的质量？

三、实验原理与技能

1. 实验原理

由理想气体状态方程式 $pV=nRT$ 可知，同温、同压和同体积的任何气体含有相同的物质的量。因此，在同温同压下，同体积的 CO_2 气体和空气的质量之比等于它们的相对分

子质量之比，即

$$\frac{M(CO_2)}{M(空气)}=\frac{m(CO_2)}{m(空气)}$$

式中，$M(CO_2)$、$m(CO_2)$ 为 CO_2 相对分子质量和质量；M(空气)、m(空气) 为空气的相对分子质量和质量。

$$M(CO_2)=M(空气)\frac{m(CO_2)}{m(空气)}$$

式中，一定体积（V）的 CO_2 气体质量 $m(CO_2)$ 可直接从天平上称出。

利用气压表和温度计测定出空气的压力和温度，再利用称量水的方法，测定出收集器的体积（空气的体积），利用理想气体状态方程式，可计算出同体积的空气的质量：

$$m(空气)=\frac{pVM(空气)}{RT}$$

从而测定 CO_2 气体的相对分子质量。

2. 实验技能

启普发生器的使用、气体的干燥及体积的测量、称量、气压计的使用等。

四、主要仪器和试剂

1. 仪器

启普发生器、洗气瓶（2 只）、250mL 锥形瓶、台秤、天平、温度计、气压计、橡皮管、橡皮塞等。

2. 试剂

$6mol \cdot L^{-1}$ HCl 、H_2SO_4（浓）、饱和 $NaHCO_3$ 溶液、无水 $CaCl_2$、大理石等。

五、实验内容

1. 取一个洁净而干燥的锥形瓶，选一个合适的橡皮塞塞入瓶口，在塞子上作一个记号，以固定塞子塞入瓶口的位置。在天平上称出（空气＋瓶＋塞子）的质量，记为 m_1。

2. 将块状大理石放入启普发生器（碳酸钙不要加太多，占球体的 1/3 即可），第一个洗瓶加入饱和 $NaHCO_3$ 溶液，第二个洗瓶放入浓 H_2SO_4，干燥管中填充无水 $CaCl_2$，按图 5-2 连接好 CO_2 气体的发生和净化装置，由球形容器加入盐酸溶液（不可多装，以防酸过多把导气管口淹没），并检查体系的气密性。

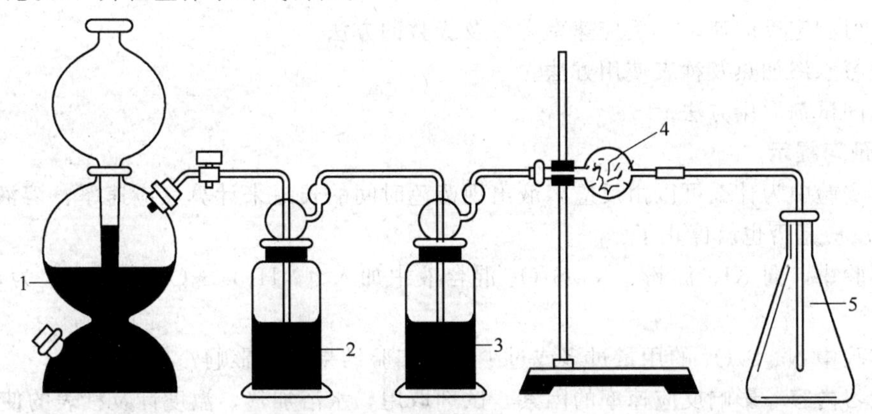

图 5-2　二氧化碳的发生和净化装置

1—启普发生器（大理石＋稀盐酸）；2—洗气瓶（饱和 $NaHCO_3$）；3—洗气瓶（浓 H_2SO_4）；4—干燥管（无水 $CaCl_2$）；5—收集器

打开启普发生器上的旋塞，产生的CO_2气体，通过饱和$NaHCO_3$溶液、浓硫酸和无水$CaCl_2$干燥剂后，导入锥形瓶内。为了赶尽集气瓶内的空气，需将导气管插入瓶底。经燃烧的火柴在集气瓶口检验CO_2充满后（3～5min），再慢慢取出导气管，用塞子塞住瓶口（应注意塞子是否在原来塞入瓶口的位置上）。

3. 在分析天平上准确称量锥形瓶＋橡皮塞＋CO_2的质量，记为m_2。按步骤2、3重做一次，取2次质量的平均值（两次质量相差不超过1～2mg）。

4. 将锥形瓶装满水，在台秤上称取锥形瓶＋橡皮塞＋水的质量，台秤粗称（称准至0.1g），记为m_3。

5. 记录室温和大气压。

六、数据记录和结果处理：

室温t(℃)＝________，T(K)＝________

气压p(Pa)＝________

（空气＋瓶＋塞子）的质量m_a＝________g

（二氧化碳气体＋瓶＋塞子）的质量m_b＝________g

（水＋瓶＋塞子）的质量m_c＝________g

瓶的容积$V=(m_c-m_a)/1.00$＝________mL

瓶内空气的质量m(空气)＝________g

瓶和塞子的质量$m_d=m_a-m$(空气)＝________g

CO_2气体的质量$m(CO_2)=m_b-m_d$＝________g

CO_2的相对分子质量$M(CO_2)$＝________

绝对误差＝测定结果－真值＝________

$$\text{相对误差}=\frac{\text{绝对误差}}{\text{真值}}\times 100\%=\_\_\_\_\_\_\_\_$$

实验十三　化学反应速率常数的测定

一、实验目的

1. 学习测定反应速率、反应速率常数及级数的方法。

2. 学习水浴加热及秒表使用方法。

3. 巩固试剂取用方法。

二、预习提示

1. 本实验中为什么可以由反应溶液出现蓝色时间的长短来计算反应速率？溶液变蓝后，烧杯中的反应是否也就停止了？

2. 实验中，向KI、淀粉、$Na_2S_2O_3$混合液中加入$(NH_4)_2S_2O_8$溶液时，为什么必须迅速倒入？

3. 实验中$Na_2S_2O_3$的用量过多或过少，对实验结果有何影响？

4. 预习内容　影响反应速率的因素，试剂取用，水浴加热，温度计及秒表的使用。

三、实验原理与技能

1. 实验原理

(1) 浓度对化学反应速率的影响

本实验所测定的是过二硫酸铵［$(NH_4)_2S_2O_8$］与碘化钾（KI）的反应，是一个慢反应，发生如下反应：

$$(NH_4)_2S_2O_8 + 3KI = (NH_4)_2SO_4 + K_2SO_4 + KI_3$$

其离子方程式：

$$S_2O_8^{2-} + 3I^- = 2SO_4^{2-} + I_3^- \tag{5-1}$$

此反应的速率方程式可表示如下：

$$v = kc^m(S_2O_8^{2-})c^n(I^-)$$

式中，$c(S_2O_8^{2-})$为反应物$S_2O_8^{2-}$的浓度；$c(I^-)$为反应物I^-的浓度；v为测定温度下的瞬时速率；k为速率常数；m为$S_2O_8^{2-}$的反应级数；n为I^-的反应级数。

此反应在Δt时间内平均速率可表示为：

$$\bar{v} = -\Delta c(S_2O_8^{2-})/\Delta t$$

如果Δt比较小，可以近似地利用平均速率代替瞬时速率，即

$$v = kc^m(S_2O_8^{2-})c^n(I^-) \approx -\Delta c(S_2O_8^{2-})/\Delta t = \bar{v} \tag{5-2}$$

由上式可知，测定反应速率的关键是测定$\Delta c(S_2O_8^{2-})$。那么，如何测定Δt时间内$S_2O_8^{2-}$浓度的变化量？本实验在混合$(NH_4)_2S_2O_8$和KI同时，巧妙地加入一定量已知浓度并含有淀粉（用作指示剂）的$Na_2S_2O_3$溶液，这样在反应式（5-1）进行的同时也进行如下反应：

$$2S_2O_3^{2-} + I_3^- = S_4O_6^{2-} + 3I^- \tag{5-3}$$

反应式(5-3)是一个快反应，对反应式(5-1)而言几乎在瞬间完成。由反应式(5-1)所产生的I_3^-会立即与$Na_2S_2O_3$反应，所以在$Na_2S_2O_3$还没有反应完全之前的一段时间内，看不到I_3^-与淀粉作用产生的蓝色。但一旦$Na_2S_2O_3$耗尽，则微量的I_3^-就使溶液变为蓝色，记录溶液变蓝所用时间Δt。即蓝色出现时$Na_2S_2O_3$刚好耗尽，$\Delta c(S_2O_3^{2-})$是已知的。如果$\Delta c(S_2O_3^{2-})$与$\Delta c(S_2O_8^{2-})$有确定的关系，则可实现反应速率的测定。

由反应式(5-1)和反应式(5-3)可知：$\Delta c(S_2O_8^{2-}) = \Delta c(S_2O_3^{2-})/2$。$\Delta t$为加入$Na_2S_2O_3$淀粉溶液到溶液变蓝的时间，故：

$$\bar{v} = \frac{-\Delta c(S_2O_8^{2-})}{\Delta t} = \frac{-\Delta c(S_2O_3^{2-})}{2\Delta t} = \frac{c(S_2O_3^{2-})_{始}}{2\Delta t} \tag{5-4}$$

如果$c(S_2O_8^{2-})$比较大，而$c(S_2O_3^{2-})$比较小时，即Δt也比较小，我们可以利用式(5-2)和式(5-4)计算m、n与k的值。

（2）分别选取$c(I^-)$、$c(S_2O_8^{2-})$相同的两组数据，由不同v值可求出m、n。

固定$c(S_2O_8^{2-})$，只改变$c(I^-)$时，则

$$\frac{v_1}{v_2} = \frac{kc^m(S_2O_8^{2-})c^n(I^-)_1}{kc^m(S_2O_8^{2-})c^n(I^-)_2} = \frac{c^n(I^-)_1}{c^n(I^-)_2} = \left[\frac{c(I^-)_1}{c(I^-)_2}\right]^n$$

由上式可求出n。

同理，固定$c(I^-)$，可求出m。

m和n为该反应的级数。

当m和n固定后，由$k = \dfrac{v}{c^m(S_2O_8^{2-})c^n(I^-)}$求出速率常数$k$。

（3）温度对化学反应速率的影响

温度对化学反应速率有明显的影响，若保持其他条件不变，只改变反应温度，由反应所

用时间 Δt_1 和 Δt_2，通过如下关系：

$$\frac{v_1}{v_2}=\frac{k_1c^m(S_2O_8^{2-})c^m(I^-)}{k_2c^m(S_2O_8^{2-})c^m(I^-)}=\frac{\Delta c(S_2O_8^{2-})/\Delta t_1}{\Delta c(S_2O_8^{2-})/\Delta t_2}$$

得出$\dfrac{k_1}{k_2}=\dfrac{\Delta t_2}{\Delta t_1}$，从而求出不同温度下的速率常数 k。

(4) 催化剂对化学反应速率的影响

催化剂能改变反应的活化能，对反应速率有较大的影响，$(NH_4)_2S_2O_8$ 与 KI 的反应可用可溶性铜盐如 $Cu(NO_3)_2$ 作催化剂。

2. 实验技能

(1) 秒表的使用方法

秒表是准确测量时间的仪器。它有各种规格，有机械秒表和数字秒表两大类。具体使用方法参见有关使用说明书。

(2) 水浴加热方法

化学实验中，当被加热的物体需要受热均匀又不能超过 100℃时，可用水浴间接加热。水浴加热分普通水浴加热和电热恒温水浴锅加热。

① 普通水浴加热　普通水浴加热是在水浴锅中进行。水浴锅中盛水（一般不超过容量的 2/3)，将要加热的器具浸入水中（但不能触及底部），就可在一定温度下加热。通常使用的水浴加热如图 5-3。都附有一套大小不同的金属圈环，可根据被加热浴器皿的大小选择适当的圈环，以尽可能增大器皿底部受热面积，而又不掉进水浴锅内为原则。为方便起见，在实验室中常常用大烧杯代替水浴锅。

② 电热恒温水浴加热　电热恒温水浴加热是在电热恒温水浴锅中进行。电热恒温水浴锅用来蒸发和恒温加热，是常用的电热设备，有 2、4、6 孔等不同规格。

电热恒温水浴锅由电热恒温水浴槽和电器箱两部分构成。如图 5-4 所示，水浴锅左边为水浴槽，它为带有保温夹层的水槽，槽底搁板下有电热管及感温管，提供热量和传感水温。槽面为有同心圈和温度计插孔的盖板。右边为电器箱，面板上装有工作指示灯（红灯表示加热，绿灯表示恒温）、调温旋钮和电源开关。

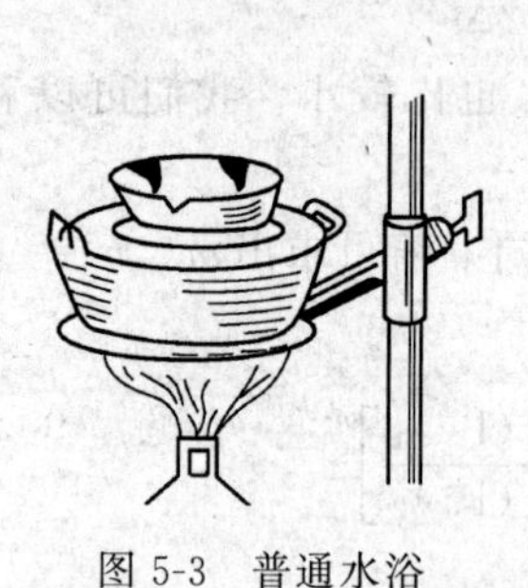

图 5-3　普通水浴

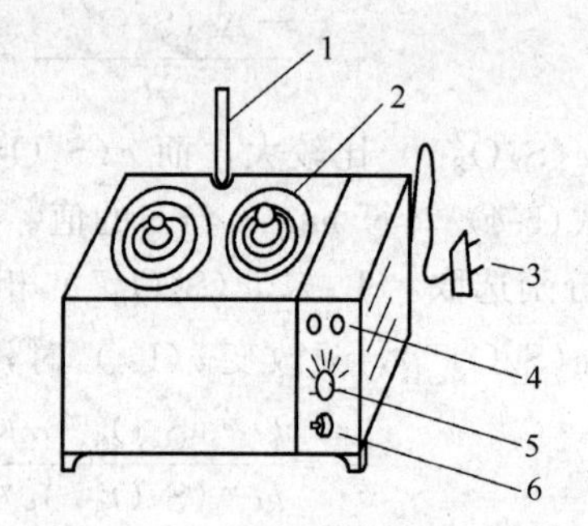

图 5-4　电热恒温水浴锅

1—温度计；2—浴槽盖；3—电源插头；4—指示灯；5—调温旋钮；6—电源开关

使用时，先往电热恒温水浴锅内注入清洁的水至适当深度，然后接通电源，开启电源开关后红灯亮表示电热管开始工作。调节温度旋钮至适当位置，待水温升到欲控制温度约差 2℃时（通过插在面盖上的水银温度计观察），即可反向转动调温旋钮至红灯刚好熄灭，绿灯切换变亮，这时就表示恒温控制器发生作用。此后稍微调整调温旋钮便可达到恒定的水温。

电热恒温水浴锅的水浴加热操作同普通水浴加热。

使用电热恒温水浴锅注意事项：一是必须切记要先加水，后通电；水位不能低于电热管；二是电器箱不能受潮，以防漏电损坏；三是盐及酸、碱溶液不要撒入恒温槽内，如不小心撒入，要立即停电，及时清洗，以免腐蚀，较长时间不用水浴锅时，也应倒去槽内的水，用干净的布擦干后保存；四是水槽如有渗漏时，要及时维修。

四、主要仪器和试剂

1. 仪器

量筒（50mL，10mL）、烧杯（100mL）、试管、玻璃棒、秒表、温度计。

2. 试剂

0.2mol·L^{-1} KI溶液、0.2mol·L^{-1} $(NH_4)_2S_2O_8$ 溶液、0.2mol·L^{-1} $(NH_4)_2SO_4$ 溶液、0.2mol·L^{-1} $Cu(NO_3)_2$ 溶液、0.1mol·L^{-1} $CuSO_4$ 溶液、0.01mol·L^{-1} $Na_2S_2O_3$ 溶液、0.2mol·L^{-1} KNO_3 溶液、10% H_2O_2 溶液、0.2% 淀粉溶液、固体 MnO_2、锌粉。

五、实验内容

1. 浓度对化学反应速率的影响

在室温下，分别用三只量筒量取20mL 0.2mol·L^{-1} KI、2mL 0.4%淀粉、8mL 0.01 mol·L^{-1} $Na_2S_2O_3$ 溶液（每种试剂所用的量筒都要贴上标签，以免混乱），倒入100mL烧杯中，搅匀，然后用另一只量筒量取20mL 0.2mol·L^{-1} $(NH_4)_2S_2O_8$ 溶液，迅速加入到该烧杯中，同时按下秒表，并不断用玻璃棒搅拌，待溶液出现蓝色时，立即停止秒表，记下反应的时间和温度。

用同样的方法按表5-1中所列各种试剂用量进行另外4次实验，记下每次实验的反应时间，为了使每次实验中离子强度和总体积不变，不足的量分别用0.2mol·L^{-1} KNO_3 溶液和0.2mol·L^{-1} $(NH_4)_2SO_4$ 溶液补足。

表5-1　浓度对化学反应速率的影响（室温　　25℃）

实验编号		1	2	3	4	5
试液体积 V/mL	0.2mol·L^{-1} $(NH_4)_2S_2O_8$	20	10	5	20	20
	0.2mol·L^{-1}KI	20	20	20	10	5
	0.01mol·L^{-1}$Na_2S_2O_3$	8	8	8	8	8
	0.4%淀粉	2	2	2	2	2
	0.2mol·L^{-1}KNO_3	0	0	0	10	15
	0.2mol·L^{-1} $(NH_4)_2SO_4$	0	10	15	0	0
反应物的起始浓度 c/mol·L^{-1}	$(NH_4)_2S_2O_8$					
	KI					
	$Na_2S_2O_3$					
反应开始至溶液显蓝色时所需时间 Δt/s						
反应的平均速率 $\overline{v}=\frac{\Delta c(S_2O_3^{2-})}{2\Delta t}$/mol·L^{-1}·s^{-1}						
反应的速率常数 $k/[k]=[\frac{v/[v]}{c_v^m(S_2O_8^{2-})c_v^n(I^-)}]$						
反应级数		$m=$　$n=$ 反应级数 $m+n=$				

注：表中 $[k]$ 表示 k 的单位，$[v]$ 表示 v 的单位，c_v 表示 $c/c^{\ominus}$。

2. 温度对化学反应速率的影响

按表5-1中实验编号4各试剂的用量，在分别比室温高10℃、20℃的温度条件下，重复上述实验。操作步骤是，将KI溶液、淀粉、$Na_2S_2O_3$ 溶液和 KNO_3 溶液放在一只100mL

烧杯中混匀，$(NH_4)_2S_2O_8$ 放在另一烧杯中，将两份溶液放在恒温水浴中升温，待升到所需温度时，将 $(NH_4)_2S_2O_8$ 溶液迅速倒入 KI 等混合溶液中，同时按动秒表并不断搅拌，当溶液刚出现蓝色时，立即停止秒表，记下反应时间和反应温度。

将这两次实验编号为 6、7 的数据和编号 4 的数据记录在表 5-2 中，并求出不同温度下反应速率常数。

表 5-2 温度对化学反应速率的影响

实验编号	反应温度 T/℃	反应时间 Δt/s	反应速率 v/mol·L^{-1}·s^{-1}	反应速率常数 k/[k]
4				
6				
7				

注：表中 [k] 表示 k 的单位。

3. 催化剂对化学反应速率的影响

（1）单相催化

$Cu(NO_3)_2$ 可加快 $(NH_4)_2S_2O_8$ 和 KI 的反应，按表 5-1 中实验 4 的各试剂用量将 KI、$Na_2S_2O_3$、KNO_3 和淀粉加入到 100mL 烧杯中，再加 3 滴 0.02mol·L^{-1} $Cu(NO_3)_2$ 溶液做催化剂，搅匀，迅速加入 $(NH_4)_2S_2O_8$ 溶液，同时开始记录时间，不断搅拌，直至溶液刚出现蓝色为止，记下所用时间，将反应速率与表 5-1 实验编号 4 的反应速率相比较。

（2）多相催化

取两支试管，分别加入 2mL 10% 的 H_2O_2 溶液，在其中一支试管中加入少量的已灼烧过的 MnO_2 固体粉末，观察比较两支试管中气泡产生的速率，写出方程式并加以解释。

4. 接触面对化学反应速率的影响

取两支试管，各加入 2mL 0.1mol·L^{-1}的 $CuSO_4$ 溶液，然后向两支试管中分别加入少量锌粉，观察颜色变化，说明为什么？

实验十四　凝固点降低法测定分子量

一、实验目的

1. 用凝固点降低法测定萘的相对分子质量（或摩尔质量）。
2. 掌握贝克曼温度计的使用方法。

二、预习提示

1. 如何调节贝克曼温度计？使用时有哪些注意事项？
2. 什么叫凝固点？凝固点下降公式在什么条件下适用？
3. 严重的过冷现象为什么会给实验结果带来较大误差？
4. 预习内容　凝固点下降法测定相对分子质量的原理，贝克曼温度计、移液管、分析天平的使用方法，熟悉凝固点测定装置，设计数据记录及处理格式。

三、实验原理与技能

1. 实验原理

溶液的凝固点低于纯溶剂的凝固点，其根本原因就在于溶液的蒸气压下降。当溶液很稀时，难挥发非电解质稀溶液的凝固点降低与溶质的质量摩尔浓度成正比。

$$\Delta T_f = T_f^* - T_f = K_f b \tag{5-5}$$

式中，K_f 为凝固点降低常数，K·kg·mol^{-1}；ΔT_f 为凝固点降低值，K；T_f^* 为纯溶剂的凝固点，K；b 为溶质的质量摩尔浓度，mol·kg^{-1}。

其中

$$b = \frac{m_B}{M_B m_A} \times 1000 \tag{5-6}$$

式中，m_B 为溶质的质量，g；m_A 为溶剂的质量，g；M_B 为溶质的摩尔质量，g·mol^{-1}。

将式(5-6) 代入式(5-5)，得

$$M_B = K_f \frac{1000 m_B}{\Delta T_f m_A} \tag{5-7}$$

如果已知溶剂的 K_f 值，则通过实验求出 ΔT_f 值，利用式(5-7)，计算出溶质的相对分子质量。

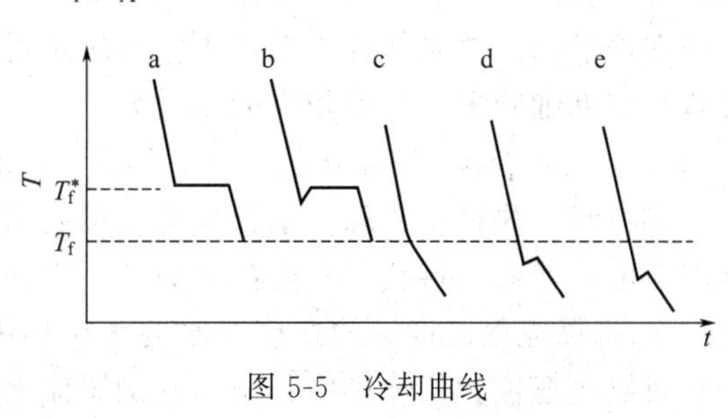

图 5-5　冷却曲线

纯溶剂的凝固点是在一定压力下它的液相与固相平衡共存温度。若将纯溶剂逐步冷却，在凝固前，液体的温度随时间均匀下降，当达到凝固点时，液体凝为固体，放出热量，补偿了对环境的热散失，因而温度保持恒定，直到液体全部凝固为止，以后温度又均匀下降。纯溶剂的冷却曲线如图 5-5 中 a 所示。

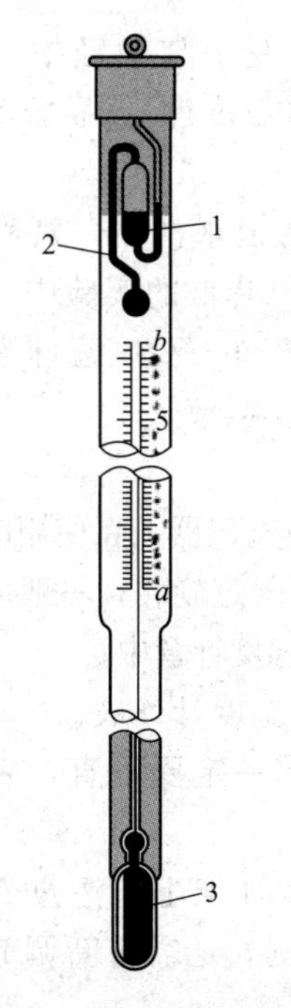

图 5-6　贝克曼温度计的构造

1—水银储槽；2—毛细管；3—水银球

在实际过程中往往有过冷现象，液体的温度可以降到凝固点以下，待固体析出后温度再上升到凝固点。其冷却曲线如图 5-5 中 b 所示。溶液的凝固点是该溶液的液相与溶剂的固相平衡共存的温度，若将溶液逐步冷却，其冷却曲线与纯溶剂不同，如图 5-5中 c 和 d 所示。由于部分溶剂凝固而析出，使剩余溶液的浓度逐渐增大，因而剩余的溶液与溶剂固相平衡共存的温度也在逐渐下降。今欲测已知浓度的某溶液的凝固点，要求析出的溶剂固相的量不能太多，否则将影响原溶液的浓度。若稍有过冷现象如图 5-5 中 d，对测定分子量无显著影响，但若过冷严重如图 5-5 中 e，则所测得的凝固点将偏低，亦影响分子量的测定结果。为了避免过冷，可采用加入少量晶种、控制冷源温度和搅拌速度等方法来达到。

因为稀溶液的凝固点降低值不大，所以温度的测量需要用精密的测温仪器，本实验用贝克曼温度计。

2. 实验技能

(1) 贝克曼温度计构造及特点

贝克曼温度计也是水银温度计的一种，其构造如图 5-6 所示。它的主要特点有如下几个。

① 刻度精细，刻线间隔为 0.01℃，用放大镜可以估读至 0.002℃，测量精度较高。

② 其量程较短，一般只有5～6℃的刻度。因而不能测定温度的绝对值，一般只用于测温差。

③ 较普通水银温度计不同之处在于除了毛细管下端有一水银球外，在温度计的上部还有一水银储槽，根据测定不同范围内温度的变化情况，利用上端的水银储槽的水银可以调节下端水银球中的水银量，即可在不同的温度范围应用。

(2) 贝克曼温度计的调节

在调节前应明确反应是放热还是吸热，以及温差范围，这样才好选择一个合适的位置。所谓合适位置是指在所测量的起始温度时，毛细管中的水银柱最高点应在刻度尺的什么位置才能达到实验的要求。若用于凝固点降低测分子量，溶剂达凝固点时应使它的水银柱停在刻度的上段；若用于沸点升高法测分子量，在沸点时，应使水银柱停在刻度的下段；若用于测定温度的波动时，应使水银柱停在刻度的中间部分。

在调节前，首先估计一下从水银柱刻度最高处 a（a 为实验需要的温度 t 所对应的刻度位置）到毛细管末端 b 所相当的刻度数值，设为 R，对于一般的贝克曼温度计来说，水银柱由刻度 a 上升至 b，还需再提高3℃左右，一般根据这个估计值来调节水银球中的水银量。

调节时，先将水银球与水银储槽连接起来，以调节水银球中的水银量，使适合所需要的测温范围，然后再将它们在连接处断开。方法如下。

① 将贝克曼温度计放在盛有水的小烧杯内慢慢加热，使水银柱上升至毛细管顶部，此时将贝克曼温度计从烧杯中移出，并倒置使毛细管的水银柱与水银储槽中的水银相连接，然后再小心地倒回温度计至垂直位置。

② 再将贝克曼温度计放到小烧杯中慢慢加热到 $t+R$（即为使其水银柱上升至毛细管末端 b 处的温度），等约5min使水银的温度与水温一致。

③ 取出温度计，右手握其中部，温度计垂直，水银球向下，以左手掌轻轻拍右手腕（注意：操作时应远离实验台，以免碰碎温度计，并且切不可直接敲打温度计）。靠振动的力量使毛细管中的水银与储槽中的水银在其接口处（b 处?）断开。

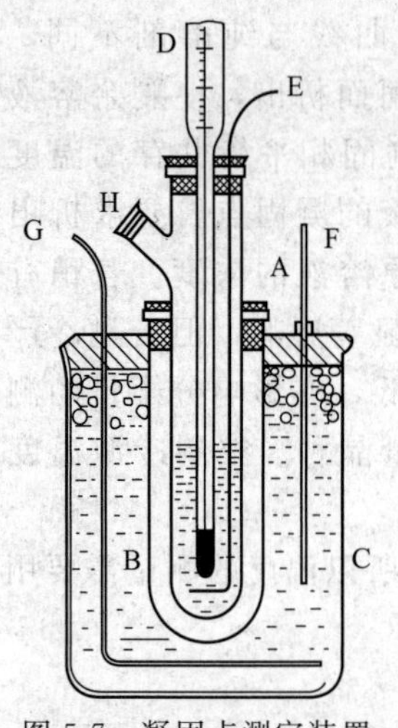

图 5-7 凝固点测定装置

A—盛溶液的内管；B—空气套管；C—冰槽；D—贝克曼温度计；E—玻璃搅拌棒；F—普通温度计；G—冰槽搅拌棒；H—加溶质的支管

④ 将调节好的温度计置于欲测温度的恒水浴中，观察读数值，并估计量程是否符合要求。例如在冰点降低的实验中，即可用0℃的冰水浴予以检验，若温度值落在3～6℃处，意味着量程合适。但若偏差过大，则需按上述步骤重新调节。

使用贝克曼温度计时应注意以下事项。

① 贝克曼温度计属于较贵重、精密的玻璃仪器，在使用时应胆大心细、轻拿轻放，必要时握其中部，不得随意旋转，一般应安装在仪器上，调节时握在手中，否则应放置在温度计盒中。

② 调节时，注意防止骤冷骤热，以免温度计炸裂。

③ 用左手拍右手手腕时，注意温度计一定要垂直，否则毛细管易折断，还应避免重击和撞碰。

④ 调节好的温度计一定要放置在温度计架上，注意勿使毛细管中的水银柱与储槽中的水银相接，否则，还需重新调节。

四、主要仪器和试剂

1. 仪器

凝固点测定装置（图5-7）、贝克曼温度计、普通温度计、分析天平、读数放大镜、移液管（25mL）。

2. 试剂

环己烷（A.R.）、萘（A.R.）。

五、实验内容

1. 调节贝克曼温度计和冰槽温度

将仪器洗净烘干，调节好贝克曼温度计，使其在环己烷的凝固点时水银柱高度距离顶端刻度1～2℃，按图5-7安装好仪器，并在冷槽中加入适量的碎冰和水（冷冻剂的成分随所用溶剂而定），冰槽温度控制在2～3℃，实验过程中用冰槽搅拌棒G经常搅拌并间断补充少量的冰，以使冰槽温度保持恒定。

2. 环己烷凝固点的测量

在室温下，用移液管吸取25.00mL环己烷，自上口加入内管A中，加入环己烷要足够浸没贝克曼温度计的水银球，但也不宜过多，尽量不要让贝克曼温度计的水银球触及管壁和管底。

用玻璃搅拌棒E慢慢搅动溶剂，搅拌时要防止搅拌棒与管壁或温度计相摩擦。使温度逐渐降低，当晶体开始析出时注意温度的回升，每分钟观察一次贝克曼温度计的读数，直到温度稳定，记录读数，此为近似凝固点。

取出内管A，用手温热至管中的固体全部熔化，将内管A直接插入冰槽中，温度慢慢下降，当温度降至高于近似凝固点0.3℃时，迅速取出并擦干，立即放入预先浸泡在水槽中的空气套管B中，把内管A固定在其中，不断搅拌，继续冷却，当温度低于近似凝固点0.2℃时加速搅拌，当过冷的环己烷结晶时，温度回升，立即改为缓慢搅拌，读取回升的最高点温度，此点为环己烷的凝固点，重复三次，读数之差应在0.005℃之内，取平均值作为环己烷的凝固点。

3. 溶液凝固点的测定

准确称量已压成片状的萘0.1～0.2g，从支管H加入内管A中，待萘全部溶解后，再把内管A放入空气套管B中，搅拌使其冷却。同上法测定溶液的近似凝固点和精确凝固点，记录数据。计算萘的摩尔质量。

实验十五　化学反应热效应的测定

一、实验目的

1. 通过实验了解化学反应热效应的概念。
2. 了解用量热法测定HCl与$NH_3 \cdot H_2O$、NaOH与HAc的中和热的原理和方法。
3. 了解化学标定法，并掌握其操作。

二、预习提示

1. 中和热除与温度有关外，与浓度有无关系？
2. 若要提高中和热测定的准确性，实验时应注意什么？
3. 中和热和反应热是否相同？它们之间有什么区别和联系？
4. 预习内容　热化学基本原理，设计总热容和中和热测定数据的记录及处理格式。

三、实验原理与技能

1. 实验原理

在298K、溶液足够稀的情况下，1mol OH^-与1mol H^+中和，可放出57.3kJ的热量。即：

$$H^+(aq) + OH^-(aq) \longrightarrow H_2O(l) \qquad \Delta_r H_m^{\ominus} = -57.3kJ \cdot mol^{-1}$$

在水溶液中，强酸和强碱几乎全部离解为 H^+ 和 OH^-，故各种一元强酸和强碱的热效应（中和热）数值应该是相同的。随着实验温度的变化，中和热数值略有不同，T 温度下的中和热可由下式算得：

$$\Delta_r H_{m,T}^{\ominus} = -57.3 + 0.21(T - 298)$$

弱酸（或弱碱）在水溶液中只是部分分离，所以弱酸（或弱碱）与强碱（强酸）发生中和反应，存在弱酸（或弱碱）的电离作用（需吸收热量，即解离热），总的热效应将比强酸强碱中和时的热效应的绝对值要小。两者的差值即为该弱酸（或弱碱）的解离热。如醋酸的中和反应：

$$\begin{array}{ccc} HAc + OH^- & \xrightarrow{\Delta_r H_m} & H_2O + Ac^- \\ \downarrow \Delta_r H_{解离} & & \uparrow \Delta_r H_{中和} \\ H^+ \ + \ Ac^- & + & OH^- \end{array}$$

由盖斯定律可得

$$\Delta_r H_m = \Delta_r H_{解离} + \Delta_r H_{中和}$$

则

$$\Delta_r H_{解离} = \Delta_r H_m - \Delta_r H_{中和}$$

用量热计测定反应的热效应时，首先要测定量热计本身的热容 C'，它代表量热器各部件（如杯体、搅拌器、温度计等）的热容总和，即量热器温度每升高 1K 所需的热量。本实验采用化学标定法测定量热计热容 C'。化学标定法是指将已知热效应的一定量的标准溶液 HCl 和过量的 NaOH 溶液放在量热计中反应，使之放出一定热量，根据在体系中实际测得的温度升高值（ΔT），由下式计算出量热计热容 C'。

$$n(HCl)\Delta_r H_m^{\ominus} + (V\rho c + C')\Delta T = 0 \qquad (5\text{-}8)$$

式中 $n(HCl)$——参加反应 HCl 溶液的物质的量，mol；

V——反应体系中溶液的总体积，L；

ρ——溶液的密度，$kg \cdot L^{-1}$；

c——溶液的比热容，即每千克溶液温度升高 1K 所吸收的热量，$kJ \cdot K^{-1} \cdot kg^{-1}$。

一般当溶液的密度不是太大或太小的情况下，溶液的密度与比热容的乘积可视为常数。因此实验中如果控制反应物体积相同，则 $V\rho c + C'$ 亦为一常数，它就是反应体系（包括反应液和量热器）的总热容，以 C 表示。代入式(5-8) 即可求得。

$$C = \frac{n(HCl)\Delta_r H_m^{\ominus}}{\Delta T} \qquad (5\text{-}9)$$

由 C 值可方便地在相同条件下，测得任一中和反应的中和热。

2. 实验技能

温度计、量筒、移液管的使用，装配量热计（图5-8）。

四、主要仪器和试剂

1. 仪器

量热计。

2. 试剂

$1.00mol\cdot L^{-1}$ HCl、$3.00mol\cdot L^{-1}$ NaOH、$1.00mol\cdot L^{-1}$ HAc、$3.00mol\cdot L^{-1}$ $NH_3\cdot H_2O$。

3. 其他

pH 试纸。

五、实验内容

1. 总热容的测定

① 准确量取 $1.00mol\cdot L^{-1}$ HCl 溶液 150mL 置于干燥的量热计中。量热计塑料盖上附有温度计与搅拌棒，调节温度计的高度，使水银球距离杯底 2cm 左右。观察 HCl 溶液的温度，当保持不变时，记录数据，作为 HCl 溶液的起始温度。

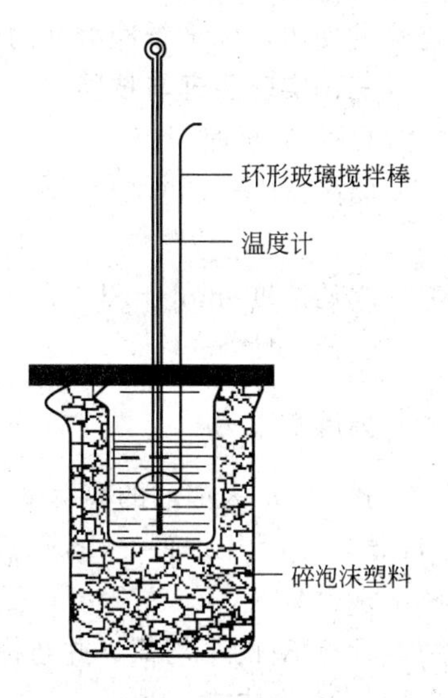

图 5-8　量热计装置

② 另取一干净的量筒量取 $3.00mol\cdot L^{-1}$ NaOH 溶液 51mL，用另一温度计测量该溶液的温度，看是否与 HCl 溶液起始温度一致，如不一致，则需略加调节使与 HCl 溶液起始温度相同。

③ 取下量热计上的塑料盖，将上述的 NaOH 溶液迅速倒入量热计中，盖紧塑料盖，并充分搅拌，观察温度计的变化，待温度上升并达到最大值时，记下最高温度。用 pH 试纸检查一下量热计中溶液的酸碱性（溶液应该为碱性）。

④ 倒掉量热计中的溶液，用冷水冲洗干净并使其降温擦干后，重复上述测定一次。两次测定的 C 值相对相差应在 2%以内。

2. 中和热的测定

（1）HCl 和 $NH_3\cdot H_2O$ 中和热的测定

用 $3.00mol\cdot L^{-1}$ $NH_3\cdot H_2O$ 溶液代替 $3.00mol\cdot L^{-1}$ NaOH 溶液，重复上述操作，测定 HCl 和 $NH_3\cdot H_2O$ 中和反应的中和热（量热计中溶液的 pH 值应为 7～8）。

（2）HAc 与 NaOH 中和热的测定

用 $1.00mol\cdot L^{-1}$ HAc 溶液代替 $1.00mol\cdot L^{-1}$ HCl 溶液，重复上述操作，测定 HAc 与 NaOH 中和反应的中和热。

3. 根据测定数据和盖斯定律，计算 $NH_3\cdot H_2O$ 和 HAc 的解离热。

实验十六　醋酸离解度和离解平衡常数的测定

（一）pH 法

一、实验目的

1. 掌握用 pH 计法测定 HAc 的离解度和离解常数的原理和方法。
2. 加深对弱电解质离解平衡、弱电解质离解度、离解平衡常数与浓度关系的理解。
3. 学习 pH 计的使用方法。

二、预习提示

1. 若改变所测 HAc 溶液的浓度和温度，HAc 的离解度和离解常数有无变化？
2. 配制醋酸溶液时为什么要使用干燥的烧杯？
3. 预习内容　弱电解质离解平衡等有关概念，pH 计的原理，pH 计的使用，酸、碱滴定管的使用，标准缓冲溶液的配制方法。

三、实验原理与技能

1. 实验原理

醋酸（CH_3COOH）是一种弱电解质，在水中存在如下平衡：

$$HAc(aq) \rightleftharpoons H^+(aq) + Ac^-(aq)$$

起始浓度/$mol \cdot L^{-1}$　　c　　0　　0

平衡浓度/$mol \cdot L^{-1}$　　$c-c\alpha$　　$c\alpha$　　$c\alpha$

离解常数为

$$K(HAc)=\frac{c(H^+)c(Ac^-)}{c(HAc)}=\frac{(c\alpha)^2}{c-c\alpha}$$

式中，α 为醋酸的离解度。在一定温度下，可以使用 pH 计测量一系列不同浓度醋酸的 pH 值，然后由 $pH=-\lg c(H^+)$ 求得 $c(H^+)$，再由 $c(H^+)=c\alpha$ 求出对应的离解度 α 和离解平衡常数 K。

计算 K 的平均值，并与标准值 1.8×10^{-5} 比较，求出相对误差。

2. 实验技能

(1) 标准缓冲溶液的配制。

(2) 移液管和吸量管的使用。

(3) pH 计的使用。

四、主要仪器和试剂

1. 仪器

pH 计及相应电极、移液管（50mL)、吸量管（25mL)、烧杯（80mL)。

2. 试剂

已标定的 $0.1mol \cdot L^{-1}$ HAc、标准缓冲溶液。

3. 其他

滤纸碎片。

五、实验内容

1. 配制溶液

① pH=4.00 标准缓冲溶液（20℃）　称取在（115±5)℃下烘干 2～3h 的 KH_2PO_4（A. R.）10.12g 溶于不含 CO_2 的去离子水中，在容量瓶中稀释至 1L，混匀。

② pH=6.88 标准缓冲溶液（20℃）　称取在（115±5)℃下烘干 2～3h 经冷却过的 KH_2PO_4(A. R.) 3.39g 和 Na_2HPO_4(A. R.) 3.53g，溶于不含 CO_2 的去离子水中，在容量瓶中稀释至 1L，混匀。

③ 醋酸溶液的配制　取 4 只干燥的 80mL 烧杯，编号，用移液管或吸量管按表 5-3 中四组数据分别准确取 HAc 与去离子水加入对应烧杯（取 HAc 与去离子水的移液管、吸量管要严格分开，一次取完所有的 HAc 再取所有的去离子水)，并混合均匀。计算各烧杯中 HAc 的精确浓度，填入表 5-3 中。

表 5-3　不同浓度的醋酸离解度和离解平衡常数

实验编号	HAc 体积/mL	H_2O 体积/mL	HAc 浓度/$mol \cdot L^{-1}$	pH	$c(H^+)$/$mol \cdot L^{-1}$	α/%	$K(HAc)$	K 的平均值
1	3.00	45.00						
2	6.00	42.00						

续表

实验编号	HAc体积/mL	H_2O体积/mL	HAc浓度/$mol \cdot L^{-1}$	pH	$c(H^+)$/$mol \cdot L^{-1}$	α/%	$K(HAc)$	K的平均值
3	12.00	36.00						
4	24.00	24.00						

2. 电极的标定

采用两点标定法，用 pH＝4.00 和 pH＝6.88 的缓冲溶液标定电极。

3. 测定醋酸溶液的 pH

使用 pH 计按照由稀到浓的顺序测定各组的 pH 值，并计算各组溶液的离解度 α 和离解平衡常数 K，填入表 5-3 中。将 K 的平均值与标准值比较，进行误差分析。

观察测定结果，并得到一定温度下浓度 c 与离解度 α 和离解平衡常数 K 之间的关系。

（二）电导率法

一、实验目的

1. 掌握用电导率法测定醋酸在水溶液中的离解度和离解平衡常数的原理和方法。
2. 加深对电离平衡基本概念的理解。
3. 学习电导率仪的使用方法。

二、预习提示

1. 测定 HAc 溶液的电导率时，测定顺序为什么应由稀到浓？
2. 简述电导率仪的使用步骤。
3. 什么叫溶液的电导率？为什么 λ 与 λ_0 之比即为弱电解质的电离度？
4. 预习内容　弱电解质离解平衡等有关概念，电导率等有关概念，电导率仪的使用，酸、碱滴定管的使用。

三、实验原理与技能

1. 实验原理

醋酸（CH_3COOH）是一种弱电解质，在水中存在如下平衡：

$$HAc(aq) \rightleftharpoons H^+(aq) + Ac^-(aq)$$

	HAc(aq)	H^+(aq)	Ac^-(aq)
起始浓度/$mol \cdot L^{-1}$	c	0	0
平衡浓度/$mol \cdot L^{-1}$	$c - c\alpha$	$c\alpha$	$c\alpha$

离解常数为

$$K(HAc) = \frac{c(H^+)c(Ac^-)}{c(HAc)} = \frac{(c\alpha)^2}{c - c\alpha} \tag{5-10}$$

一定温度下，K 为常数，通过测定不同浓度下的离解度就可求得平衡常数 K 值。离解度可通过测定溶液的电导来计算，溶液的电导用电导率仪测定。

物质导电能力的大小，通常以电阻（R）或电导（G）表示，电导为电阻的倒数：

$$G = \frac{1}{R}$$

电导的单位为西（S）。电解质溶液和金属导体一样，其电阻也符合欧姆定律。温度一定时，两极间溶液的电阻与电极间的距离 l 成正比，与电极面积 A 成反比。

$$R = \rho \frac{l}{A}$$

ρ 称为电阻率，它的倒数称为电导率，以 κ 表示，单位为 $S\cdot m^{-1}$，则

$$\kappa = G\frac{l}{A}$$

电导率 κ 表示放在相距 1m、面积为 $1m^2$ 的两个电极之间溶液的电导，l/A 称为电极常数或电导池常数。在一定温度下，相距 1m 的两平行电极间所容纳的含有 1mol 电解质溶液的电导称为摩尔电导，用 λ 表示。如果 1mol 电解质溶液的体积用 V 表示（m^3），溶液中电解质的物质的量浓度用 c 表示（$mol\cdot L^{-1}$），摩尔电导 λ 的单位为 $S\cdot m^2\cdot mol^{-1}$，则摩尔电导 λ 和电导率 κ 的关系为

$$\lambda = \kappa V = \frac{\kappa}{c} \tag{5-11}$$

对于弱电解质来说，无限稀释时的摩尔电导率 λ_0 反映了该电解质全部电离且没有相互作用时的电导能力。在一定浓度下，λ 反映的是部分电离且离子间存在一定相互作用时的电导能力。如果弱电解质的离解度比较小，电离产生出的离子浓度较低，使离子间作用力可以忽略不计，那么 λ 与 λ_0 的差别就可以近似看成是由部分离子与全部电离产生的离子数目不同所致，所以弱电解值的离解度可表示为

$$\alpha = \frac{\lambda}{\lambda_0} \tag{5-12}$$

这样，可以由实验测定浓度为 c 的醋酸溶液的电导率 κ，代入式(5-11)，求出 λ，由式(5-12) 算出 α，将 α 的值代入式(5-10)，即可算出 K(HAc)。

2. 实验技能

电导率仪的使用方法（见第二章第二节）。

四、主要仪器和试剂

1. 仪器

雷磁 DDS-307 型电导率仪、酸式滴定管、碱式滴定管、烧杯（50mL，干燥）。

2. 试剂

已标定的 $0.1mol\cdot L^{-1}$ HAc。

3. 其他

滤纸片或擦镜纸。

五、实验内容

1. 配制溶液

取 4 只干燥烧杯，编成 1～4 号，然后用滴定管按表 5-4 中烧杯编号分别准确放入已知浓度的醋酸溶液和蒸馏水。

2. 醋酸溶液电导率的测定

用电导率仪由稀到浓测定 1～4 号醋酸溶液的电导率，记录数据，填入表 5-4 中。

表 5-4 不同浓度的醋酸离解度和离解平衡常数

烧杯编号	HAc 体积/mL	H_2O 体积/mL	HAc 浓度/$mol\cdot L^{-1}$	κ/$S\cdot m^{-1}$	λ/$S\cdot m^2\cdot mol^{-1}$	α/%	K(HAc)
1	3.00	45.00					
2	6.00	42.00					
3	12.00	36.00					
4	24.00	24.00					

测定时温度______℃，λ_0(HAc)______$S \cdot m^2 \cdot mol^{-1}$，

HAc标准溶液的浓度__________，HAc的电离常数$K_{平均}$__________。

3. 实验结束后，先关闭各仪器的电源，用蒸馏水充分冲洗电极，并将电极浸入蒸馏水中备用。

实验十七　溶度积常数的测定

(一) $PbCl_2$溶度积常数的测定——离子交换法

一、实验目的

1. 了解离子交换树脂的使用方法。

2. 掌握离子交换树脂测定溶度积的原理和方法。

二、预习提示

1. 用离子交换法测定$PbCl_2$溶度积的原理是什么?

2. 为什么要注意液面始终不得低于离子交换树脂的上表面?

3. 预习内容　沉淀溶解平衡，离子交换树脂的性质，移液管、pH试纸使用方法，滴定操作，设计数据记录与处理格式。

三、实验原理与技能

1. 实验原理

常见难溶电解质溶度积的测定方法有电动势法、电导法、分光光度法、离子交换树脂法等，其实质均为测定一定条件下达到沉淀溶解平衡时溶液中相关离子浓度，从而得到K_{sp}。本实验选用离子交换树脂法测定难溶强电解质二氯化铅的溶度积$K_{sp}(PbCl_2)$。

在一定温度下，难溶电解质$PbCl_2$达成下列沉淀溶解平衡：

$$PbCl_2(s) \rightleftharpoons Pb^{2+}(aq) + 2Cl^-(aq)$$

设$PbCl_2$的溶解度为$s(mol \cdot L^{-1})$，则平衡时：$c(Pb^{2+})=s$，$c(Cl^-)=2s$，所以$K_{sp}(PbCl_2)=c(Pb^{2+})\ c^2(Cl^-)=s(2s)^2=4s^3$或$K_{sp}(PbCl_2)=4c^3(Pb^{2+})$。

如果$PbCl_2$饱和溶液中Pb^{2+}的浓度$c(Pb^{2+})$已知，即可求出$K_{sp}(PbCl_2)$。

本实验是用强酸性阳离子交换树脂(用RH表示)与一定体积的$PbCl_2$饱和溶液中的Pb^{2+}在离子交换柱中进行离子交换，其反应如下：

$$2RH + Pb^{2+} = R_2Pb + 2H^+$$

再用已知浓度的NaOH溶液滴定生成的H^+：

$$OH^- + H^+ = H_2O$$

从而求出被交换的Pb^{2+}和Cl^-的浓度。

根据　$$Pb^{2+} \longrightarrow 2H^+ \longrightarrow 2OH^-$$

设所取$PbCl_2$饱和溶液的体积为V_1；NaOH浓度为c_2，滴定所消耗NaOH体积为V_2；则$PbCl_2$饱和溶液中Pb^{2+}的浓度为：

$$c(Pb^{2+})=V_2c_2/(2V_1)$$

从而求出$K_{sp}=4c^3(Pb^{2+})=1/2(V_2c_2/V_1)^3$。

2. 实验技能

离子交换树脂装柱方法，离子交换树脂的使用和再生方法，移液管、pH试纸使用方

法，滴定操作，酚酞终点的判断。

四、主要仪器和试剂

1. 仪器

离子交换柱、碱式滴定管、锥形瓶、烧杯、移液管、温度计。

2. 试剂

阳离子交换树脂、$PbCl_2$ 饱和溶液、酚酞指示剂、pH 试纸、$0.05mol \cdot L^{-1}$ NaOH 溶液、$1.0mol \cdot L^{-1}$ HCl 溶液。

五、实验内容

1. 装柱

向阳离子交换树脂中加入少量去离子水使成“糊状”，装入离子交换柱中，装好后，再加去离子水直至液面高于树脂 2cm 左右，确保树脂完全浸没在去离子水中。装柱时尽可能使树脂紧密，不留气泡。

2. 转型

向交换柱中加入 20mL $1.0mol \cdot L^{-1}$ HCl 溶液，以每分钟 40 滴的流速通过交换柱，待柱中液面降至距树脂表面约 1cm 时，用去离子水淋洗树脂直到流出液用 pH 试纸检验呈中性为止。

3. 交换

用移液管准确吸取 25.00mL $PbCl_2$ 饱和溶液于一洁净小烧杯中，转入离子交换柱内，控制流速约每分钟 30 滴，用一洁净的锥形瓶承接流出液。用适量去离子水洗涤烧杯 3 次，每次洗涤液均注入离子交换柱内。直至交换完毕（流出液用 pH 试纸检验呈中性为止）。在交换过程中应注意及时加入去离子水，防止树脂暴露在空气中。

4. 滴定

向锥形瓶中加入酚酞指示剂 3 滴，用已知浓度的 NaOH 溶液滴定至溶液颜色由无色变成淡红色且在 30s 内不褪色即可。记录 NaOH 的体积（V_2）。

（二）碘酸铜溶度积常数的测定——分光光度法

一、实验目的

1. 掌握分光光度法测定溶度积的原理和方法。

2. 学习使用分光光度计。

3. 学习工作曲线的绘制。

二、预习提示

1. 加入 $NH_3 \cdot H_2O$ 的量是否要准确？能否用量筒量取？

2. 为什么要将所制得的碘酸铜洗净？

3. 吸取 $Cu(IO_3)_2$ 饱和溶液时，若吸取少量固体，对测定结果有无影响？

4. IO_3^- 的浓度如何计算？

5. 预习内容　光吸收定律，Excel 处理数据方法、过滤，分光光度计、吸量管、容量瓶等使用方法，设计数据记录与处理格式。

三、实验原理与技能

1. 实验原理

在一定温度下，在碘酸铜饱和溶液中，存在以下沉淀溶解平衡：

$$Cu(IO_3)_2 \rightleftharpoons Cu^{2+} + 2IO_3^-$$

其平衡常数为溶度积常数,简称溶度积,表示为:

$$K_{sp}[Cu(IO_3)_2]=c(Cu^{2+})c^2(IO_3^-)$$

测定出 Cu^{2+} 和 IO_3^- 的浓度后，即可求出实验温度时碘酸铜的 K_{sp}。

本实验采用分光光度法测定 Cu^{2+} 的浓度。在一系列已知浓度的 Cu^{2+} 溶液中加入过量氨水（为什么?），生成蓝色 $[Cu(NH_3)_4]^{2+}$，其最大吸收波长为 610nm。在分光光度计上测定有色溶液的吸光度 A，以 A 为纵坐标、$c(Cu^{2+})$ 为横坐标，绘制工作曲线（也称标准曲线）。然后吸取一定量 $Cu(IO_3)_2$ 饱和溶液与氨水作用，测定所得蓝色溶液的吸光度为 A'，在标准曲线上找出与 A' 相对应的 Cu^{2+} 浓度，即可计算出 $Cu(IO_3)_2$ 饱和溶液中的 $c(Cu^{2+})$。

2. 实验技能

① 碘酸铜饱和溶液的制备　用烧杯分别称取 2g 五水硫酸铜（$CuSO_4 \cdot 5H_2O$）、3.4g 碘酸钾（KIO_3），加蒸馏水并稍加热，使它们完全溶解。将两溶液混合，加热并不断搅拌以免暴沸，约 20min 后停止加热。静置至室温后弃去上层清液，用倾析法将所得碘酸铜洗净(以洗涤液中检查不到 SO_4^{2-} 为标志)。然后进行减压过滤，将碘酸铜沉淀抽干后烘干。将上述制得的固体配制成 80mL 饱和溶液。用干的双层滤纸将饱和溶液过滤，滤液收集于一个干燥的烧杯中。

② 分光光度计的使用方法，数据处理方法，倾析法，减压过滤，吸量管、容量瓶等使用方法。

四、主要仪器和试剂

1. 仪器

吸量管（25mL，2mL)、容量瓶（50mL)、托盘天平、温度计、分光光度计等。

2. 试剂

固体 $CuSO_4 \cdot 5H_2O$、固体 KIO_3、$1mol \cdot L^{-1}$ $NH_3 \cdot H_2O$。

五、实验内容

1. 标准曲线制作

在 5 个 50mL 容量瓶中，用吸量管分别加入 0.40mL、0.80mL、1.20mL、1.60mL 和 2.00mL 标准 $CuSO_4$ 溶液（$0.100mol \cdot L^{-1}$），各加入 $1mol \cdot L^{-1}$ $NH_3 \cdot H_2O$ 4mL，用蒸馏水稀释至刻度后摇匀，编号。

以蒸馏水作参比液，用 2cm 比色皿，在 610nm 波长下，在分光光度计上分别测定各溶液的吸光度，做出标准曲线。

2. 测定 $Cu(IO_3)_2$ 饱和溶液中 $c(Cu^{2+})$

吸取 25.00mL 过滤后的 $Cu(IO_3)_2$ 饱和溶液于 50mL 容量瓶中，加入 $1mol \cdot L^{-1}$ $NH_3 \cdot H_2O$ 4mL，用蒸馏水稀释至刻度后摇匀。在与测定标准曲线相同的条件下，测定吸光度。根据测定的吸光度，在标准曲线上找出相应的 $c(Cu^{2+})$，由 $c(Cu^{2+})$ 计算 $K_{sp}[Cu(IO_3)_2]$。

实验十八　磺基水杨酸合铁（Ⅲ）配合物的组成及稳定常数的测定

一、实验目的

1. 了解分光光度法测定配合物组成和稳定常数的方法。

2. 掌握用图解法处理实验数据的方法。

3. 进一步学习分光光度计、吸量管、容量瓶等使用方法。

二、预习提示

1. 本实验测定配合物的组成和稳定常数的原理是什么？

2. 用等摩尔连续变换法测定配合物时，为什么说溶液中金属离子与配体的物质的量之比正好与配离子组成相同时，配离子的浓度为最大？

3. 本实验为什么对酸度要进行严格控制？

4. 预习内容　数据处理方法，分光光度计、吸量管、容量瓶等使用方法，设计数据记录与处理格式。

三、实验原理与技能

1. 实验原理

磺基水杨酸（HO—C_6H_3(COOH)—SO_3H，简式为 H_3R）与 Fe^{3+} 在 pH＝2～3、4～9、9～11.5 时可分别形成三种不同颜色、不同组成的配离子。其中在 pH 为 2～3 时生成的为紫红色配合物（有一个配位体）。本实验通过分光光度法测定该红色配合物的组成及稳定常数。

用分光光度法（原理参考第二章第三节）测定配离子的组成通常有等摩尔连续变化法、摩尔比法、斜率法和平衡移动法等，每种方法都有一定的适用范围。

实验采用等摩尔连续变换法测定其配合物的组成。测定过程中用高氯酸调节溶液的酸度（配位能力较弱），每份溶液中金属离子和配体二者的总物质的量不变，将金属离子和配体按不同的物质的量比混合，配制一系列等物质的量的溶液，测定其吸光度。实际测定时，用等物质的量浓度的金属离子溶液和配位体溶液，按照不同的体积比（即物质的量之比）配成一系列溶液进行测定。虽然这一系列溶液中总物质的量相等，但 M 与 R 的物质的量比是不同的，即有一些溶液中 M 是过量的，在另一些溶液中 R 是过量的，在这两部分溶液中配离子的浓度都不可能达到最大值，只有当溶液中配体与金属离子摩尔比与配离子的组成一致时，配离子浓度才能最大，此时测定的吸光度 A 也最大。以吸光度 A 为纵坐标，以摩尔分数（配体和中心离子浓度相同时，可用体积分数）为横坐标作图（图 5-9）。

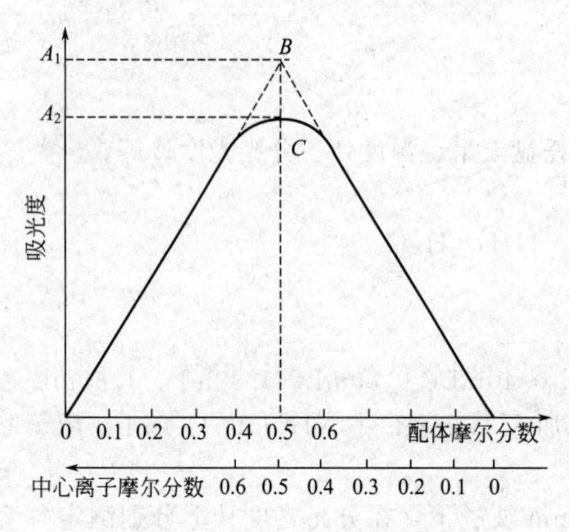

图 5-9　等摩尔连续变换法

在最大吸收处，

$$x_R=\frac{n_B}{n_{M+R}}=0.5,\quad x_M=\frac{n_M}{n_{M+R}}=0.5$$

即：金属离子与配位体物质的量之比为 1∶1，配合物的组成是 MR。

由图 5-9 可见，当完全以 MR 形式存在时，B 处 MR 的浓度最大，对应的最大吸光度为 A_1，由于配合物发生部分解离，实验测得最大吸光度为 C 处对应的 A_2。因此配合物 MR 的解离度 α 为：

$$\alpha=\frac{A_1-A_2}{A_1}$$

1∶1型配合物MR的稳定常数可由下列平衡关系导出：

$$MR \rightleftharpoons M + R$$

平衡浓度　　　　$c-c\alpha$　　$c\alpha$　　$c\alpha$

其表观稳定常数K为

$$K=\frac{c(MR)}{c(M)c(R)}=\frac{1-\alpha}{c\alpha^2}$$

式中，c是相应于B点的金属离子浓度。

2. 实验技能

分光光度计的使用方法，吸量管、容量瓶的使用方法，数据处理方法，Fe^{3+}标准溶液的配制方法。

四、主要仪器和试剂

1. 仪器

分光光度计、烧杯（50mL）、容量瓶（100mL）、吸量管（10mL）等。

2. 试剂

0.0100mol·L^{-1}磺基水杨酸、0.0100mol·L^{-1} $(NH_4)Fe(SO_4)_2$、0.01mol·L^{-1} $HClO_4$。

五、实验内容

1. 配制溶液

（1）配制0.00100mol·L^{-1} Fe^{3+}溶液

准确吸取10.00mL 0.0100mol·L^{-1} $(NH_4)Fe(SO_4)_2$溶液于100mL容量瓶中，用0.01mol·L^{-1} $HClO_4$溶液稀释至该度，摇匀备用。

（2）配制0.00100mol·L^{-1}磺基水杨酸溶液

准确吸取10.00mL 0.0100mol·L^{-1}磺基水杨酸溶液于100mL容量瓶中，用0.01mol·L^{-1} $HClO_4$溶液稀释至该度，摇匀备用。

（3）配制系列溶液

用3只10mL吸量管按表5-5所列试剂体积，分别吸取0.01mol·L^{-1} $HClO_4$溶液、0.00100mol·L^{-1} Fe^{3+}溶液、0.00100mol·L^{-1}磺基水杨酸溶液，依次在11只50mL烧杯中配制溶液，并混合均匀。

表5-5　测量数据

序号	0.01mol·L^{-1} $HClO_4$ /mL	0.00100mol·L^{-1} Fe^{3+} /mL	0.00100mol·L^{-1} H_3R /mL	H_3R 摩尔分数	吸光度
1	10.00	10.00	0.00		
2	10.00	9.00	1.00		
3	10.00	8.00	2.00		
4	10.00	7.00	3.00		
5	10.00	6.00	4.00		
6	10.00	5.00	5.00		
7	10.00	4.00	6.00		
8	10.00	3.00	7.00		
9	10.00	2.00	8.00		

续表

序号	$0.01mol \cdot L^{-1} HClO_4$ /mL	$0.00100mol \cdot L^{-1} Fe^{3+}$ /mL	$0.00100mol \cdot L^{-1} H_3R$ /mL	H_3R 摩尔分数	吸光度
10	10.00	1.00	9.00		
11	10.00	0.00	10.00		

2. 测定系列溶液的吸光度

用分光光度计在 $\lambda = 500nm$ 的光源下，以蒸馏水为空白（为什么?），测定系列溶液的吸光度，并记录于表 5-5 中。以吸光度对磺基水杨酸的摩尔分数作图，从图中找出最大吸收峰，求出配合物的组成和稳定常数。

实验十九 原电池电动势的测定

一、实验目的

1. 了解和掌握原电池电动势的测量方法。
2. 学习和掌握常用电位差计的原理和使用方法。

二、预习提示

1. 什么是原电池？它有什么作用?
2. 在铜锌原电池中，盐桥有什么作用?
3. 对消法测电动势的基本原理是什么？为什么用伏特表不能准确测定电池电动势?
4. 预习内容 原电池，电位差计的工作原理，电镀原理，溶液配制方法，设计数据记录及处理格式。

三、实验原理与技能

1. 实验原理

凡是能使化学能转变为电能的装置都称为电池（或原电池）。可逆电池的电动势可看作正、负两个电极的电势之差。设正极电势为 φ_+，负极电势为 φ_-，则

$$E = \varphi_+ - \varphi_-$$

电动势的测量是电位分析法的基础。当电池没有接通外电路，即未形成电流时，原电池正负极之间的电位差在数值上与该电池的电动势相同。因此只要能测得不产生电流时原电池正负极之间的电位差，也就测得了该电池的电动势。

为了满足可逆电池的条件要求，待测量电动势的电池必须在恒温、恒压条件下，电极反应是可逆的，而且不存在任何不可逆的液接界面，这时电池两极的电位差才能作为电池的电动势进行测量，所以在实际测量时，常用盐桥来减少液接电位。

电位差的测定不能直接用伏特计进行，由于伏特计等仪器是以电流作为测量基础的，测量时会在电池中产生较大的电流，从而使电池成为不可逆过程，测得的两极电位差则不是电池的电动势了。在精确测量时，也不能采用毫伏计进行。采用电位差计的方法可以使电流减少到零或极小，这时测得的电位差才可以认为是电池的电动势。

2. 实验技能

(1) 电位差计的工作原理

用于测量电动势和校正各种电表的电学测量仪器称为电位差计。国产的电位差计常见的

有学生型、701 型、UJ-1 型、UJ-2 型、UJ-25 型和 UJ-9 型等。还有一些自动测量电动势并显示结果的仪器，如 pHS-4 型 pH 计、数字电压表等。

电位差计通常是以补偿法（对消法）测量原理设计的一种平衡式电位测量仪，其工作原理如图 5-10 所示。

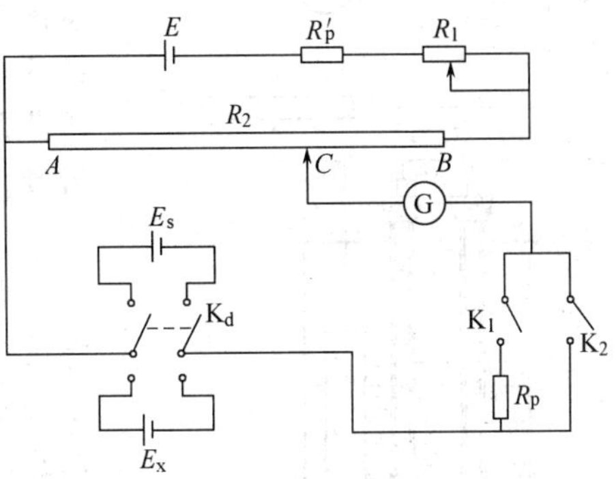

图 5-10　平衡式电位测量仪原理图

图 5-10 中 E_s 为标准电池（已知准确电动势的电池），E_x 为待测电池，E 为电位差计的工作电池，R_1 为精密线绕滑动变阻器，K_d 为双刀双掷开关，K_1、K_2 为单刀单掷开关，G 为灵敏检流计（示零仪表），R_p 为保护电阻，R_2 为一具有均匀电阻的电位器，且带有精密刻度标尺（单位为 V），C 为电位器R_2 的滑动触头。当开关 K_2 合上时，工作电池 E 的电压在 R_2 上产生均匀的电压器，可通过 R_1 来调节 R_2 上的电压降。

当开关 K_d 掷向 E_s 并合上 K_2 时，调节 C 使C 点的标尺位置与 E_s 的标准电动势相等，然后调节 R_1 使检流计 G 显示电流为零，这时 AC 段上由E 产生的电动势就是标准电池的电动势，实际上就是用标准电池的电动势对标尺的刻度进行校准。

测量未知电池的电动势时，将 K_d 掷向 E_x，接通电路，调节 C，使 G 中无电流通过，这时 R_2 上标尺的刻度即为 E_x 的电动势。

（2）电位差计的使用方法

① 调整检流计指针对“零”位。

② 校正电位差计　将“双刀双掷”开关（相当于图 5-10 中的 K_d，以下凡是与图 5-10 中相对应的部分均用括号表示）掷向标准电池（E_s），调节刻度旋钮 P_1 和 P_2（R_2 的触头）使指示的刻度为标准电池的标准电动势（一般使用 Weston 电池，其电动势在 25℃时为 1.083V）。先按下 K_1 调节调定电阻器（R_1）中的粗调旋钮，使检流计 G 的电流等于零，然后按下 K_2 再调节电阻器（R_1）中的细调旋钮，使 G 无电流通过，断开 K_1、K_2，这时电位差计已校正完毕。此时，调定电阻器（R_1）就不能再变动。

③ 测量　将双掷开关（K_d）掷向待测电池（E_x），按下 K_1 迅速调节 P_1 和 P_2，使 G 的读数准确地为零，立即断开 K_1、K_2 及 K_d，记录 P_1 和 P_2 的读数，即为待测电池的电动势，若用 0.01V 量程，所得读数应乘以 0.01。

使用电位差计时应注意以下事项。

① 每次用标准电池校正电位差计时，必须将变阻器的电位值先调到最大值，然后逐步减小。

② 工作电池与标准电池和待测电池的正、负极不能接错，否则就找不到平衡点。

③ 接通电路的时间应尽量短，否则会因导线发热而影响实验结果的准确性。

④ 接通和断开电路的次序，必须严格遵守先接蓄电池（工作电池），后接待测电池（或标准电池）的电路，断开时次序相反。

⑤ 在进行校正时，先按 K_1，主要是由于此时电路经过保护电阻 R_p，可以避免有大量电流通过检流计，特别是大电流通过标准电池，从而起到保护作用。

（3）铜电极的制备

取两片电极铜片用细砂纸磨光，以 HNO_3 溶液浸洗，后用自来水冲洗，再用蒸馏水淋

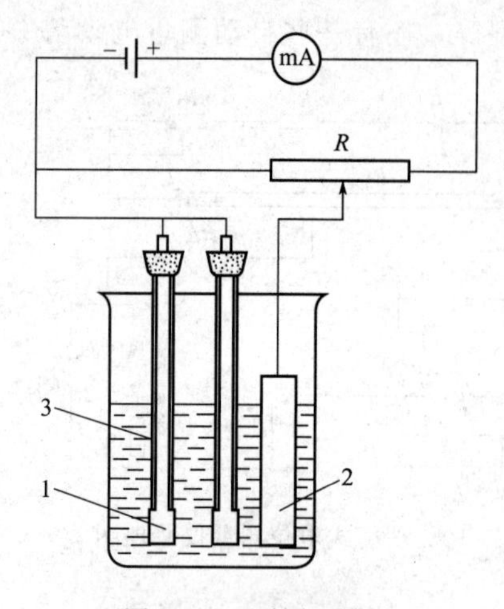

图 5-11 电镀铜装置

1—阴极；2—铜阳极；3—镀铜电极

洗，将它们并联在一起作阴极。另取一片铜片作阳极。按图 5-11 装置好仪器，控制电流密度为 $20mA \cdot cm^{-2}$。电镀约 30min，使电极铜片表面有一镀层。取出电极铜片，用蒸馏水淋洗，用滤纸吸干。插入盛有 $CuSO_4$ 溶液的电极管内即成 Cu 电极。

（4）锌电极的制备

取一片电极锌片用 H_2SO_4 溶液浸洗，然后用蒸馏水淋洗。将其浸入 $Hg_2(NO_3)_2$ 饱和溶液中 2～3s，取出后，小心地用滤纸擦亮其表面，使锌表面有一层锌汞齐，再用蒸馏水淋洗。把处理好的电极锌片插入盛有 $ZnSO_4$ 溶液的电极管内即成锌电极。

（5）盐桥的制备

按琼胶：KCl：水＝1：4.5：20 的比例加入烧瓶中，用热水浴加热至溶解，趁热加入干净的 U 形管中，冷却后即可使用。

四、主要仪器和试剂

1. 仪器

电位差计、标准电池（Weston 电池）、饱和 KCl 盐桥、锌电极和铜电极、烧杯（150mL，50mL）。

2. 试剂

$0.100mol \cdot L^{-1}$ $ZnSO_4$ 溶液、$0.100mol \cdot L^{-1}$ $CuSO_4$ 溶液。

3. 其他

吸水纸。

五、实验内容

1. 电池的制备

将预先制备好的 Zn 电极插入盛有 $0.100mol \cdot L^{-1}$ $ZnSO_4$ 溶液的 150mL 烧杯中，再将预制的 Cu 电极插入另一盛有 $0.100mol \cdot L^{-1}$ $CuSO_4$ 溶液的 150mL 烧杯中，最后用饱和 KCl 盐桥将两烧杯中的溶液联通，即得到了 Cu-Zn 原电池，其结构如图 5-12 所示。

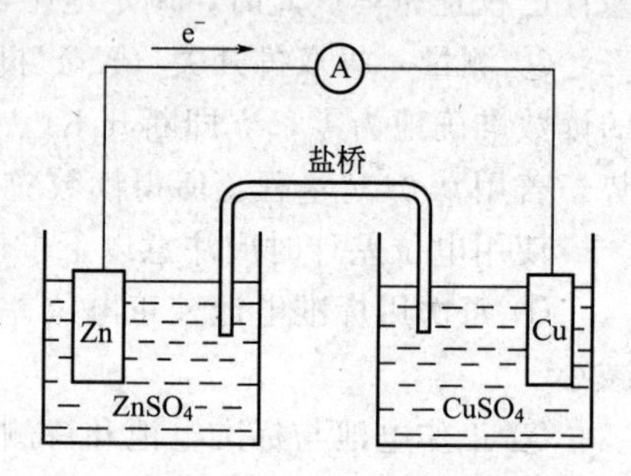

图 5-12 Cu-Zn 原电池示意图

2. 连接电位差计

电位差计可用成套的装置，也可以用各种元件进行组合得到，根据图 5-12 将电位差计与已经制好的 Cu-Zn 原电池连接好（注意正、负极接线正确）。

（1）校准电位差计

将双刀双掷开关 K_d 掷向标准电池，调节 R_2 的触头（或刻度旋钮）为标准电池的标准电动势（25℃ 时为 1.0183V）。先按下 K_1，调节 R_1 使检流计 G 的电流等于零，然后按下 K_2，再调节 R_1 使检流计中无电流通过。断开 K_1、K_2，这时电位差计已得到校正（R_1 的位置不能变动!）。

（2）测量

将双刀双掷开关 K_d 掷向待测电池，按下 K_1，迅速调节 R_2，使检流计的读数接近零，然后按下 K_2，迅速调节 R_2，使检流计的读数准确地为零，立即断开 K_1、K_2 及 K_d。记录

R_2 的读数，即为该待测电池的电动势（mV）。

（3）数据处理

利用原电池的电动势测定值，计算电池反应的自由能变化 ΔG_m 和反应的平衡常数 K。

① 自由能变化　$\Delta G_m = -nFE$

② 平衡常数　$\lg K = \frac{nFE}{2.303RT}$

式中，K 为平衡常数；n 为电池反应转移的电子数，mol；F 为法拉第常数；R 为气体常数，为 $8.314 J \cdot K^{-1} \cdot mol^{-1}$；$T$ 为热力学温度，K。

第六章　无机制备实验

实验二十　$CuSO_4 \cdot 5H_2O$ 的制备及提纯

一、实验目的

1. 了解不活泼金属与酸作用制备盐的方法。

2. 进一步学习并熟悉加热、浓缩、过滤等基本操作。

3. 学习除杂、提纯、结晶的基本操作。

二、预习提示

1. 粗制硫酸铜中的杂质 Fe^{2+} 为什么要氧化为 Fe^{3+} 后再除去？除 Fe^{3+} 时，为什么要调节溶液的 pH 为 3.5～4.0？pH 太大或太小有什么影响？

2. $KMnO_4$、K_2CrO_4、Br_2、H_2O_2 都可以氧化 Fe^{2+}，试分析选用哪一种氧化剂比较合适，为什么？

3. 产品的质量指标应对哪些离子进行检验？检验方法如何？

4. 预习内容　铜的性质、H_2O_2 的性质、不活泼金属或其氧化物与酸作用制备盐的方法等有关知识，溶液的浓缩、结晶、减压过滤和台秤的使用等基本操作。

三、实验原理与技能

1. 实验原理

Cu 属于不活泼金属，不能溶于非氧化性酸中，但其氧化物在稀酸中极易溶解。因此，工业上制备胆矾（$CuSO_4 \cdot 5H_2O$）时，先把 Cu 转化成 CuO（灼烧或加氧化剂），然后与适量浓度的 H_2SO_4 作用生成 $CuSO_4$。本实验采用 H_2O_2 作氧化剂，用废铜屑与稀 H_2SO_4、H_2O_2 作用来制备 $CuSO_4$。反应式为

$$Cu + H_2O_2 + H_2SO_4 = CuSO_4 + 2H_2O$$

废铜屑中常混有一些铁屑及其他的一些杂质如泥沙等，所以，反应溶液中除生成$CuSO_4$外，还含有一些以 Fe^{3+} 和 Fe^{2+} 的盐类为主的可溶性杂质和不溶性杂质。因此制备过程还需要经过溶解、除杂、结晶才能得到纯的 $CuSO_4 \cdot 5H_2O$。

2. 实验技能

加热、浓缩、抽滤以及除杂结晶等基本操作。

四、主要仪器和试剂

1. 仪器

台秤、蒸发皿、表面皿、烧杯（250mL，100mL）、量筒（100mL，10mL）、布氏漏斗、抽滤瓶、真空泵、滤纸，电炉。

2. 试剂

废铜屑、H_2O_2（3%，30%）、H_2SO_4（$1mol \cdot L^{-1}$，$3mol \cdot L^{-1}$）、$NH_3 \cdot H_2O$（$2mol \cdot L^{-1}$，$6mol \cdot L^{-1}$）。

五、实验内容

1. $CuSO_4 \cdot 5H_2O$ 的制备

往盛有 2g 铜屑的烧杯中加入 12mL 3mol·L^{-1} H_2SO_4，盖上表面皿，于电炉上加热至近沸，取下，缓慢滴加 30% 的 H_2O_2（H_2O_2 分解较快，一次不可加得过多，在反应过程中，根据反应情况补加适量的 H_2SO_4）至铜屑全部溶解后，冷却，抽滤除去不溶性杂质，滤液转至洗净的蒸发皿中，在水浴上加热浓缩至表面有晶膜出现，取下蒸发皿，使溶液逐渐冷却析出结晶，减压抽滤得到 $CuSO_4 \cdot 5H_2O$ 粗品。称其粗品质量。计算产率（以湿品计算，应不少于 85%），并与理论产率对比。

2. 精制 $CuSO_4 \cdot 5H_2O$

将上面制得的粗 $CuSO_4 \cdot 5H_2O$ 晶体放入小烧杯中，按 $CuSO_4 \cdot 5H_2O : H_2O = 1:3$（质量比）的比例加入纯水，加热溶解。滴加 2mL 3% H_2O_2，将溶液加热，同时滴加 2mol·L^{-1} $NH_3 \cdot H_2O$，直到溶液 pH=4，再多加 1～2 滴，加热片刻，静置，使生成的 $Fe(OH)_3$ 及不溶物沉降。抽滤，滤液转入洁净的蒸发皿中，滴加 1mol·L^{-1} H_2SO_4 溶液，调 pH 至1～2，然后在石棉网上加热、蒸发、浓缩至液面出现晶体膜时，停止加热。冷却，抽滤（尽量抽干），取出结晶，放在两层滤纸中间挤压，以吸干水分，称其质量，计算产率，并与理论产率对比。

保存合成样品，作为实验四十五分析试样使用。

实验二十一　硫代硫酸钠的制备

一、实验目的

1. 学习亚硫酸钠法制备硫代硫酸钠的原理和方法。

2. 掌握蒸发、浓缩、结晶和减压过滤等基本操作。

二、预习提示

1. 合成过程中为什么加入的硫磺粉需稍有过量？过量的硫应如何除去？

2. 合成过程中为什么加入乙醇？

3. 蒸发浓缩时，为什么不可将溶液蒸干？如果没有晶体析出，该如何处理？

4. 减压过滤时，应注意哪些问题？为什么过滤后的晶体要用乙醇来洗涤？

三、实验原理与技能

1. 实验原理

硫代硫酸钠是最重要的硫代硫酸盐，俗称“海波”，又名“大苏打”，易溶于水，不溶于乙醇，具有较强的还原性和配位能力，是冲洗照相底片的定影剂，棉织物漂白后的脱氯剂，定量分析中的还原剂。

$Na_2S_2O_3 \cdot 5H_2O$ 的制备方法有多种，其中亚硫酸钠法是工业和实验室中的主要方法。

$$Na_2SO_3 + S + 5H_2O \longrightarrow Na_2S_2O_3 \cdot 5H_2O$$

反应液经脱色、过滤、浓缩结晶、过滤、干燥即得产品。

反应过程中常加入乙醇，能够增加亚硫酸钠与硫磺的接触机会（硫在乙醇中的溶解度较大），增加反应速度，减少反应时间。

$Na_2S_2O_3 \cdot 5H_2O$ 于 40～45℃熔化，48℃分解，因此，在浓缩过程中要注意不能蒸发过度。

2. 实验技能

硫代硫酸钠的蒸发、浓缩、结晶，减压过滤等基本操作。

四、主要仪器和试剂

1. 仪器

台秤、调温电炉、蒸发皿、布氏漏斗、吸滤瓶、真空泵等。

2. 试剂

固体 Na_2SO_3、硫粉、95%乙醇、活性炭。

五、实验内容与步骤

1. 取 1.5g 硫磺粉于 100mL 烧杯中，加 3mL 乙醇充分搅拌均匀后，加入 5.0g Na_2SO_3(0.04mol)，加 50mL 去离子水，在不断搅拌下，小火加热煮沸，至硫磺粉几乎全部反应(约 40min，注意补充水)。

2. 停止加热，待溶液稍冷却后加 1g 活性炭，加热煮沸 2min。趁热过滤至蒸发皿中，于泥三角上小火蒸发浓缩至溶液呈微黄色浑浊（待滤液浓缩到刚有结晶开始析出时），冷却、结晶。减压过滤，晶体用乙醇洗涤，用滤纸吸干后（或在 40℃以下烘干），称重，计算产率。

实验二十二　硫酸亚铁铵的制备

一、实验目的

1. 了解复盐的一般特征和制备方法，制备复盐 $(NH_4)_2SO_4 \cdot FeSO_4 \cdot 6H_2O$。

2. 掌握无机制备的基本操作。

二、预习提示

1. 在制备 $FeSO_4$ 时，是 Fe 过量还是 H_2SO_4 过量？为什么？

2. 本实验计算 $(NH_4)_2SO_4 \cdot FeSO_4 \cdot 6H_2O$ 的产率时，以 $FeSO_4$ 的量为准是否正确？为什么？

3. 浓缩 $(NH_4)_2SO_4 \cdot FeSO_4 \cdot 6H_2O$ 时能否浓缩至干，为什么？

4. 产品的质量指标应对哪些离子进行检验？

5. 预习内容　活泼金属与酸作用制备盐的方法，水浴加热、蒸发、浓缩、结晶、减压过滤、沉淀的洗涤等固液分离技术，台秤的使用。

三、实验原理与技能

1. 实验原理

硫酸亚铁铵 [$(NH_4)_2SO_4 \cdot FeSO_4 \cdot 6H_2O$] 又称摩尔盐，为浅绿色单斜晶体。它在空气中比一般亚铁盐稳定，不易被氧化，而且价格低，制造工艺简单，容易得到较纯净的晶体，因此，其应用广泛，工业上常用作废水处理的混凝剂，在农业上既是农药又是肥料，在定量分析中常用作氧化还原滴定的基准物质。

像所有的复盐一样，硫酸亚铁铵在水中的溶解度比组成它的任何一种组分 $FeSO_4$ 或 $(NH_4)_2SO_4$ 的溶解度都要小，见表 6-1。因此从 $FeSO_4$ 或 $(NH_4)_2SO_4$ 溶于水所制得的浓混合溶液中，很容易得到结晶的摩尔盐。

表 6-1　三种盐的溶解度　　　　单位：$g \cdot (100gH_2O)^{-1}$

温度/℃	0	10	20	30	40	50	70
$FeSO_4 \cdot 7H_2O$	15.6	20.5	26.5	32.9	40.2	48.6	56.0
$(NH_4)_2SO_4$	70.6	73.0	75.4	78.0	81.6	84.5	91.9
$(NH_4)_2SO_4 \cdot FeSO_4 \cdot 6H_2O$	12.5	17.2	21.2	24.5	33.0	40.0	38.5

$FeSO_4$ 可由铁屑或铁粉与稀硫酸作用制得：

$$Fe + H_2SO_4 = FeSO_4 + H_2 \uparrow$$

用等物质的量的硫酸亚铁和硫酸铵在水溶液中相互作用，加热浓缩冷却结晶可得到溶解度较小的浅绿色的硫酸亚铁铵盐晶体：

$$FeSO_4 + (NH_4)_2SO_4 + 6H_2O = (NH_4)_2SO_4 \cdot FeSO_4 \cdot 6H_2O$$

2. 实验技能

水浴加热，蒸发，浓缩，结晶，减压过滤，沉淀的洗涤，台秤的使用，pH 试纸的使用。

四、主要仪器与试剂

1. 仪器

台式天平、烧杯（100mL，400mL）、量筒（10mL，50mL）、蒸发皿、布氏漏斗、吸滤瓶、表面皿、水浴锅、低温电炉或电热板。

2. 试剂

$3mol \cdot L^{-1}$ H_2SO_4 溶液、10% Na_2CO_3 溶液、固体 $(NH_4)_2SO_4$、铁屑、95%乙醇、pH 试纸、去离子水。

五、实验内容

1. 铁屑的净化（除去油污）

用台式天平称取 2.0g 铁屑，放入小烧杯中，加入 15mL 质量分数为 10% Na_2CO_3 溶液。缓缓加热约 10min 后，倾去 Na_2CO_3 碱性溶液，用自来水冲洗后，再用去离子水把铁屑冲洗洁净（如果用纯净的铁屑，可省略这一步）。

2. 硫酸亚铁的制备

往盛有上述已净化过铁屑的小烧杯中加入 15mL $3mol \cdot L^{-1}$ H_2SO_4 溶液，盖上表面皿，放在低温电炉上加热（在通风橱中进行!）。在加热过程中应不时加入少量去离子水，以补充被蒸发的水分，防止 $FeSO_4$ 结晶出来。直至不再有气泡放出为止。然后趁热抽滤，用少量热水洗涤小烧杯及残渣，此时溶液的 pH 应在 1 左右。滤液转移到洁净的蒸发皿中。计算出溶液中 $FeSO_4$ 的理论产量。

3. 硫酸亚铁铵的制备

根据 $FeSO_4$ 的理论产量，计算并称取所需固体 $(NH_4)_2SO_4$ 的用量。在室温下将称出的 $(NH_4)_2SO_4$ 加入上面所制得的 $FeSO_4$ 溶液中，在水浴上加热搅拌，使 $(NH_4)_2SO_4$ 全部溶解，调节 pH 值为 1～2，继续蒸发浓缩至溶液表面刚出现薄层的结晶时为止。自水浴锅上取下蒸发皿，放置，冷却后即有 $(NH_4)_2SO_4 \cdot FeSO_4 \cdot 6H_2O$ 晶体析出。待冷至室温后减压过滤，用少量乙醇洗去晶体表面所附着的水分。将晶体取出，置于两张洁净的滤纸之间，并轻压以吸干母液，称量。计算理论产量和产率。产率计算公式：

$$产率 = 实际产量(g)/理论产量(g) \times 100\%$$

保存合成样品，作为实验四十分析试样使用。

实验二十三　胶体的制备和性质

一、实验目的

1. 熟悉溶胶的制备和性质。

2. 学习溶胶的保护和聚沉的方法。

二、预习提示

1. 把三氯化铁溶液加到冷水中，能否得到 $Fe(OH)_3$ 溶胶？为什么？加热时间能否过长？为什么？

2. 溶胶为什么能稳定存在？怎样使溶胶聚沉？不同电解质对溶胶的聚沉作用有何不同？

3. 在生成沉淀的体系中，为了更好地离心分离沉淀，往往需要加热，这是为什么？

4. 预习内容　胶体的制备方法，胶体稳定性，胶体的聚沉和保护，胶体的电学性质，试剂的取用，加热方法，设计实验现象记录格式。

三、实验原理与技能

1. 实验原理

胶体溶液（溶胶）是一种高度分散的多相体系，控制适当的条件可以制得稳定的胶体溶液。要制备比较稳定的胶体溶液，原则上有两种方法。一种是凝聚法，即将真溶液通过化学反应或改换介质等方法来制取溶胶；例如，加热使 $FeCl_3$ 溶液水解，往稀 H_3AsO_3 溶液中通入 H_2S 气体（或加入 H_2S 水溶液），生成难溶的 $Fe(OH)_3$、As_2S_3，它们聚结过程中分别吸附了 FeO^+、HS^-（作为电位离子）便成为具有胶粒大小的带电粒子，形成了比较稳定的溶胶。另一种方法是分散法，即将大颗粒在一定条件下分散为胶粒，形成溶胶。

溶胶具有三大特性：丁铎尔效应、布朗运动和电泳，其中常用丁铎尔效应来区别溶胶与真溶液，用电泳来验证胶粒所带的电性。

胶团的扩散双电层结构及溶剂化膜是溶胶暂时稳定的原因。若在溶胶中加入电解质、加热或加入带异电荷的溶胶，都会破坏胶团的双电层结构及溶剂化膜，导致溶胶的聚沉，电解质使溶胶聚沉的能力主要取决于与胶粒所带电荷相反的离子电荷数，电荷数越大，聚沉能力越强。

在溶胶中加入高分子溶液（如白明胶），可以增大胶体的稳定性。

2. 实验技能

溶胶的制备方法，观察丁铎尔效应的方法，试剂取用方法，电炉加热，试管加热。

四、主要仪器和试剂

1. 仪器

试管、试管架、烧杯、量筒、酒精灯或电炉、玻璃棒、暗箱及光源、塞子。

2. 试剂

硫的酒精饱和溶液、10% $FeCl_3$ 溶液、饱和 H_3AsO_3 溶液、0.001mol·L^{-1} $AgNO_3$ 溶液、0.001mol·L^{-1} KI 溶液、饱和 H_2S 水溶液、4mol·L^{-1} KCl 溶液、0.005mol·L^{-1} K_2SO_4 溶液、0.1mol·L^{-1} KNO_3 溶液、0.005mol·L^{-1} $K_3[Fe(CN)_6]$ 溶液、白明胶。

五、实验内容

1. 溶胶的制备

按下述各方法制备溶胶，保留所得溶胶，供下步实验使用。

① 改变溶剂法制备硫溶胶　往 3mL 蒸馏水中滴加硫的酒精饱和溶液（约 3～4 滴），边

加边摇动试管，观察所得硫溶胶的颜色，试加以解释。

② 利用水解反应制备 $Fe(OH)_3$ 溶胶　用量筒取 50mL 蒸馏水于 100mL 烧杯中，加热至沸。然后逐滴加入 10% $FeCl_3$ 溶液 4mL，并不断搅拌。加完后，继续煮沸 1～2min 观察颜色的变化。写出 $Fe(OH)_3$ 溶胶的胶团结构。

③ 利用复分解反应制备 As_2S_3 溶胶　量取饱和亚砷酸（H_3AsO_3）水溶液（剧毒!）20mL 于烧杯中，边搅拌边往烧杯中逐滴加入饱和 H_2S 水溶液，直至溶液变为柠檬黄色为止。写出 As_2S_3 溶胶的胶团结构。

④ 制备 AgI 溶胶　用量筒量取 5mL 0.001mol·L^{-1} KI 溶液于一只烧杯中，在搅拌下，缓慢地逐滴加入 4mL 0.001mol·L^{-1} $AgNO_3$ 溶液。在另一烧杯中量取 5mL 0.001mol·L^{-1} $AgNO_3$ 溶液，在搅拌下，缓慢地逐滴加入 4mL 0.001mol·L^{-1} KI 溶液。由此可得两种不同电荷的 AgI 溶胶。写出两种溶胶的胶团结构。

2. 溶胶的性质

① 溶胶的光学性质——丁铎尔效应　取前面自制的 $Fe(OH)_3$ 溶胶和 As_2S_3 溶胶，分别装入试管中，放入丁铎尔效应的暗箱中，用灯光照射，在与光线垂直的方向观察丁铎尔效应，如图 6-1 所示。将观察到什么现象？解释所观察到的现象。

② 溶胶的电学性质——电泳（演示）　取一个 U 形电泳仪，将 6～7mL 蒸馏水由中间漏斗注入 U 形管内，滴加 4 滴 0.1mol·L^{-1} KNO_3 溶液，然后缓缓地注入 $Fe(OH)_3$ 溶胶，保持溶胶的液面相齐，在 U 形管的两端，分别插入电极，接通电源，电压调至 30～40V（如图 6-2 所示）。20min 后，观察实验现象并解释之。写出 $Fe(OH)_3$ 溶胶的结构式。

以同样的方法将新配制的 As_2S_3 溶胶注入到 U 形管中，插入电极，电压调至 110V，20min 后，观察实验现象并解释之。写出 As_2S_3 溶胶的结构式。

3. 溶胶的聚沉及其保护

① 异电荷溶胶的相互聚沉　取 1mL $Fe(OH)_3$ 溶胶于试管中，加入等量的 As_2S_3 溶胶，振荡试管，观察有何现象，并加以解释。

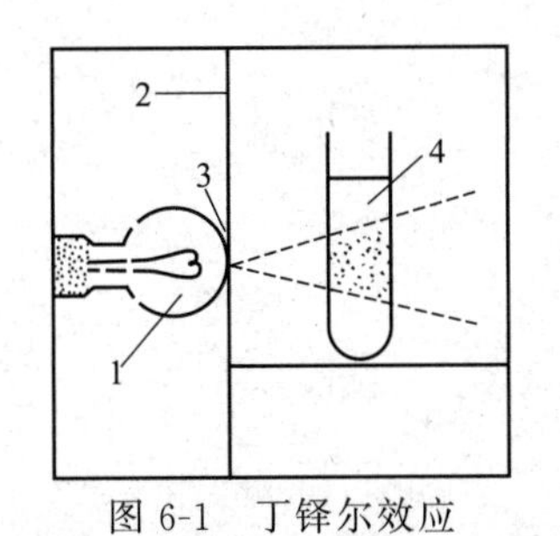

图 6-1　丁铎尔效应

1—灯泡；2—隔板；3—洞口；4—溶胶

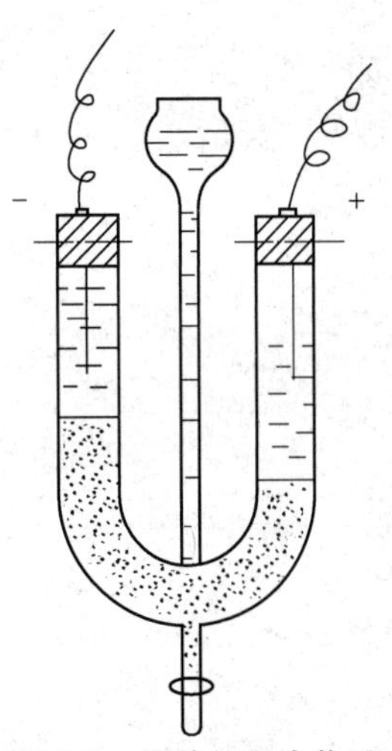

图 6-2　简单的电泳装置

② 电解质对溶胶的聚沉作用　在 3 支试管中各加入 $Fe(OH)_3$ 溶胶 2mL，然后分别滴入 KCl（4mol·L^{-1}）、K_2SO_4（0.005mol·L^{-1}）和 $K_3[Fe(CN)_6]$（0.005mol·L^{-1}），直到

溶胶变为浑浊，记下 3 种电解质所需的滴数，比较它们的聚沉能力。

③ 加热对溶胶的聚沉作用　在两支试管中分别取 2mL $Fe(OH)_3$ 溶胶和 2mL As_2S_3 溶胶，加热至沸，观察颜色有何变化，静置冷却，观察有何现象，并加以解释。

④ 高分子溶液对溶胶的保护作用（白明胶的保护作用）　在两支试管中各加入 5mL $Fe(OH)_3$，然后在第一支试管中加入白明胶 3 滴，第二支试管中加入蒸馏水 3 滴，并小心摇动试管，2min 后，分别加入 K_2SO_4（0.005mol·L^{-1}）溶液，边滴边摇，记录聚沉时各试管中所需 K_2SO_4 溶液的滴数，并说明原因。

第七章　性质与定性分析实验

实验二十四　酸碱性质与酸碱平衡

一、实验目的

1. 掌握溶液的取用方法。
2. 掌握实验现象的观察方法及记录方法。
3. 掌握 pH 试纸的使用方法。
4. 学习同离子效应和缓冲溶液的原理及作用。

二、预习提示

1. 同浓度的强酸与弱酸，其 pH 是否相同？为什么？
2. 同离子效应使弱电解质的电离度增加还是减小？
3. 影响盐类水解的因素有哪些？
4. 缓冲溶液有什么作用？其组成如何？
5. 用胶头滴管取用试剂时应注意哪些问题？
6. 试管加热时应注意什么问题？
7. 预习内容　强、弱电解质的性质，缓冲溶液的性质及配制，试剂取用方法，实验现象的观察及记录，pH 试纸的使用方法，酚酞、甲基橙的性质，设计实验现象记录格式。

三、实验原理与技能

1. 实验原理

（1）电解质　凡是在水溶液中或熔融状态下能够导电的化合物称为电解质。如 NaCl、KCl、NaOH、KNO_3 等。电解质离解成阴、阳离子的过程叫电离。电解质根据其在水溶液中的电离情况，可分为强电解质和弱电解质。在水溶液中能完全离解成离子的电解质为强电解质，如强酸、强碱和典型的盐（强酸强碱盐）都是强电解质。在水溶液中仅部分离解成离子的电解质为弱电解质，如弱酸、弱碱、有机化合物中的羧酸、酚、胺等都是弱电解质。

（2）酸碱电离平衡　弱酸、弱碱为弱电解质，当其分子在水溶液中电离成阴、阳离子的速度与阴、阳离子结合成分子的速度相等时，这一状态称为酸碱电离平衡。

在水溶液中，达到电离平衡时，已电离的溶质分子数与原有溶质分子总数之比称为该溶质的电离度。

$$\alpha=\frac{\text{已电离溶质的物质的量}}{\text{原有溶质的物质的量}}\times 100\%$$

若 AB 为某一弱电解质，其电离平衡可用下列离子式表示。

$$AB \rightleftharpoons A^{+}+B^{-}$$

$$K=\frac{c_{A^{+}}c_{B^{-}}}{c_{AB}}$$

式中，K 为电离平衡常数。

弱酸、弱碱的电离平衡常数常用 K_a 和 K_b 表示。其数值愈大，相应酸（碱）的酸（碱）性愈强。

(3) 同离子效应　在弱电解质溶液中，加入与该弱电解质有共同离子的强电解质时，弱电解质的电离平衡会向生成分子的方向移动，电离度减小，这种现象叫同离子效应。

(4) 盐类的水解　在水溶液中，盐同水作用而使 H_2O 的电离平衡向生成 OH^- 或 H^+ 方向移动的反应叫盐的水解。盐水解后，其水溶液的酸碱性决定于盐的类型。强酸弱碱盐水溶液为酸性；强碱弱酸盐水溶液为碱性；弱酸弱碱盐水溶液可能为酸性、碱性或中性。

(5) 缓冲溶液　能抵抗少量外来酸、碱或稀释，而本身的 pH 基本不变的溶液叫缓冲溶液。常由弱酸及其共轭碱、弱碱及其共轭酸、多元弱酸的酸式盐及其次级盐等组成。

2. 实验技能

试剂的取用，pH 试纸的使用方法，试管的加热方法，实验现象的观察及记录等。

四、主要仪器和试剂

1. 仪器

量筒、烧杯、试管、酒精灯等。

2. 试剂

盐酸（$0.1mol \cdot L^{-1}$）、醋酸（$0.1mol \cdot L^{-1}$，$0.2mol \cdot L^{-1}$）、锌粒、氨水（$0.1mol \cdot L^{-1}$）、氯化铵（固体）、酚酞、甲基橙、醋酸钠（$0.2mol \cdot L^{-1}$，$1mol \cdot L^{-1}$，固体）、硫酸铝饱和溶液、碳酸氢钠饱和溶液、氢氧化钠（$0.1mol \cdot L^{-1}$）、广泛 pH 试纸（1～14）、精密 pH 试纸（3.8～5.4）。

五、实验内容

1. 强、弱电解质的比较

用广泛 pH 试纸测定 $0.1mol \cdot L^{-1}$ HCl 和 $0.1mol \cdot L^{-1}$ HAc 溶液的 pH 值，再分别与锌粒发生反应，比较其剧烈程度。

2. 同离子效应

① 在试管中加入 2mL $0.1mol \cdot L^{-1}$ $NH_3 \cdot H_2O$，加入 1 滴酚酞溶液，再加入少量 NH_4Cl 固体，摇动试管使其溶解，观察实验现象。

② 在试管中加入 2mL $0.1mol \cdot L^{-1}$ HAc，再加入 1 滴甲基橙溶液和少量 NaAc 固体，摇动使其溶解，观察实验现象。

3. 盐类水解和影响盐类水解的因素

① 在试管中加入 2mL $1mol \cdot L^{-1}$ NaAc 溶液和 1 滴酚酞溶液后，再加热至沸，观察实验现象。

② 取 10 滴饱和 $Al_2(SO_4)_3$ 溶液于试管中，然后加入 1mL 饱和 $NaHCO_3$ 溶液，有什么现象发生？

4. 缓冲溶液

① 取 2 支试管，各加入 5mL 蒸馏水，用广泛 pH 试纸测其 pH。再分别加入 5 滴 $0.1mol \cdot L^{-1}$ HCl 和 5 滴 $0.1mol \cdot L^{-1}$ NaOH 溶液，再用广泛 pH 试纸测定它们的 pH 值。观察其 pH 有什么变化。

② 在 1 支试管中加入 5mL $0.2mol \cdot L^{-1}$ HAc 和 5mL $0.2mol \cdot L^{-1}$ NaAc 溶液，充分摇

匀后，用精密 pH 试纸测其 pH 值。将溶液分为三份，然后分别加入 2 滴 0.1mol·L^{-1} HCl、2 滴 0.1mol·L^{-1} NaOH 和 2 滴蒸馏水，再用精密 pH 试纸测定它们的 pH 值。比较实验结果可得出什么结论？

③ 欲配制 pH=4.1 的缓冲溶液 10mL，实验室现有 0.2mol·L^{-1} HAc 和 0.2mol·L^{-1} NaAc 溶液，应如何配制该缓冲溶液？

实验二十五　沉淀溶解平衡

一、实验目的

1. 掌握沉淀平衡、同离子效应和溶度积规则的运用。

2. 学习沉淀反应实验现象的观察方法。

3. 掌握离心分离操作和电动离心机的使用。

二、预习提示

1. 离心机有什么作用？使用离心机时应注意什么问题？

2. 浓度对沉淀平衡有什么影响？

3. 同离子效应对沉淀的溶解度有什么影响？

4. 生成沉淀的条件是什么？

5. 沉淀溶解的方法有哪些？

6. 沉淀转化的条件是什么？

7. 预习内容　溶度积规则及应用、沉淀平衡的影响因素、同离子效应、沉淀的转化原理，离子及化合物的颜色，离心分离和试剂取用操作，设计实验现象记录格式。

三、实验原理与技能

1. 实验原理

① 沉淀溶解平衡与溶度积常数　对某一难溶的强电解质溶液，在其水溶液中，当溶解速度与沉淀速度相等时，即达到沉淀溶解平衡，此时的溶液为饱和溶液。设 A_mB_n(s) 为任一难溶的强电解质，其沉淀溶解平衡方程为：

$$A_mB_n(s) \underset{\text{沉淀}}{\overset{\text{溶解}}{\rightleftharpoons}} mA^{n+}(aq) + nB^{m-}(aq)$$

$$\text{化学平衡常数 } K=\frac{c^m_{A^{n+}}c^n_{B^{m-}}}{c_{A_mB_n}}$$

式中，$c_{A_mB_n}$ 为常数，并入平衡常数后用 K_{sp} 表示：

$$K_{sp}=c^m_{A^{n+}}c^n_{B^{m-}}$$

在一定温度下，在难溶电解质的饱和溶液中，各离子浓度以其计量数为指数的乘积为一常数，称为溶度积常数，简称为溶度积，用 K_{sp} 表示。

K_{sp} 和其他平衡常数一样，与难溶电解质的性质和温度有关，与浓度无关。其大小反映了难溶电解质的溶解能力。

② 沉淀的生成与溶解　设 A_mB_n(s) 为任一难溶的强电解质，其沉淀溶解平衡方程为：

$$A_mB_n(s) \underset{\text{沉淀}}{\overset{\text{溶解}}{\rightleftharpoons}} mA^{n+}(aq) + nB^{m-}(aq)$$

在任一状态时，离子浓度的幂的乘积均存在，常用Q_i表示，Q_i为离子积。

$$Q_i = c^m_{A^{n+}} c^n_{B^{m-}}$$

$Q_i < K_{sp}$，不饱和溶液，已有沉淀将溶解；

$Q_i = K_{sp}$，饱和溶液，无沉淀生成，已有沉淀不溶解；

$Q_i > K_{sp}$，过饱和溶液，有沉淀生成。

上述规律称为溶度积规则。

根据溶度积规则，沉淀生成的条件：$Q_i > K_{sp}$。

沉淀溶解的条件：$Q_i < K_{sp}$。

在一个沉淀平衡体系中，若加入某种试剂（如强酸、配位剂或氧化还原剂等）使沉淀平衡发生移动，$Q_i < K_{sp}$，则可使沉淀溶解。

③ 同离子效应　在难溶的强电解质溶液中，若加入与该电解质有共同离子的其他试剂或溶液，沉淀的溶解度减小的现象称为同离子效应。

④ 分步沉淀　若溶液中存在两种以上可沉淀的离子，当加入一共同的沉淀剂时，则需要沉淀剂浓度小的先沉淀，需要沉淀剂浓度大的后沉淀。这种离子先后沉淀的现象称为分步（级）沉淀。

⑤ 沉淀的转化　由一种难溶化合物借助于某试剂转化为另一种难溶化合物的过程叫做沉淀的转化。一般情况下是由难溶化合物转化为更难溶化合物。

2. 实验技能

试剂的取用方法、沉淀现象的观察及记录、离心机的使用等。

四、主要仪器和试剂

1. 仪器

离心机、量筒、烧杯、试管、酒精灯等。

2. 试剂

硝酸铅（$0.1mol \cdot L^{-1}$）、氯化钠（$1mol \cdot L^{-1}$）、铬酸钾（$0.1mol \cdot L^{-1}$，$0.5mol \cdot L^{-1}$）、碘化铅（饱和）、碘化钾（$0.1mol \cdot L^{-1}$）、硫化钠（$0.1mol \cdot L^{-1}$）、硝酸银（$0.1mol \cdot L^{-1}$）、氯化钡（$0.1mol \cdot L^{-1}$）、草酸铵（饱和）、盐酸（$6mol \cdot L^{-1}$）、氨水（$6mol \cdot L^{-1}$）、硝酸（$6mol \cdot L^{-1}$）。

五、实验内容

1. 沉淀溶解平衡和同离子效应

① 沉淀平衡　在离心试管中加入10滴$0.1mol \cdot L^{-1}$ $Pb(NO_3)_2$溶液，然后加5滴$1mol \cdot L^{-1}$ NaCl溶液，振荡离心试管，待沉淀完全后，离心分离。在分离开的溶液中加入少量的$0.5mol \cdot L^{-1}$ K_2CrO_4溶液，观察现象并说明原因。

② 同离子效应　在试管中加入1mL饱和PbI_2溶液，然后加5滴$0.1mol \cdot L^{-1}$ KI溶液，振荡试管，问是否有沉淀生成？为什么？

2. 溶度积规则

① 在试管中加10滴$0.1mol \cdot L^{-1}$ $Pb(NO_3)_2$溶液，加入20滴$0.1mol \cdot L^{-1}$ KI溶液，观察实验现象，并说明原因。

② 在试管中加10滴$0.001mol \cdot L^{-1}$ $Pb(NO_3)_2$溶液，加入20滴$0.001mol \cdot L^{-1}$ KI溶液，是否会生成碘化铅沉淀？为什么？

③ 取2只试管分别加入$0.1mol \cdot L^{-1}$ Na_2S溶液和$0.1mol \cdot L^{-1}$ K_2CrO_4溶液，然后边振荡边滴加$AgNO_3$溶液，能看到什么现象？

3. 分步沉淀

在离心试管中滴入2滴0.1mol·L^{-1} Na_2S溶液和5滴0.1mol·L^{-1} K_2CrO_4溶液，加水5mL，然后逐滴滴入3滴0.1mol·L^{-1} $Pb(NO_3)_2$溶液，有什么现象？离心分离后沉淀是什么颜色，继续向清液中滴加$Pb(NO_3)_2$溶液，又有什么现象发生？

4. 沉淀的溶解

① 取一支试管加入5滴0.1mol·L^{-1} $BaCl_2$溶液，加3滴饱和$(NH_4)_2C_2O_4$溶液，生成的沉淀是什么颜色？沉淀沉降后，弃去溶液，在沉淀物上滴加6mol·L^{-1} HCl溶液，又有什么现象发生？

② 取0.1mol·L^{-1} $AgNO_3$溶液10滴，加入1mol·L^{-1} NaCl溶液3～4滴，有什么现象？再逐滴加入6mol·L^{-1} $NH_3·H_2O$，现象有什么不同？

③ 在试管中加入10滴0.1mol·L^{-1} $AgNO_3$溶液，滴入3～4滴0.1mol·L^{-1} Na_2S溶液，生成的沉淀是什么颜色？离心分离，弃去溶液，在沉淀物上滴加6mol·L^{-1} HNO_3溶液少许，加热，有什么现象？

5. 沉淀的转化

在离心试管中滴入5滴0.1mol·L^{-1} $Pb(NO_3)_2$溶液，再滴入3滴1mol·L^{-1} NaCl溶液，振荡离心试管，沉淀完全后离心分离。用少量（约0.5mL）蒸馏水洗涤沉淀一次，然后在$PbCl_2$沉淀上滴加3滴0.1mol·L^{-1} KI溶液，观察沉淀的转化和颜色的变化。按上述操作在沉淀上滴加5滴0.1mol·L^{-1} Na_2S溶液，又有什么现象？

实验二十六　配位化合物

一、实验目的

1. 了解有关配合物的生成，配离子及简单离子的区别。

2. 比较配离子的稳定性，了解配位平衡与沉淀反应、氧化还原反应以及溶液酸度的关系。

3. 练习性质实验的操作技能。

二、预习提示

1. 萃取分离的原理是什么？

2. 配离子和简单离子有什么不同？

3. 溶液的酸碱性对配位平衡有无影响？

4. 预习内容　配合物的性质、配位平衡的移动，实验现象的观察及记录，离子及化合物的颜色，试管的使用，设计实验现象记录格式。

三、实验原理与技能

1. 实验原理

① 配位化合物的性质　配位化合物的组成比较复杂，其结构不能用经典的化学键理论来解释，如$[Cu(NH_3)_4]SO_4$、$K_4[Fe(CN)_6]$、$[Ag(NH_3)_2]Cl$、$K_2[PtCl_6]$等。在这些化合物的分子式中，一般都有一个方括号，方括号以内的部分是配合物的内界，常称为配离子。方括号之外的部分称为外界。由于内界与外界之间通过离子键结合在一起，因此，在水溶液中，配位化合物完全以离子状态存在，即以游离的内界和外界存在。如$[Cu(NH_3)_4]SO_4$在水溶液中完全电离成$[Cu(NH_3)_4]^{2+}$和SO_4^{2-}。

② 影响配位平衡的因素　配离子是配位化合物的特征部分，决定着配位化合物的稳定性。配离子在水溶液中有一定程度的离解，当配离子生成的速度与配离子离解的速度相等时，则达到了配位平衡。如 $[Cu(NH_3)_4]^{2+}$ 的配位平衡可用下式表示：

$$Cu^{2+} + 4NH_3 \underset{离解}{\overset{配合}{\rightleftharpoons}} [Cu(NH_3)_4]^{2+}$$

$$K_f = \frac{c_{[Cu(NH_3)_4]^{2+}}}{c_{Cu^{2+}} c^4_{NH_3}}$$

K_f 称为配离子的稳定常数。K_f 越大，说明配离子越稳定。

在上述平衡体系中，加入能与 Cu^{2+}（中心离子）或 NH_3（配位体）发生化学反应的试剂，均可使该配位平衡发生移动，使 $[Cu(NH_3)_4]^{2+}$ 配离子的稳定性降低。通常情况下，可加入沉淀剂、氧化还原剂、酸碱试剂或另外的配位剂改变中心离子或配位体的浓度，使配位平衡发生移动，降低配离子的稳定性。

2. 实验技能

溶液的取用、萃取分离、离心机的使用，实验现象的观察及记录等。

四、主要仪器和试剂

1. 仪器

离心机、量筒、试管等。

2. 试剂

氯化汞（$0.1mol \cdot L^{-1}$）、碘化钾（$0.1mol \cdot L^{-1}$）、硫酸镍（$0.2mol \cdot L^{-1}$）、氯化钡（$0.1mol \cdot L^{-1}$）、氢氧化钠（$0.1mol \cdot L^{-1}$，$2mol \cdot L^{-1}$）、氨水（$6mol \cdot L^{-1}$）、三氯化铁（$0.5mol \cdot L^{-1}$，$0.1mol \cdot L^{-1}$）、硫氰酸钾（$0.1mol \cdot L^{-1}$）、铁氰化钾（$0.1mol \cdot L^{-1}$）、硝酸银（$0.1mol \cdot L^{-1}$）、氯化钠（$0.1mol \cdot L^{-1}$）、四氯化碳、氟化铵（$4mol \cdot L^{-1}$）、硫酸（1∶1）、氟化钠（$0.1mol \cdot L^{-1}$）。

五、实验内容

1. 配离子的生成与配合物的性质

① 在试管中加入 2 滴 $0.1mol \cdot L^{-1}$ $HgCl_2$ 溶液，逐滴加入 $0.1mol \cdot L^{-1}$ KI 溶液至沉淀出现，沉淀颜色是什么？再继续加入 KI 溶液，又有什么现象？

② 在 2 支试管中分别加入 5 滴 $0.2mol \cdot L^{-1}$ $NiSO_4$ 溶液，然后在一支试管中加入 5 滴 $0.1mol \cdot L^{-1}$ $BaCl_2$ 溶液，生成的沉淀是什么颜色（离心分离观察沉淀颜色）？在另一支试管中加入 5 滴 $0.1mol \cdot L^{-1}$ NaOH 溶液，现象有什么不同？

③ 在试管中加入 20 滴 $0.2mol \cdot L^{-1}$ $NiSO_4$ 溶液，逐滴加入 $6mol \cdot L^{-1}$ 氨水，边加边摇动试管，直至沉淀完全溶解后，再适当多加些氨水，观察现象的变化。然后将此溶液分成两份，一份加入 5 滴 $0.1mol \cdot L^{-1}$ $BaCl_2$ 溶液，另一份加入 5 滴 $0.1mol \cdot L^{-1}$ NaOH 溶液，现象有什么不同？

④ 在试管中加入 3 滴 $0.1mol \cdot L^{-1}$ $FeCl_3$ 溶液和 2 滴 KSCN 溶液，有什么现象？以 $0.1mol \cdot L^{-1}$ $K_3[Fe(CN)_6]$ 代替 $FeCl_3$ 溶液做同样试验，现象有什么不同？为什么？

2. 配位平衡的移动

① 配位平衡与沉淀反应　在试管中加入适量 $0.1mol \cdot L^{-1}$ $AgNO_3$ 溶液，滴加 3 滴 $0.1mol \cdot L^{-1}$ NaCl 溶液，再逐滴加入氨水至沉淀全部溶解。解释原因。

② 配位平衡与氧化还原反应　在试管中加入 5 滴 $0.5mol \cdot L^{-1}$ $FeCl_3$ 溶液，滴加 10 滴 $0.1mol \cdot L^{-1}$ KI 溶液，再加入 15 滴 CCl_4，振荡后有什么现象？为什么？

在试管中加入5滴$0.5mol \cdot L^{-1}$ $FeCl_3$溶液，逐滴加入$4mol \cdot L^{-1}$氟化铵溶液，至溶液呈无色，再加入与上述实验同量的KI溶液和CCl_4，振荡后有什么现象？

③ 配位平衡与介质的酸碱性　在试管中加入10滴$0.5mol \cdot L^{-1}$ $FeCl_3$溶液，逐滴加入$4mol \cdot L^{-1}$氟化铵溶液，至溶液呈无色，然后将溶液分成两份，一份加入过量$2mol \cdot L^{-1}$ NaOH溶液；另一份加入过量硫酸（1∶1）溶液，观察现象，并说明原因。

④ 配离子的转化　在一支试管中加入2滴$0.1mol \cdot L^{-1}$ $FeCl_3$溶液，加水稀释至无色，加入1滴$0.1mol \cdot L^{-1}$ KSCN溶液，有什么现象？再逐滴加入$0.1mol \cdot L^{-1}$ NaF溶液，又发生了什么变化？

实验二十七　氧化还原反应与氧化还原平衡

一、实验目的

1. 学习氧化态、还原态浓度以及酸度对氧化还原反应的影响。
2. 了解氧化剂与还原剂的相对性。
3. 巩固性质实验的基本操作。

二、预习提示

1. $FeCl_3$溶液应呈现什么颜色？
2. 在同样条件下，碘离子和溴离子相比，哪一个还原性强？
3. 双氧水有什么特性？
4. 高锰酸钾的氧化性与酸度有什么关系？
5. 预习内容　电极电位与氧化还原反应的方向，影响电极电位的因素，物质的颜色（见附录9），试剂的取用，实验现象的观察与记录，设计实验现象记录格式。

三、实验原理与技能

1. 实验原理

① 氧化还原反应　反应前后有氧化数发生改变（电子得失）的反应，称为氧化还原反应。得到电子、氧化数降低的物质称为氧化剂，通常用Ox表示。失去电子、氧化数升高的物质称为还原剂，通常用Red表示。

常用氧化剂：O_2、F_2、Cl_2、Br_2、I_2、$KMnO_4$、$K_2Cr_2O_7$、HNO_3、H_2SO_4、$Ce(SO_4)_2$。

常用还原剂：Na、Mg、Al、Zn、Fe、H_2、KI、$SnCl_2$、H_2S、$H_2C_2O_4$等。

② 电极电势　在氧化还原反应中，氧化剂（还原剂）和其产物构成了氧化还原电对（Ox/Red），其电极反应可用下式表示。

$$a\text{Ox} + ne^- = b\text{Red}$$

电对的电极电势可按下式计算：

$$\varphi = \varphi^{\ominus} + \frac{0.059}{n}\lg\frac{c_{\text{Ox}}^{a}}{c_{\text{Red}}^{b}}(298\text{K})$$

上式为能斯特方程式，φ为电对的电极电势；$\varphi^{\ominus}$为电对的标准电极电势，其大小可由有关参考书查出；c_{Ox}、c_{Red}分别为该电对氧化态和还原态的对应浓度。

由能斯特方程式可知，电极电势的大小不仅与组成电极的物质有关，而且还与溶液中参与电极反应的各物质的浓度（气体为分压）、温度等因素有关。若电极反应中有H^+参加反应，则能斯特方程式中还应将H^+的浓度写上。

③ 氧化还原反应的方向　对于任一氧化还原反应，其方程式可表示为：

$$Ox_1 + Red_2 \rightleftharpoons Red_1 + Ox_2$$

将该反应组成原电池，其电动势用 E 表示，则 $E=\varphi_+-\varphi_-$。

$E>0$，即 $\varphi_+>\varphi_-$，反应向右自发进行；

$E=0$，即 $\varphi_+=\varphi_-$，反应处于平衡状态；

$E<0$，即 $\varphi_+<\varphi_-$，反应向左自发进行。

式中，φ_+ 为 Ox_1/Red_1 电对电极电势；φ_- 为 Ox_2/Red_2 电对的电极电势。

2. 实验技能

溶液的取用方法、试管的加热、气体酸碱性的检验、试纸的使用、实验现象的观察与记录等。

四、主要仪器和试剂

1. 仪器

量筒、烧杯、试管、酒精灯等。

2. 试剂

三氯化铁（$0.1mol \cdot L^{-1}$）、碘化钾（$0.1mol \cdot L^{-1}$，$0.5mol \cdot L^{-1}$）、溴化钾（$0.1mol \cdot L^{-1}$）、硫酸亚铁（$0.1mol \cdot L^{-1}$）、溴水（$0.1mol \cdot L^{-1}$）、碘水（$0.1mol \cdot L^{-1}$）、锌粒、硝酸（浓，$6mol \cdot L^{-1}$）、硫酸（浓，$3mol \cdot L^{-1}$）、铜片、蓝色石蕊试纸、亚硫酸钠（固）、氢氧化钠（$6mol \cdot L^{-1}$）、高锰酸钾（$0.1mol \cdot L^{-1}$）、双氧水（3%）、溴酸钾（饱和）、铬酸钾（$0.2mol \cdot L^{-1}$）。

五、实验内容

1. 电极电位与氧化还原反应的关系

① 取 3～4 滴 $0.1mol \cdot L^{-1}$ $FeCl_3$ 溶液于试管中，加入 $0.1mol \cdot L^{-1}$ KI 溶液 3～4 滴，摇匀，观察实验现象并说明原因。

② 用 $0.1mol \cdot L^{-1}$ KBr 代替 KI 进行上述实验，又有什么现象，为什么？

③ 取 3～4 滴 $0.1mol \cdot L^{-1}$ $FeSO_4$ 于试管中，滴入 $0.1mol \cdot L^{-1}$ 溴水 1～2 滴，观察实验现象，并说明原因。

④ 用 $0.1mol \cdot L^{-1}$ 碘水代替溴水与 $FeSO_4$ 反应，现象有什么不同，为什么？

2. 浓度对氧化还原反应的影响

① 取两支试管，各加入一粒锌粒，分别加入 3mL 浓 HNO_3 和 3mL $2mol \cdot L^{-1}$ HNO_3（可用 1mL $6mol \cdot L^{-1}$ HNO_3 加 2mL 蒸馏水稀释得到）。现象有什么不同，为什么？

② 往两支分别盛有 3mL $3mol \cdot L^{-1}$ H_2SO_4 和 3mL 浓 H_2SO_4 的试管中各加入 1 片擦去表面氧化膜的铜片，稍加热，有什么现象？在盛有浓 H_2SO_4 的试管口用润湿的蓝色石蕊试纸检验，试纸的颜色如何变化？

3. 介质的酸碱性对氧化还原反应的影响

在三支试管中各加入少许固体 Na_2SO_3，分别加入 5 滴 $3mol \cdot L^{-1}$ H_2SO_4、5 滴水、5 滴 $6mol \cdot L^{-1}$ NaOH，使 Na_2SO_3 溶解。在三支试管中各加入 2 滴 $0.1mol \cdot L^{-1}$ $KMnO_4$ 溶液，观察实验现象，并说明原因。

4. 氧化剂、还原剂及其相对性

① 在三支试管中各加入 $0.5mol \cdot L^{-1}$ KI 溶液 10 滴、$3mol \cdot L^{-1}$ H_2SO_4 溶液 5 滴，然后在第一支试管中加入饱和 $KBrO_3$ 溶液 1 滴；在第二支试管中加入 $0.2mol \cdot L^{-1}$ K_2CrO_4 溶液 1 滴；在第三支试管中加入 $6mol \cdot L^{-1}$ HNO_3 溶液 10 滴。现象有什么不

同？为什么？

② 在试管中加入 0.5mol·L^{-1} KI 溶液 5 滴、3mol·L^{-1} H_2SO_4 溶液 5 滴，然后加 3% H_2O_2 溶液 3 滴；在另一支试管中加入 0.1mol·L^{-1} $KMnO_4$ 溶液 5 滴、3mol·L^{-1} H_2SO_4 溶液 5 滴，然后加 3% H_2O_2 溶液 10 滴。说明现象不同的原因。

实验二十八　常见阳离子的定性分析

一、实验目的

1. 熟悉定性分析的操作方法和仪器。

2. 掌握常见阳离子的鉴定方法。

二、预习提示

1. 影响鉴定反应的因素有哪些？

2. 用醋酸铀酰锌法鉴定 Na^+，加入乙醇的作用是什么？

3. 若某一试液清亮无色，哪些阳离子不可能存在。

4. 预习内容　常见阳离子的鉴定反应及鉴定条件，试剂的取用、离心分离、试纸的使用等性质实验基本操作，实验现象的观察及记录，设计实验现象记录格式。

三、实验原理与技能

1. 实验原理

(1) 定性分析基础知识

① 鉴定反应进行的条件　用来鉴定待检离子的反应称为鉴定反应。鉴定反应必须具有明显的外观特征，如溶液颜色的改变、沉淀的生成或溶解、有气体产生等。为保证鉴定反应得到正确的实验结果，鉴定反应必须在一定的条件下进行。常需控制的条件是溶液的酸度、温度、反应离子的浓度、催化剂和溶剂等。

② 鉴定反应的灵敏度　鉴定反应的灵敏度常用“检出限量”和“最低浓度”表示。检出限量是指在一定条件下，利用某反应能检出的某离子的最小质量。单位用 μg 表示。最低浓度是指在一定条件下，被检离子能得到肯定结果的最低浓度。单位是 μg·mL^{-1}。

③ 分别分析法　在其他离子共存时，不需要分离，直接检出待检离子的方法称为分别分析法。

④ 系统分析法　对于复杂的待检试样，需先用几种试剂将溶液中几种性质相近的离子分为若干组，然后在每一组中用适当的反应鉴定待检离子是否存在。这种方法称为系统分析法。

⑤ 空白实验　用蒸馏水代替试液，用同样的方法在同样条件下的实验，称为空白实验。其目的是检验试剂或蒸馏水中是否含有被检验离子。

⑥ 对照实验　用已知溶液代替试液，用同样的方法在同样条件下进行的实验，称为对照实验。其目的是检验试剂是否失效或反应条件是否控制正确。

(2) 阳离子分析方法

① 观察样品　接到样品后，首先根据样品的来源，分析其可能组成，然后对样品进行观察（样品为溶液时需观察其颜色、气味、酸碱性、是否混有固态颗粒等，若为固体，观察其颜色、光泽和均匀程度等），确定其可能组成。

② 预备实验　对样品进行灼烧实验、焰色实验和溶解实验，进一步确定其可能组成。

③ 试液的制备　根据溶解实验，选择合适的溶剂，制备成阳离子分析试液。

④ 选择鉴定方法　根据试样的实际情况，选择合适的鉴定方法。

⑤ 分析结果的判断　根据各步骤的分析结果，作出总的结论。总的结论必须能解释每一步骤的实验现象。

(3) 常见阳离子的鉴定反应

阳离子的数目很多，根据实际情况，本书仅学习 NH_4^+、Ag^+、Pb^{2+}、Cu^{2+}、Hg^{2+}、Al^{3+}、Fe^{3+}、Fe^{2+}、Zn^{2+}、Ba^{2+}、Ca^{2+}、Mg^{2+}、Mn^{2+}、Na^+、K^+ 15 种阳离子的鉴定方法（见实验内容）。

2. 实验技能

实验现象的观察及记录、试剂的取用、萃取、试管的加热、试纸的使用、离心机的使用。

四、主要仪器和试剂

1. 仪器

离心机、离心试管、点滴板、表面皿、酒精灯、烧杯等。

2. 试剂

盐酸（$3mol \cdot L^{-1}$）、硝酸（$2mol \cdot L^{-1}$）、氨水（$2mol \cdot L^{-1}$）、氢氧化钠（$2mol \cdot L^{-1}$，$6mol \cdot L^{-1}$）、醋酸（$2mol \cdot L^{-1}$）、铬酸钾（$1mol \cdot L^{-1}$）、二苯硫腙的四氯化碳溶液（0.01%）、酒石酸钾钠（$1mol \cdot L^{-1}$）、亚铁氰化钾（$0.2mol \cdot L^{-1}$）、铁氰化钾（$0.2mol \cdot L^{-1}$）、二氯化锡（$0.5mol \cdot L^{-1}$）、茜素红 S 溶液（0.1%）、硫氰酸铵饱和溶液、邻二氮菲（0.2%）、二氯化钴（0.02%）、玫瑰红酸钠（0.2%）、草酸铵（$0.2mol \cdot L^{-1}$）、乙醇（95%）、镁试剂Ⅰ（0.2%）、四苯硼化钠（0.3%）、亚硝酸钴钠（$0.1mol \cdot L^{-1}$）、醋酸铀酰锌溶液（10%）、$(NH_4)_2[Hg(SCN)_4]$ 溶液、奈斯勒试剂、铋酸钠（固体）。常见阳离子试液的浓度均为 $0.1mol \cdot L^{-1}$。

五、实验内容

1. NH_4^+ 的鉴定

① 气室法　将一块湿润的 pH 试纸贴在一表面皿的中央，再在另一表面皿中加入 2 滴 NH_4^+ 试液和 2 滴 $2mol \cdot L^{-1}$ NaOH 溶液，然后迅速将两块表面皿扣在一起做成气室，并放在水浴中加热，若 pH 试纸变为碱色（pH 值在 10 以上），示有 NH_4^+ 存在。

② 奈斯勒法　在点滴板上滴一滴 NH_4^+ 试液，再加 2 滴奈斯勒试剂，若出现红棕色沉淀，示有 NH_4^+ 存在。

2. Ag^+ 的鉴定

在离心试管中滴加 5 滴 Ag^+ 试液和 3 滴 $3mol \cdot L^{-1}$ HCl 溶液，生成白色沉淀，将沉淀离心分离，在沉淀上滴加 $2mol \cdot L^{-1}$ 氨水，使沉淀溶解，在沉淀溶解后的溶液中滴加 $2mol \cdot L^{-1}$ 硝酸溶液，如有白色沉淀，示有 Ag^+ 存在。

3. Pb^{2+} 鉴定

① K_2CrO_4 法　在离心试管中滴加 2 滴 Pb^{2+} 试液和 2 滴 $1mol \cdot L^{-1}$ K_2CrO_4，若生成黄色沉淀，示有 Pb^{2+} 存在。

② 二苯硫腙法　在离心试管中依次加入 1 滴 Pb^{2+} 试液和 2 滴 $1mol \cdot L^{-1}$ 酒石酸钾钠，再滴加 $6mol \cdot L^{-1}$ 氨水至溶液的 pH 值为 9～11，加入 5 滴 0.01% 二苯硫腙，用力振荡，若下层（四氯化碳层）呈红色，示有 Pb^{2+} 存在。

4. Cu^{2+}的鉴定

在离心试管中滴加1滴Cu^{2+}试液和1滴0.2mol·L^{-1}亚铁氰化钾溶液，若生成红棕色沉淀，示有Cu^{2+}存在。

5. Hg^{2+}的鉴定

在离心试管中滴加2滴Hg^{2+}试液和2滴0.5mol·L^{-1}氯化亚锡溶液，若生成白色沉淀，并逐渐转变为灰色或黑色沉淀，示有Hg^{2+}存在。

6. Al^{3+}的鉴定

在滤纸的同一位置上依次滴加1滴Al^{3+}试液、1滴0.1%茜素红S试液、1滴6mol·L^{-1}氨水，若生成红色斑点，示有Al^{3+}存在。

7. Fe^{3+}的鉴定

① 亚铁氰化钾法　在点滴板上滴加1滴Fe^{3+}试液和1滴0.2mol·L^{-1}亚铁氰化钾试液，生成深蓝色沉淀，示有Fe^{3+}存在。

② 硫氰酸铵法　在点滴板上滴加1滴Fe^{3+}试液和2滴饱和硫氰酸铵试液，生成血红色沉淀，示有Fe^{3+}存在。

8. Fe^{2+}的鉴定

① 铁氰化钾法　在点滴板上滴加1滴新配制的Fe^{2+}试液和3滴0.2mol·L^{-1}铁氰化钾试液，生成深蓝色沉淀，示有Fe^{2+}存在。

② 邻二氮菲法　在点滴板上滴加1滴新配制的Fe^{2+}试液和3滴2%邻二氮菲试液（反应的pH值在2～9范围内），若溶液变为橘红色，示有Fe^{2+}存在。

9. Zn^{2+}的鉴定

在点滴板上滴加2滴0.02% $CoCl_2$试液和2滴$(NH_4)_2[Hg(SCN)_4]$试液，用玻璃棒搅动此溶液，此时不生成蓝色沉淀。滴加1滴Zn^{2+}试液，若立即生成蓝色沉淀，示有Zn^{2+}存在。

10. Ba^{2+}的鉴定

① K_2CrO_4法　在离心试管中滴加2滴Ba^{2+}试液、2滴2mol·L^{-1} HAc和2滴1mol·L^{-1} K_2CrO_4溶液，生成黄色沉淀，将沉淀离心分离，再在沉淀上滴加3滴2mol·L^{-1} NaOH，沉淀不溶解，示有Ba^{2+}存在。

② 玫瑰红酸钠法　在离心试管中滴加1滴Ba^{2+}试液和2滴0.2%玫瑰红酸钠，生成红棕色沉淀，再加入3mol·L^{-1} HCl至强酸性，沉淀变为桃红色，示有Ba^{2+}存在。

11. Ca^{2+}的鉴定

在离心试管中滴加1滴Ca^{2+}试液和5滴0.2mol·L^{-1} $(NH_4)_2C_2O_4$溶液，用2mol·L^{-1}氨水调至碱性，在水浴上加热，生成白色沉淀，示有Ca^{2+}存在。

12. Mg^{2+}的鉴定

在点滴板上滴加1滴Mg^{2+}试液、1滴6mol·L^{-1} NaOH和2滴0.2%镁试剂Ⅰ溶液，搅匀后如有天蓝色沉淀生成，示有Mg^{2+}存在。

13. Mn^{2+}的鉴定

在离心试管中加入1滴Mn^{2+}试液，用5～10滴蒸馏水稀释，取稀释后的Mn^{2+}试液2滴于另一个离心试管中，加3滴2mol·L^{-1} HNO_3和少量固体铋酸钠，搅动后离心，若溶液呈紫红色，示有Mn^{2+}存在。

14. Na^+的鉴定

在离心试管中加入1滴Na^+试液、4滴95%乙醇和8滴醋酸铀酰锌溶液，用玻璃棒摩擦管壁，若生成淡黄色晶状沉淀，示有 Na^+ 存在。

15. K^+ 的鉴定

（1）$Na_3[Co(NO_2)_6]$ 法　在离心试管中加入 1 滴 K^+ 试液和 2 滴 $0.1mol \cdot L^{-1}$ $Na_3[Co(NO_2)_6]$ 溶液，若有黄色沉淀生成，示有 K^+ 存在。

（2）四苯硼化钠法　在离心试管中加入 1 滴 K^+ 试液和 3 滴 3% 四苯硼化钠溶液，若有白色沉淀生成，示有 K^+ 存在。

写出上述鉴定反应的方程式和主要特征。

实验二十九　常见阴离子的定性分析

一、实验目的

1. 掌握常见阴离子的鉴定原理和方法。

2. 熟悉阴离子混合液的分离和鉴定。

二、预习提示

1. 鉴定 NO_3^- 怎样消除 NO_2^- 的干扰？

2. 哪些阴离子不能共存于一种溶液中？

3. 哪些阴离子可能存在于含有 Ba^{2+} 的中性溶液中？

4. 预习内容　阴离子的鉴定反应及鉴定条件，试剂的取用、离心分离方法、试纸的使用等性质实验基本操作，实验现象的观察及记录，设计实验现象记录格式。

三、实验原理与技能

1. 实验原理

（1）阴离子分析试液的制备

在酸性溶液中，由于部分阴离子能生成气体逸出或相互反应改变价态，且不少阳离子对阴离子的鉴定反应有干扰，因此，阴离子分析试液常制成碱性溶液。溶解时不能加入氧化剂或还原剂，并没法除去金属离子。通常将分析试样与饱和的碳酸钠溶液共煮，利用复分解反应，使阴离子进入溶液，过滤除去阳离子的碳酸盐沉淀，即得阴离子分析试液。

（2）阴离子的初步检验

在水溶液中，非金属元素常以简单或复杂离子的形式存在，其性质具有下列特点。

① 大多数阴离子鉴定反应相互干扰较少。

② 阴离子之间往往有相互作用，所以同一试样中共存的阴离子不会太多。

③ 部分阴离子在酸性溶液中不能稳定存在。

由于阴离子的上述性质，可利用稀硫酸、氯化钡和硝酸银等试剂判断哪些离子可能存在，哪些离子不可能存在。对于氧化性或还原性离子，可以用还原性或氧化性试剂检验其是否存在。

（3）常见阴离子的鉴定反应

阴离子通常由非金属元素组成。非金属元素的种类虽不是很多，但阴离子多数是由两种或两种以上元素构成的复杂离子，所以阴离子的数量也不少。本书仅学习 CO_3^{2-}、Cl^-、Br^-、I^-、S^{2-}、SO_4^{2-}、NO_3^-、NO_2^-、CN^-、PO_4^{3-} 10 种阴离子的鉴定方法（见实验内容）。

2. 实验技能

实验现象的观察及记录、萃取、试管的加热、试纸的使用、试剂的取用、离心机的使用。

四、主要仪器和试剂

1. 仪器

离心机、离心试管、点滴板、酒精灯、试管、蒸发皿、烧杯、石棉网、胶头滴管等。

2. 试剂

HCl($6mol \cdot L^{-1}$)、HNO_3($2mol \cdot L^{-1}$，浓)、HAc($6mol \cdot L^{-1}$)、H_2SO_4($2mol \cdot L^{-1}$，浓)、$CuSO_4$($0.1mol \cdot L^{-1}$)、Na_2S($0.05mol \cdot L^{-1}$)、$AgNO_3$($0.1mol \cdot L^{-1}$)、氨水($2mol \cdot L^{-1}$，$6mol \cdot L^{-1}$)、饱和 $Ba(OH)_2$ 溶液、$BaCl_2$($0.2mol \cdot L^{-1}$)、饱和 $(NH_4)_2C_2O_4$ 溶液、$Na_2[Fe(CN)_5NO]$(1%)、$FeSO_4 \cdot 7H_2O$（固体）、锌粉、氯水、CCl_4、钼酸铵溶液、α-萘胺、对氨基苯磺酸、醋酸铅试纸。常见阴离子试液的浓度均为 $0.1mol \cdot L^{-1}$。

五、实验内容

1. 个别离子的鉴定

① CO_3^{2-} 的鉴定　取 CO_3^{2-} 试液 10 滴放入试管中，加入 3 滴 $6mol \cdot L^{-1}$ HCl，管内有气泡生成，表示 CO_3^{2-} 可能存在。将生成的气体导入另一盛有饱和 $Ba(OH)_2$ 溶液 10 滴的试管中，如生成白色沉淀，表示有 CO_3^{2-} 存在。

② Cl^- 的鉴定　在离心试管中加入 2 滴 Cl^- 试液和 1 滴 $2mol \cdot L^{-1}$ HNO_3 溶液，再滴加 2 滴 $0.1mol \cdot L^{-1}$ $AgNO_3$，生成白色沉淀。在沉淀中加入 $2mol \cdot L^{-1}$ 氨水使沉淀溶解，再加 $2mol \cdot L^{-1}$ HNO_3，白色沉淀又重新出现，示有 Cl^- 存在。

③ Br^- 的鉴定　在离心试管中加入 2 滴 Br^- 试液和 0.5mL CCl_4，再逐滴加入氯水，边加边振荡，若 CCl_4 层有棕黄色出现，示有 Br^- 存在。

④ I^- 的鉴定　用 2 滴 I^- 试液代替 Br^- 液进行上述实验，CCl_4 层显紫色，示有 I^- 存在。

⑤ S^{2-} 的鉴定　在点滴板上滴加 1 滴 S^{2-} 试液，再加入 1% $Na_2[Fe(CN)_5NO]$ 溶液，溶液转变为紫色，示有 S^{2-} 存在。在试管中加入 5 滴 S^{2-} 试液和 8 滴 $6mol \cdot L^{-1}$ HCl 溶液，微热，用湿润的醋酸铅试纸检验逸出的气体，若试纸变黑色，示有 S^{2-} 存在。

⑥ SO_4^{2-} 的鉴定　在离心试管中加入 5 滴 SO_4^{2-} 试液，用 $6mol \cdot L^{-1}$ HCl 酸化（约 5 滴）后，加入 1 滴 $BaCl_2$ 溶液，生成白色沉淀，示有 SO_4^{2-} 存在。

⑦ NO_3^- 的鉴定　在试管中加入 2 滴 NO_3^- 试液，用水稀释至约 1mL 加数粒 $FeSO_4 \cdot 7H_2O$ 晶体，振荡溶解后斜持试管，沿管壁滴加 25 滴浓 H_2SO_4，静置片刻，观察浓 H_2SO_4 与液面交界处有棕色环生成，示有 NO_3^- 存在。

在试管中加入 3 滴 NO_3^- 试液，用 $6mol \cdot L^{-1}$ HAc 酸化，加少量锌粉，搅动，使溶液中的 NO_3^- 还原为 NO_2^-，加对氨基苯磺酸和 α-萘胺各一滴，若生成红色化合物，示有 NO_3^- 存在。

⑧ NO_2^- 的鉴定　在点滴板上加 1 滴 NO_2^- 试液，再加入对氨基苯磺酸和 α-萘胺各一滴，生成红色化合物，示有 NO_2^- 存在。

⑨ CN^- 的鉴定　在离心试管中加入 1 滴 $0.1mol \cdot L^{-1}$ $CuSO_4$、1 滴蒸馏水、1 滴 $6mol \cdot L^{-1}$ 氨水、1 滴 $0.05mol \cdot L^{-1}$ Na_2S，混匀，用滴管取此混合液 2 滴于滤纸上，可得一黑色斑点。然后在黑色斑点上滴加 2 滴 CN^- 试液，若黑色斑点褪色，示有 CN^- 存在。

⑩ PO_4^{3-} 的鉴定　在试管中加入 5 滴 PO_4^{3-} 试液、10 滴浓 H_2SO_4、20 滴钼酸铵试剂，在水浴上微热至 40～60℃，若有黄色沉淀生成，示有 PO_4^{3-} 存在。

2. 混合离子鉴定

① Cl^-、Br^-、I^-的分离与鉴定　在离心试管中加入Cl^-试液、Br^-试液、I^-试液各2滴，混匀后加2滴$2mol \cdot L^{-1}$ HNO_3，用$0.1mol \cdot L^{-1}$ $AgNO_3$溶液加至沉淀完全，离心分离，弃取离心液，沉淀用蒸馏水洗涤2次。然后向沉淀中加入15滴饱和$(NH_4)_2C_2O_4$，搅动，水浴加热1min，离心分离，保留沉淀，将离心液转入另一离心管中，并用$2mol \cdot L^{-1}$ HNO_3酸化，生成白色沉淀，示有Cl^-存在。

将保留的沉淀用蒸馏水洗涤两次，在沉淀中加入5滴水和少量锌粉，搅动2～3min，离心分离，弃去沉淀。溶液用2滴$2mol \cdot L^{-1}$ H_2SO_4酸化，再加入4滴CCl_4，然后逐滴加入氯水，并不断摇动，CCl_4层显紫色，示有I^-存在。继续滴加氯水，摇动，CCl_4层紫红色消失，并显棕黄色，示有Br^-存在。

② SO_4^{2-}、PO_4^{3-}、Cl^-、NO_3^-混合液的鉴定　由于SO_4^{2-}、PO_4^{3-}、Cl^-、NO_3^-四种阴离子互不干扰其鉴定反应，可采用分别分析的方法直接鉴定。具体方法同上述单独离子的鉴定方法一样。

第八章 定量化学分析实验

标准溶液的配制和标定

实验三十 盐酸和氢氧化钠溶液的配制与标定

一、实验目的

1. 学习盐酸和氢氧化钠溶液的配制方法。

2. 熟悉基准物质标定标准溶液浓度的基本方法。

3. 掌握酸碱滴定的基本操作及滴定终点的判断方法。

二、预习提示

1. 称取邻苯二甲酸氢钾于烧杯中，加水 50mL 溶解，此时用量筒取还是用移液管吸取？为什么？

2. 称取邻苯二甲酸氢钾 0.4～0.6g 是如何得来的？若标定的 NaOH 浓度为 $0.5mol \cdot L^{-1}$，则应称取邻苯二甲酸氢钾多少克？

3. 配制 HCl 标准溶液时，是否一定要用容量瓶配制？

4. 预习内容 基准物质，溶液的配制，酸碱指示剂的选择，分析天平、容量瓶的使用，滴定操作，终点的判断，设计数据记录格式。

三、实验原理与技能

1. 实验原理

酸碱滴定中常用 HCl、NaOH、H_2SO_4 等溶液作为标准溶液。酸碱标准溶液一般不易直接配制，而是先配成近似浓度，然后用基准物质标定。

① 标定酸的基准物质常用无水碳酸钠或硼砂。例如用无水碳酸钠标定 HCl 的反应分两步进行：

$$Na_2CO_3 + HCl = NaHCO_3 + NaCl$$

$$NaHCO_3 + HCl = NaCl + H_2O + CO_2$$

反应完全时，pH 值的突跃范围是 3.5～5.0，故可选用甲基橙或甲基红作指示剂。

② 标定碱的基准物质常用草酸、邻苯二甲酸氢钾和标准酸溶液。例如用邻苯二甲酸氢钾标定 NaOH 溶液的反应为：

$$KHC_8H_4O_4 + NaOH = KNaC_8H_4O_4 + H_2O$$

由于滴定后产物是 $KNaC_8H_4O_4$，溶液呈弱碱性，pH 为 8～9，故选用酚酞作指示剂。

2. 实验技能

HCl、NaOH 溶液的配制，酸碱滴定管的使用，分析天平，容量瓶，酸碱指示剂的选择及终点的判断。

四、主要仪器和试剂

1. 仪器

台秤、分析天平、称量瓶、量筒、烧杯、滴定管、容量瓶等。

2. 试剂

① 0.1mol·L^{-1} HCl溶液　用干净的量筒量取浓HCl 2.0mL于250mL容量瓶中，用蒸馏水稀释至刻度线。充分摇匀后，贴上标签备用。

② 0.1mol·L^{-1} NaOH溶液　在台秤上称取固体NaOH 1.00g于小烧杯中，加入刚煮沸过的250mL蒸馏水（不含CO_2）溶解，转移到500mL试剂瓶中，充分摇匀后，贴上标签备用。

浓HCl、固体NaOH、无水Na_2CO_3、邻苯二甲酸氢钾、甲基橙、酚酞等。

五、实验内容

1. 0.1mol·L^{-1} HCl溶液的标定

在分析天平上准确称取无水Na_2CO_3 0.15～0.2g（准确至0.0001g）2～3份，分别置于250mL锥形瓶中，加20～30mL蒸馏水溶解后，加2滴甲基橙，用待标定的HCl溶液滴定至溶液由黄色刚好变为橙色即为终点，记录消耗HCl标准溶液的体积V，按下式计算HCl的准确浓度：

$$c(\mathrm{HCl})=\frac{2m(\mathrm{Na_2CO_3})}{V(\mathrm{HCl})M(\mathrm{Na_2CO_3})}\times 1000$$

2. 0.1mol·L^{-1} NaOH溶液的标定

在分析天平上准确称取邻苯二甲酸氢钾0.4～0.6g（准确至0.0001g）三份，各置于250mL锥形瓶中，每份加不含CO_2的蒸馏水50mL，加二滴酚酞，用待标定的NaOH溶液滴定至溶液呈微红色，且30s内红色不消失即为终点，记下消耗NaOH标准溶液的体积V，按下式计算NaOH的准确浓度：

$$c(\mathrm{NaOH})=\frac{m(\mathrm{KHC_8H_4O_4})}{V(\mathrm{NaOH})M(\mathrm{KHC_8H_4O_4})}\times 1000$$

实验三十一　EDTA标准溶液的配制与标定

一、实验目的

1. 学习EDTA标准溶液的配制和标定方法。

2. 了解配位滴定的特点和金属指示剂的使用及终点颜色变化。

二、预习提示

1. 为什么要用间接法配制EDTA标准溶液？

2. 配位滴定过程中为什么加缓冲溶液？

3. 预习内容　EDTA的性质和配制，基准物质，称量方法，滴定操作，铬黑T指示剂及终点的判断，设计数据记录格式。

三、实验原理与技能

1. 实验原理

乙二胺四乙酸（简称EDTA）难溶于水，常温下溶解度为0.0007mol·L^{-1}（约0.2g·L^{-1}），不适合分析中应用。其二钠盐溶解度较大，为0.3mol·L^{-1}（约120g·L^{-1}），故通常用乙二胺四乙酸二钠盐（亦称EDTA）配制标准溶液，一般采用间接法配制标准溶液。

标定EDTA溶液所用基准物质有Zn、ZnO、$CaCO_3$和$MgSO_4·7H_2O$等，一般选用与被测组分含有相同金属离子的基准物质进行标定，这样分析条件相同，可以减小误差。

2. 实验技能

0.01mol·L^{-1} EDTA 溶液的配制，铬黑 T 指示的配制，称量方法（减量法），滴定操作，铬黑 T 指示剂终点的判断等。

四、主要仪器和试剂

1. 仪器

细口瓶（500mL）、滴定管（50 mL）。

2. 试剂

① 0.01mol·L^{-1} EDTA 溶液　称取优级纯（或分析纯）EDTA 二钠盐（含两分子结晶水）1.9g 于 250mL 烧杯中，加蒸馏水 150mL，加热溶解，必要时过滤。冷却后用蒸馏水稀释至 500mL，摇匀，保存在细口瓶中。

② 铬黑 T 指示剂　将 0.1g 铬黑 T 指示剂与 10g NaCl 混合，磨细备用。

乙二胺四乙酸二钠固体（A.R.）、$MgSO_4 \cdot 7H_2O$ 固体（A.R.）、铬黑 T 指示剂、NH_3-NH_4Cl 缓冲溶液（pH＝10）。

五、实验内容

准确称取优级纯 $MgSO_4 \cdot 7H_2O$ 0.6～0.7g 于 150mL 烧杯中，加适量蒸馏水溶解，然后将其溶液定量地转移到 250mL 容量瓶中，用蒸馏水稀释至刻度，摇匀。

用 25.00mL 移液管移取上述溶液 25.00mL 于 250mL 三角瓶中，加蒸馏水 30mL、缓冲溶液 10mL、指示剂铬黑 T 约 0.1g（至溶液透明清亮），摇匀，用 EDTA 溶液滴定至溶液由酒红色变为纯蓝色即为终点。平行测定三次，根据 $MgSO_4 \cdot 7H_2O$ 的质量和用去的 EDTA 溶液的体积计算出 EDTA 的准确浓度。

$$c(\mathrm{EDTA})=\frac{m(\mathrm{MgSO_4 \cdot 7H_2O})\times\frac{1}{10}\times1000}{V(\mathrm{EDTA})M(\mathrm{MgSO_4 \cdot 7H_2O})}$$

实验三十二　高锰酸钾标准溶液的配制与标定

一、实验目的

1. 了解 $KMnO_4$ 标准溶液的配制方法和保存条件。

2. 掌握 $Na_2C_2O_4$ 作基准物质标定 $KMnO_4$ 浓度的方法。

二、预习提示

1. $KMnO_4$ 标准溶液为什么不能直接配制？

2. 标定 $KMnO_4$ 溶液时，为什么第 1 滴 $KMnO_4$ 的颜色褪色很慢，以后反而逐渐加快？

3. 为什么标定需在强酸性溶液中，并在加热的情况下进行？酸度过低对滴定有何影响？温度过高又有何影响？

4. 预习内容　高锰酸钾标准溶液的配制及标定条件，酸管的使用及读数，滴定操作，设计数据记录格式。

三、实验原理与技能

1. 实验原理

$Na_2C_2O_4$ 和 $H_2C_2O_4 \cdot 2H_2O$ 是较易纯化的还原剂，也是标定 $KMnO_4$ 常用的基准物。用 $Na_2C_2O_4$ 标定 $KMnO_4$ 溶液的反应如下：

$$2MnO_4^- + 5C_2O_4^{2-} + 16H^+ \longrightarrow 2Mn^{2+} + 10CO_2 + 8H_2O$$

此反应要在酸性、较高温度和 Mn^{2+} 作催化剂的条件下进行。滴定初期，反应很慢，$KMnO_4$ 溶液必须缓慢逐滴加入。

2. 实验技能

$KMnO_4$ 标准溶液的配制，酸式滴定管的使用及读数，终点的判断，电炉的使用等。

四、主要仪器和试剂

1. 仪器

台秤、分析天平、微孔玻璃漏斗、250mL 锥形瓶、容量瓶、移液管、酸式滴定管。

2. 试剂

0.02mol·L^{-1} $KMnO_4$ 溶液：称取 $KMnO_4$ 固体约 1.6g 溶于 500mL 水中，盖上表面皿，加热至沸并保持微沸状态 1h。冷却后，用微孔漏斗过滤。滤液储存于棕色试剂瓶中。

$KMnO_4$ 固体、3mol·L^{-1} H_2SO_4、$Na_2C_2O_4$（A. R.）。

五、实验内容

在分析天平上称取 0.16～0.20g $Na_2C_2O_4$ 3 份，分别置于 250mL 锥形瓶中，加蒸馏水 50mL，使其溶解。加入 3mol·L^{-1} H_2SO_4 溶液 10mL，加热至 75～85℃，趁热用 $KMnO_4$ 溶液滴定。刚开始，滴入一滴 $KMnO_4$ 溶液，摇动，待红色褪去，溶液中产生了 Mn^{2+} 后，再加第二滴，随着反应速度的加快，滴定速度逐渐加快，在滴定的全过程中 $KMnO_4$ 加入不可太快，滴定至溶液呈微红色并持续半分钟不褪色即为终点。平行测定三次，按下式计算 $KMnO_4$ 溶液的浓度：

$$c(KMnO_4)=\frac{\frac{2}{5}m(Na_2C_2O_4)}{M(Na_2C_2O_4)V(KMnO_4)}\times 1000$$

实验三十三　碘和硫代硫酸钠标准溶液的配制与标定

一、实验目的

1. 掌握 $Na_2S_2O_3$ 及 I_2 溶液的配制方法。

2. 掌握标定 $Na_2S_2O_3$ 及 I_2 溶液浓度的原理和方法。

二、预习提示

1. 配制 I_2 溶液为何要加入 KI?

2. 用 $Na_2S_2O_3$ 溶液滴定 I_2 溶液和用 I_2 溶液滴定 $Na_2S_2O_3$ 溶液时都是用淀粉指示剂，为什么要在不同时候加入？终点颜色变化有何不同？

3. 标定 $Na_2S_2O_3$ 溶液时，加入的 KI 溶液量要很精确吗？为什么？

4. 预习内容　碘和硫代硫酸钠标准溶液的配制，基准物质，淀粉指示剂使用，称量方法（减量法），设计数据记录格式。

三、实验原理与技能

1. 实验原理

碘量法的基本反应式：

$$2S_2O_3^{2-} + I_2 \longrightarrow S_4O_6^{2-} + 2I^-$$

配制好的 I_2 和 $Na_2S_2O_3$ 溶液经比较滴定，求出两者体积比，然后标定其中一种溶液的浓度，通过关系式算出另一溶液的浓度。通常标定 $Na_2S_2O_3$ 溶液比较方便。所用的氧化剂有 $KBrO_3$、KIO_3、$K_2Cr_2O_7$、$KMnO_4$ 等。而以 $K_2Cr_2O_7$ 最为方便，结果也相当准确，因此本实验也用它来标定 $Na_2S_2O_3$ 溶液的浓度。

准确称取一定量 $K_2Cr_2O_7$ 基准试剂，配成溶液，加入过量的 KI，在酸性溶液中定量地进行下列反应：

$$6I^- + Cr_2O_7^{2-} + 14H^+ \longequal 2Cr^{3+} + 3I_2 + 7H_2O \quad (8\text{-}1)$$

生成的游离 I_2 立即用 $Na_2S_2O_3$ 溶液滴定：

$$2S_2O_3^{2-} + I_2 \longequal S_4O_6^{2-} + 2I^- \quad (8\text{-}2)$$

结果实际上相当于 $K_2Cr_2O_7$ 氧化了 $Na_2S_2O_3$。I^- 虽在反应式(8-1) 中被氧化，但又在反应式(8-2) 中被还原为 I^-，结果并未发生变化。由反应方程式(8-1) 和反应方程式(8-2) 可知 $K_2Cr_2O_7$ 与 $Na_2S_2O_3$ 反应的物质的量比为 1∶6，即

$$n(K_2Cr_2O_7) : n(Na_2S_2O_3) = 1 : 6$$

因而根据滴定的 $Na_2S_2O_3$ 溶液的体积和所称量的 $K_2Cr_2O_7$ 质量，即可算出 $Na_2S_2O_3$ 溶液的准确浓度。

碘量法用新配制的淀粉溶液作为指示剂。I_2 与淀粉生成蓝色的加合物，反应很灵敏。

2. 实验技能

$Na_2S_2O_3$ 标准溶液的配制，I_2 标准溶液的配制，0.5%淀粉溶液的配制，淀粉指示剂的加入时机及终点判断，称量方法（减量法）。

四、主要仪器和试剂

1. 仪器

台秤、分析天平、250mL 碘量瓶、容量瓶、移液管、酸式滴定管。

2. 试剂

① 0.1mol·L^{-1} $Na_2S_2O_3$ 溶液　用台秤称取 $Na_2S_2O_3 \cdot 5H_2O$ 固体约 6.2g，溶于适量刚煮沸并已冷却的水中，加入 Na_2CO_3 约 0.05g 后，稀释至 250mL，倒入细口试剂瓶中，放置 1～2 周后标定。

② 0.05mol·L^{-1} I_2 溶液　在台秤上称取 I_2（预先磨细过）约 3.2g，置于 250mL 烧杯中，加 6g KI，再加少量水，搅拌，待 I_2 全部溶解后，加水稀释到 250mL，混合均匀。储藏在棕色细口瓶中，放置于暗处。

③ 0.5%淀粉溶液　在盛有 5g 可溶性淀粉与 100mg 氯化锌的烧杯中加少量水，搅拌，把得到的糊状物倒入约 1L 正在沸腾的水中，搅拌，并煮沸至完全透明状。淀粉溶液最好现配现用。

$K_2Cr_2O_7$ 固体，H_2SO_4(1mol·L^{-1})，$Na_2S_2O_3 \cdot 5H_2O$ 固体，KI 固体，I_2 固体，淀粉溶液（0.5%），Na_2CO_3 固体。

五、实验内容

1. I_2 和 $Na_2S_2O_3$ 溶液的比较滴定

将 I_2 和 $Na_2S_2O_3$ 溶液分别装入酸式和碱式滴定管中，放出 25.00mL I_2 标准溶液于锥形瓶中，加 50mL 水，用 $Na_2S_2O_3$ 标准溶液滴定至呈浅黄色后，加入 2mL 淀粉指示剂，再用 $Na_2S_2O_3$ 溶液继续滴定至溶液的蓝色恰好消失即为终点。

重复滴定三次计算出两溶液的体积比 $V(Na_2S_2O_3) : V(I_2)$，并计算其平均值。

2. $Na_2S_2O_3$ 溶液的标定

精确称取 0.15g 左右 $K_2Cr_2O_7$ 基准试剂（预先干燥过）三份，分别置于三个 250mL 锥

形瓶中（最好用带有磨口塞的锥形瓶或碘瓶），加入 10～20mL 水使之溶解。加 2g KI、10mL 1mol·L^{-1} H_2SO_4，充分混合溶解后，盖好塞子以防因 I_2 挥发而损失。在暗处放置 5min，然后加 50mL 水稀释后，用 $Na_2S_2O_3$ 溶液滴定到溶液呈浅黄色时，加 2mL 淀粉溶液继续滴入 $Na_2S_2O_3$ 溶液，直至蓝色刚刚消失，而 Cr^{3+} 的绿色出现为止。

记录 $Na_2S_2O_3$ 溶液的体积，计算 $Na_2S_2O_3$ 溶液的浓度。再根据比较滴定的数据计算 I_2 的浓度。

$$c(Na_2S_2O_3)=\frac{6m(K_2Cr_2O_7)}{M(K_2Cr_2O_7)V(Na_2S_2O_3)}\times 1000$$

$$c(I_2)=\frac{1}{2}c(Na_2S_2O_3)\frac{V(Na_2S_2O_3)}{V(I_2)}$$

直接滴定法

实验三十四　食醋中总酸量的测定（酸碱滴定法）

一、实验目的

1. 掌握食醋中总酸量测定的原理和方法。

2. 掌握指示剂的选择原则。

二、预习提示

1. 测定食醋含量时，所用的蒸馏水为什么不能含 CO_2？

2. 测定食醋含量时，能否用甲基橙做指示剂？

3. 预习内容　食醋的主要成分，弱酸被准确滴定的条件，酸碱指示剂的选择，移液管、容量瓶、碱式滴定管的使用，设计数据记录格式。

三、实验原理与技能

1. 实验原理

食醋中除水外主要成分是 CH_3COOH（约含 3%～5%），此外还有少量其他有机弱酸。它们与 NaOH 溶液的反应为：

$$NaOH + CH_3COOH \longrightarrow CH_3COONa + H_2O$$

$$nNaOH + H_nA \longrightarrow Na_nA + nH_2O$$

用 NaOH 标准溶液滴定时，只要 $K_a \geqslant 10^{-7}$ 的弱酸都可以被滴定，因此测出的是总酸量。分析结果用含量最多的 HAc 来表示。由于是强碱滴定弱酸，滴定突跃在碱性范围内，终点的 pH 在 8.7 左右，通常选用酚酞做指示剂。

2. 实验技能

熟悉天平、移液管、容量瓶、滴定管的使用方法；练习滴定终点的判断、指示剂的选择方法。

四、主要仪器和试剂

1. 仪器

移液管（10mL，25mL）、容量瓶（100mL）、碱式滴定管（50mL）、量筒。

2. 试剂

食醋、酚酞指示剂、NaOH 标准溶液（约 0.1mol·L^{-1}）。

五、实验内容

用移液管吸取10.00mL食醋原液移入100mL容量瓶中，用无CO_2的蒸馏水稀释到刻度，摇匀。用25mL移液管移取已稀释的食醋三份，分别放入250mL锥形瓶中，各加两滴指示剂，摇匀。用氢氧化钠标准溶液滴定至溶液呈粉红色，30s内不褪色，即为滴定终点。根据氢氧化钠标准溶液的浓度和滴定时消耗的体积V，计算出食醋的总酸量（$g \cdot L^{-1}$）。

$$食醋的总酸量(g \cdot L^{-1})=\frac{c(NaOH)V(NaOH)M(HAc)}{10.00\times\frac{25.00}{100.0}}$$

注意：

1. 食醋中HAc的浓度较大，并且颜色较深，必须稀释后再测定。
2. 如食醋的颜色较深时，经稀释或活性炭脱色后，颜色仍明显时，则终点无法判断。
3. 稀释食醋的蒸馏水应经过煮沸，除去CO_2。

实验三十五　混合碱中碳酸钠与碳酸氢钠的测定（酸碱滴定法）

一、实验目的

1. 了解双指示剂法测定混合碱中Na_2CO_3和$NaHCO_3$含量的基本原理。
2. 熟悉酸碱滴定法选用指示剂的原则。
3. 学习用容量瓶把固体试样制备成试液的方法。

二、预习提示

1. 双指示剂法测定混合碱的原理是什么？
2. 如何判断混合碱的组成？
3. 预习内容　双指示剂法原理，称量方法，移液管、容量瓶使用方法，设计数据记录格式。

三、实验原理与技能

1. 实验原理

Na_2CO_3和$NaHCO_3$是强碱弱酸盐，而H_2CO_3的酸性很弱，所以可以用HCl来滴定，由于Na_2CO_3比$NaHCO_3$的碱性强，因此在Na_2CO_3和$NaHCO_3$混合液中，滴加HCl时首先和Na_2CO_3作用。而Na_2CO_3和HCl是分两步进行的。先以酚酞做指示剂、用标准HCl溶液滴定到溶液的颜色由红到无色时，Na_2CO_3全部被中和到$NaHCO_3$，即Na_2CO_3被中和了一半，令此时消耗的标准HCl溶液为V_1(mL)，其反应式为：

$$Na_2CO_3 + HCl = NaCl + NaHCO_3$$

再加甲基橙指示剂，继续用HCl溶液滴定至第二个计量点，溶液从黄色到橙色。此时，第一计量点生成的$NaHCO_3$和原混合物中的$NaHCO_3$都被中和成CO_2。令此时消耗HCl溶液的体积为V_2(mL)，其反应式为：

$$NaHCO_3 + HCl = NaCl + H_2O + CO_2\uparrow$$

第一计量点时的pH为8.32，第二计量点时的pH为3.9。

用HCl滴定Na_2CO_3和$NaHCO_3$时，滴定Na_2CO_3消耗的标准HCl溶液为$2V_1$(mL)，滴定$NaHCO_3$消耗的标准HCl溶液为V_2-V_1(mL)。

2. 实验技能

学习和掌握移液管、滴定管的使用，滴定终点的判断，指示剂的选择方法。

四、主要仪器和试剂

1. 仪器

分析天平、称量瓶、烧杯、玻璃棒、洗瓶、容量瓶、锥形瓶、移液管、酸式滴定管。

2. 试剂

约 0.1mol·L^{-1} HCl 标准溶液、混合碱试样。

五、实验内容

准确称取 Na_2CO_3 和 $NaHCO_3$ 混合样品约 2g，放入 150mL 烧杯中，加 50mL 蒸馏水溶解，然后将溶液定量地转移到 250mL 容量瓶中定容，充分摇匀。

用移液管吸取 25.00mL 溶液于 250mL 锥形瓶中，加 2 滴酚酞指示剂，用 HCl 标准溶液滴定至红色消失。记下 HCl 用量（V_1）。然后再加入 2 滴甲基橙，用 HCl 溶液继续滴定到溶液由黄色变为橙色，记下 HCl 用量（V_2）。平行测定三次，计算混合碱中 Na_2CO_3 和 $NaHCO_3$ 的含量（用质量分数表示）。

$$w(Na_2CO_3)=\frac{c(HCl)\times\frac{V_1}{1000}M(Na_2CO_3)}{m_{样}\times\frac{25.00}{250.0}}$$

$$w(NaHCO_3)=\frac{c(HCl)\times\frac{V_2-V_1}{1000}M(NaHCO_3)}{m_{样}\times\frac{25.00}{250.0}}$$

实验三十六　铵盐中含氮量的测定（甲醛法）

一、实验目的

1. 掌握甲醛法测定铵盐中含氮量的原理。

2. 学会用酸碱滴定法间接测定氮肥中的含氮量。

二、预习提示

1. 本实验为什么用酚酞作指示剂，能否用甲基橙为指示剂？

2. $(NH_4)_2SO_4$ 能否用标准碱直接滴定？为什么？

3. 能否用甲醛法来测定 NH_4NO_3、NH_4Cl、NH_4HCO_3 中的氮含量？

4. 预习内容　弱酸被准确滴定的条件，甲醛法测定铵盐中氮含量的原理，指示剂的选择，分析天平及碱式滴定管的使用，设计数据记录格式。

三、实验原理与技能

1. 实验原理

由于 $NH_3\cdot H_2O$ 的 $K_b=1.8\times10^{-5}$，它的共轭酸 NH_4^+ 的 $K_a=5.6\times10^{-10}$，所以铵盐中的氮含量不能用标准碱直接滴定，但可用间接法来测定。

NH_4^+ 的测定常用甲醛法，铵离子与 HCHO 迅速反应而生成等物质的量酸［H^+ 和质子化的六亚甲基四胺盐（$K_a=7.1\times10^{-6}$）］，其反应式为：

$$4NH_4^+ + 6HCHO = (CH_2)_6N_4H^+ + 3H^+ + 6H_2O$$

生成的酸可用酚酞作指示剂，用标准 NaOH 溶液滴定。

甲醛法也可以用于测定有机化合物中的氮，但需将样品预处理，使其转化为铵盐而后再进行测定。

2. 实验技能

中性 HCHO 溶液的配制，称量方法，滴定操作及滴定终点的判断等。

四、主要仪器和试剂

1. 仪器

碱式滴定管、分析天平。

2. 试剂

中性 HCHO 溶液：甲醛中常含有微量的酸，应事先除去。其方法如下，取原瓶装甲醛上层清液于烧杯中，用水稀释一倍，加 1～2 滴酚酞指示剂，用 $0.1000mol \cdot L^{-1}$ 的 NaOH 标准溶液滴定至甲醛溶液呈现淡粉红色。

$0.1000mol \cdot L^{-1}$ NaOH 标准溶液、HCHO、$(NH_4)_2SO_4$、酚酞指示剂。

五、实验内容

准确称取 0.18g 左右 $(NH_4)_2SO_4$ 试样三份，分别置于 250mL 的锥形瓶中，加 50mL 的水溶解，加入 10mL 20%的中性甲醛溶液、1 滴酚酞指示剂，充分摇动后，静置 1min，使反应完全，最后用 $0.1000mol \cdot L^{-1}$ NaOH 标准溶液滴定至粉红色。按下式计算氮的质量分数。

$$w(N)=\frac{c(NaOH)\times\frac{V(NaOH)}{1000}M(N)}{m_{样}}$$

实验三十七　食盐中氯含量的测定（莫尔法）

一、实验目的

1. 学习 $AgNO_3$ 标准溶液的配制方法。
2. 掌握莫尔法测定氯离子的方法原理及测定条件。
3. 掌握沉淀滴定法滴定终点的判断方法。

二、预习提示

1. 滴定过程中为什么要剧烈摇动？
2. 指示剂的用量对测定结果有何影响？
3. 预习内容　莫尔法的滴定条件及终点判断方法，$AgNO_3$ 标准溶液的配制及标定方法，酸式滴定管、容量瓶的使用，设计数据记录格式。

三、实验原理与技能

1. 实验原理

滴定反应方程式：

$$Ag^+ + Cl^- \longrightarrow AgCl\downarrow（白色沉淀）$$
$$2Ag^+ + CrO_4^{2-} \longrightarrow Ag_2CrO_4\downarrow（砖红色沉淀）$$

为保证在计量点时恰好生成砖红色 Ag_2CrO_4 沉淀，CrO_4^{2-} 的浓度应控制在 5.0×10^{-3} $mol \cdot L^{-1}$左右为宜。过大或过小都会影响指示终点的正确性。

应用莫尔法测定时，酸度应控制在 pH 6.5～10.5（中性或弱碱性）的条件下进行。

2. 实验技能

NaCl 基准物的干燥方法，$AgNO_3$ 标准溶液的配制，分析天平、移液管和容量瓶的使用，铬酸钾指示剂终点的判断等。

四、主要仪器和试剂

1. 仪器

酸式滴定管、分析天平、容量瓶（250mL）、烧杯、锥形瓶。

2. 试剂

① NaCl 基准物　基准物 NaCl 应先在 120℃下烘干 2h，或放在坩埚中于 500℃灼烧至不发出爆裂声为止。

② $0.1mol \cdot L^{-1}$ $AgNO_3$ 标准溶液　在台秤上称取 5.1g $AgNO_3$ 固体，加蒸馏水溶解后置于棕色容量瓶中，稀释 250mL。待用。

5% K_2CrO_4 溶液、$AgNO_3$(A.R.)、NaCl(A.R.)、食盐。

五、实验内容

1. $0.1mol \cdot L^{-1}$ $AgNO_3$ 标准溶液的标定

准确称取 0.15～0.20g 的 NaCl 基准物，倾入锥形瓶中，加蒸馏水 25mL 溶解，然后加 5% K_2CrO_4 溶液 1mL，边剧烈摇动边滴加 $AgNO_3$ 溶液，至生成的砖红色沉淀不褪去。记录所耗 $AgNO_3$ 体积，平行测定三次。计算 $AgNO_3$ 溶液物质的量浓度的平均值。

2. 食盐中氯含量的测定

准确称取 2.0g 左右的食盐样品于烧杯中，加水溶解后，转移到 250mL 容量瓶中定容。用移液管移取 25.00mL 上述溶液于锥形瓶中，加 5% K_2CrO_4 溶液 1mL，边剧烈摇动边滴加 $AgNO_3$ 溶液，至生成的砖红色沉淀不褪去。记录消耗 $AgNO_3$ 标准溶液的体积。平行测定三次，按下式计算食盐中氯的含量。

$$w(\mathrm{Cl})=\frac{c(\mathrm{AgNO_3})\times\dfrac{V(\mathrm{AgNO_3})}{1000}M(\mathrm{Cl})}{\dfrac{25.00}{250.0}m_{\text{样}}}$$

回收硝酸银废液和氯化银沉淀，作为实验六十一的原料使用。

实验三十八　水硬度的测定（配位滴定法）

一、实验目的

1. 了解水硬度的表示方法和测定意义。

2. 熟悉水硬度测定的基本原理。

3. 掌握配位滴定的基本操作及滴定终点的判断方法。

二、预习提示

1. 用 EDTA 测定水的总硬度时，如何控制溶液酸度？选择什么指示剂？

2. 滴定到终点时，溶液的纯蓝色是哪一种物质的颜色？

3. 预习内容　水的硬度及表示方式，铬黑 T、钙指示剂的性质、使用条件及终点颜色变化，滴定操作，设计数据记录格式。

三、实验原理与技能

1. 实验原理

含有钙盐和镁盐的水叫硬水（硬度小于 6 度的水一般称为软水）。硬水有暂时硬水和永久硬水之分。

暂时硬水：水中含有钙、镁的酸式碳酸盐，这些酸式碳酸盐遇热分解成碳酸盐沉淀而失去其硬性。

永久硬水：水中含有钙、镁、硫酸盐、氯化物、硝酸盐，在加热时不沉淀（但在锅炉中溶解度低时可以析出成为锅垢）。

水的硬度有多种表示方法。有的将水中的盐类折算成 $CaCO_3$，以 $CaCO_3$ 的量表示。也有的将盐量折成 CaO，以 CaO 表示。水的总硬度过去常采用度“°”计，1 硬度单位表示十万份水中含 1 份 CaO，记作 $1° = 10mg \cdot L^{-1}$ CaO。水的总硬度现在常用 $mmol \cdot L^{-1}$ 来表示，即每升水含有氧化钙多少毫摩尔或消耗 EDTA 多少毫摩尔。

许多工农业生产不能用硬水，所以应事先分析水中钙盐和镁盐的含量。测定水的硬度就是测定水中钙、镁含量而折算成 CaO，然后用硬度单位表示。现在常用单位体积水中钙、镁的物质的量（$mmol \cdot L^{-1}$）表示。

用 EDTA 测定钙、镁常用方法是，先测定钙、镁的总含量，再测钙量，然后由钙、镁总量和钙的含量求出镁的含量。

2. 实验技能

钙指示剂的配制，滴定操作，铬黑 T、钙指示剂终点的判断等。

四、主要仪器和试剂

1. 仪器

滴定管（50mL）、锥形瓶（250mL）。

2. 试剂

钙指示剂：将 0.1g 钙指示剂与 10g NaCl 混合，磨细备用。

$0.01000mol \cdot L^{-1}$ EDTA 标准溶液、NH_3-NH_4Cl 缓冲溶液（pH=10）、10% NaOH 溶液、铬黑 T 指示剂、钙指示剂。

五、实验内容

1. 总硬度的测定

取澄清的水样 50.00mL，置于 250mL 锥形瓶中，加 10mL pH 值为 10.0 的缓冲溶液，摇匀。再放入适量（至溶液颜色清亮）铬黑 T 指示剂，再摇匀。此时溶液呈酒红色，以 $0.01000mol \cdot L^{-1}$ EDTA 标准溶液滴定至溶液刚好转变为纯蓝色，即为终点，记录 EDTA 标准溶液的用量 V_1。平行测定三次。

2. 钙含量的测定

另量取澄清水样 50.00mL 于 250mL 锥形瓶中，加 2mL 10% NaOH 溶液，摇匀。加适量（至溶液颜色清亮）钙指示剂，再摇匀。此时溶液呈红色，用 $0.01000mol \cdot L^{-1}$ EDTA 标准溶液滴定至溶液刚好转变为纯蓝色即为终点。记录 EDTA 标准溶液的用量 V_2。平行测定三次。

3. 镁含量的确定

由钙、镁总量减去钙含量即为镁含量。

根据以上数据按下式计算水样的总硬度和每升水样中 Ca^{2+}、Mg^{2+} 的物质的量（mmol）即钙、镁硬度。

总硬度：$c_{CaO}(mmol \cdot L^{-1}) = \frac{V_1 c(EDTA)}{V_{水}} \times 1000$

钙硬度：$c_{Ca^{2+}}(mmol \cdot L^{-1}) = \frac{V_2 c(EDTA)}{V_{水}} \times 1000$

镁硬度：$c_{Mg^{2+}}(mmol \cdot L^{-1}) = \frac{(V_1 - V_2) c(EDTA)}{V_{水}} \times 1000$

实验三十九　过氧化氢的测定（高锰酸钾法）

一、实验目的

1. 熟悉 $KMnO_4$ 法测定 H_2O_2 含量的基本原理。

2. 掌握 $KMnO_4$ 法的基本操作及滴定终点的判断方法。

二、预习提示

1. 用 $KMnO_4$ 法测定 H_2O_2 含量时，能否用 HNO_3、HCl、HAc 调节溶液的酸度？

2. 若用移液管移取 H_2O_2 原溶液后，没有洗涤就直接用来移取稀释过的 H_2O_2，对测定结果有何影响？

3. 在容量瓶中存放的 H_2O_2 溶液，放置 2 天后，其测定结果与原结果是否一样？

4. 预习内容　过氧化氢的性质，酸度对高锰酸钾氧化性的影响，酸式滴定管、移液管、容量瓶的使用，设计数据记录格式。

三、实验原理与技能

1. 实验原理

H_2O_2 是医药上常用的消毒剂，在强酸性条件下用 $KMnO_4$ 法测定 H_2O_2 的含量，其反应方程式为：

$$2MnO_4^- + 5H_2O_2 + 6H^+ = 2Mn^{2+} + 5O_2\uparrow + 8H_2O$$

根据高锰酸钾溶液自身的颜色变化确定滴定终点。

2. 实验技能

自身指示剂的使用和滴定终点的判断，滴定管、容量瓶和移液管的使用。

四、主要仪器和试剂

1. 仪器

酸式滴定管、250mL 容量瓶。

2. 试剂

工业 H_2O_2 样品、0.02mol·L^{-1} $KMnO_4$ 标准溶液、3mol·L^{-1} H_2SO_4 溶液。

五、实验内容

用 25mL 移液管吸取 25.00mL 的 H_2O_2 试样于 250mL 容量瓶中，加水稀释至刻度，充分摇匀。准确吸取稀释后的 H_2O_2 溶液 25.00mL 于 250mL 锥形瓶中，加 3mol·L^{-1} H_2SO_4 溶液 10mL，加蒸馏水 50mL，用 $KMnO_4$ 标准溶液滴定至溶液呈浅红色，30s 不褪色为止，根据 $KMnO_4$ 的浓度和体积按下式计算原样品中 H_2O_2 的含量（g·L^{-1}）。

$$H_2O_2\text{的含量}(g \cdot L^{-1}) = \frac{\frac{5}{2} c(KMnO_4) V(KMnO_4) M(H_2O_2)}{\frac{25.00}{250.0} \times 25.00}$$

实验四十　亚铁盐中铁的测定（重铬酸钾法）

一、实验目的

1. 掌握 $K_2Cr_2O_7$ 法测定亚铁盐中铁含量的基本原理和方法。

2. 掌握氧化还原指示剂的作用原理及滴定终点的判断。

二、预习提示

1. $K_2Cr_2O_7$ 法能否在盐酸介质中进行？为什么？

2. $K_2Cr_2O_7$ 法测定 Fe^{2+} 过程中加 H_3PO_4 的作用是什么？

3. 溶解亚铁盐溶液时，加入硫酸的作用是什么？能否在加入蒸馏水之后加入？

4. 预习内容　重铬酸钾的性质，测定原理，二苯胺磺酸钠指示剂的性质及终点颜色的变化，称量方法，滴定操作，设计数据记录格式。

三、实验原理与技能

1. 实验原理

在酸性条件下，重铬酸钾和亚铁盐的基本反应为：

$$Cr_2O_7^{2-} + 6Fe^{2+} + 14H^+ \longrightarrow 6Fe^{3+} + 2Cr^{3+} + 7H_2O$$

选用二苯胺磺酸钠作指示剂，变色点电位为 0.84V，比化学计量点电位低。为了减少误差，滴定前加入 H_3PO_4，使其与 Fe^{3+} 生成无色稳定的 $Fe(HPO_4)_2^-$，降低 Fe^{3+}/Fe^{2+} 电对的电位，指示剂变色时，$Cr_2O_7^{2-}$ 与 Fe^{2+} 反应完全。终点前，指示剂呈无色，溶液因 Cr^{3+} 的存在显绿色，到达终点时，溶液由绿色变紫色。

2. 实验技能

$K_2Cr_2O_7$ 标准溶液的配制，溶液配制方法，分析天平、酸式滴定管、容量瓶使用方法，终点的判断等。

四、主要仪器和试剂

1. 仪器

酸式滴定管、分析天平、容量瓶（250mL）、烧杯、锥形瓶。

2. 试剂

0.5%的二苯胺磺酸钠水溶液、$K_2Cr_2O_7$(A. R.)、$FeSO_4 \cdot 7H_2O$ 固体、$3mol \cdot L^{-1}$ H_2SO_4 溶液、85% H_3PO_4、二苯胺磺酸钠指示剂。

五、实验内容

1. $K_2Cr_2O_7$ 标准溶液的配制

在分析天平上准确称取分析纯 $K_2Cr_2O_7$(150～180℃干燥 2h）约 1.2g（应记录几位数字?)，放入 100mL 烧杯中，加少量蒸馏水使其溶解，然后转入 250mL 容量瓶中，多次用蒸馏水洗涤烧杯，将每次的洗涤液转入容量瓶，用蒸馏水稀释至刻度，反复倒转混匀。计算 $c(K_2Cr_2O_7)$。

2. 硫酸亚铁样品中铁含量的测定

在分析天平上准确称取硫酸亚铁样品 0.60～0.80g 于 250mL 锥形瓶中，加入 $3mol \cdot L^{-1}$ H_2SO_4 10mL，再加入蒸馏水 50mL 溶解后，加入 85% H_3PO_4 5mL、二苯胺磺酸钠指示剂 5～6 滴，以 $K_2Cr_2O_7$ 标准溶液滴至溶液刚好变为紫色或紫蓝色即为终点，记录 $V(K_2Cr_2O_7)$。平行测定 3 次，根据下式计算 Fe^{2+} 的质量分数。

$$w(Fe^{2+}) = \frac{6c(K_2Cr_2O_7)\dfrac{V(K_2Cr_2O_7)}{1000}M(Fe)}{m_{样}}$$

实验四十一　维生素 C 含量的测定（直接碘量法）

一、实验目的

1. 熟悉直接碘量法的基本原理。

2. 掌握直接碘量法的基本操作及淀粉指示剂终点的判断方法。

二、预习提示

1. 测定维生素 C 为什么要加入稀醋酸？

2. 溶解样品时为什么要用新煮沸过的蒸馏水？

3. 预习内容　碘标准溶液的配制及直接碘量法的条件，淀粉指示剂，分析天平及酸式滴定管的使用，设计数据记录格式。

三、实验原理与技能

1. 实验原理

用碘标准溶液可以直接测定维生素 C 等一些还原性物质，维生素 C 分子中的二烯醇基被氧化成二酮基。

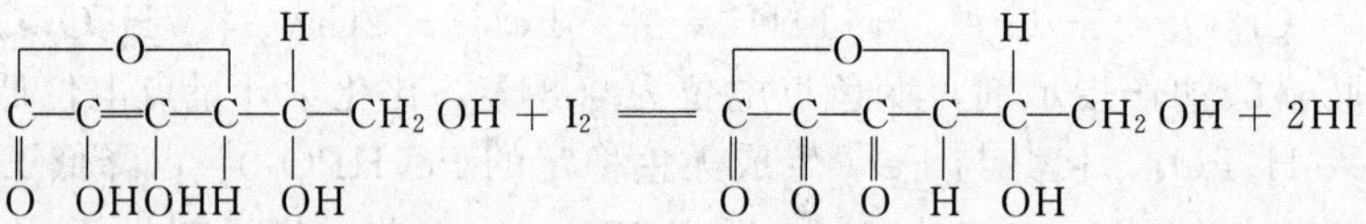

$$\underset{\substack{\| \\ O}}{C}-\underset{\substack{| \\ OH}}{C}=\underset{\substack{| \\ OH}}{C}-\underset{\substack{| \\ H}}{C}-\underset{\substack{| \\ OH}}{\overset{\substack{H \\ |}}{C}}-CH_2OH + I_2 = \underset{\substack{\| \\ O}}{C}-\underset{\substack{\| \\ O}}{C}-\underset{\substack{\| \\ O}}{C}-\underset{\substack{| \\ H}}{C}-\underset{\substack{| \\ OH}}{\overset{\substack{H \\ |}}{C}}-CH_2OH + 2HI$$

（式中两侧第一个 C 与第四个 C 之间以 —O— 相连成环）

反应不必加碱就可进行得很完全。相反，由于维生素 C 的还原能力强而易被空气氧化，所以，在测定中必须加入稀 HAc，使溶液保持足够的酸度，以减少副反应的发生。

2. 实验技能

称量方法，酸式滴定管的使用，淀粉指示剂终点的判断，直接碘量法的操作等。

四、主要仪器和试剂

1. 仪器

酸式滴定管、碘量瓶。

2. 试剂

维生素 C、1∶1 HAc 溶液、$0.05mol \cdot L^{-1}$ I_2 标准溶液、0.5%的淀粉指示剂。

五、实验内容

准确称取试样 0.2g 置于 250mL 的锥形瓶中，加入新煮沸过的蒸馏水 100mL 和 10mL 1∶1 HAc，完全溶解后，再加入 3mL 淀粉指示剂，立即用 I_2 标准溶液滴定至溶液显稳定的蓝色，重复滴定三次并按下式计算维生素 C 的含量。

$$w(VC)=\frac{c(I_2)\times\frac{V(I_2)}{1000}M(VC)}{m(VC)}$$

返滴定法

实验四十二　氯化物中氯含量的测定［佛尔哈德（Volhard）法］

一、实验目的

1. 学习 NH_4SCN 标准溶液的配制和标定。

2. 掌握用佛尔哈德返滴定测定氯化物中氯含量的原理和方法。

二、预习提示

1. 佛尔哈德法测氯时，为什么要加入石油醚或硝基苯？当用此法测定 Br^-、I^- 时，还需加入石油醚或硝基苯吗？

2. 试讨论酸度对佛尔哈德法测定卤素离子含量时的影响。

3. 本实验为什么用 HNO_3 酸化？可否用 HCl 溶液或 H_2SO_4 酸化？为什么？

4. 预习内容　硝酸银和 NH_4SCN 标准溶液的配制及标定，佛尔哈德法（返滴定法）的条件，终点的判断，容量瓶、移液管和酸式滴定管的使用，设计数据记录格式。

三、实验原理与技能

1. 实验原理

在含有 Cl^- 的酸性试液中，加入一定量过量的 Ag^+ 标准溶液，定量生成 AgCl 沉淀后，过量 Ag^+ 以铁铵矾为指示剂，用 NH_4SCN 标准溶液回滴，由 $Fe(SCN)^{2+}$ 配离子的红色指示滴定终点。主要反应为

$$Ag^+ + Cl^- \longrightarrow AgCl\downarrow(白色) \qquad K_{sp}=1.8\times10^{-10}$$

$$Ag^+ + SCN^- \longrightarrow AgSCN\downarrow(白色) \qquad K_{sp}=1.0\times10^{-12}$$

$$Fe^{3+} + SCN^- \longrightarrow Fe(SCN)^{2+}(红色) \qquad K_f=138$$

指示剂用量大小对滴定有影响，一般控制 Fe^{3+} 浓度为 $0.015mol\cdot L^{-1}$ 为宜。滴定时，控制 H^+ 浓度为 $0.1\sim1mol\cdot L^{-1}$，剧烈摇动溶液，并加入硝基苯（有毒！）或石油醚保护 AgCl 沉淀，使其与溶液隔开，防止 AgCl 沉淀与 SCN^- 发生交换反应而消耗滴定剂。

测定时，能与 SCN^- 生成沉淀或生成配合物，或能氧化 SCN^- 的物质均有干扰。PO_4^{3-}、AsO_4^{3-}、CrO_4^{2-} 等离子由于酸效应的作用而不影响测定。

佛尔哈德法常用于直接测定银合金和矿石中银的含量。

2. 实验技能

NH_4SCN 标准溶液的配制，铁铵矾指示剂溶液的配制，铁铵矾指示剂终点的判断，容量瓶、移液管和酸式滴定管的使用等。

四、主要仪器和试剂

1. 仪器

酸式滴定管、分析天平、容量瓶（250mL）、烧杯、锥形瓶。

2. 试剂

① $0.1mol\cdot L^{-1}$ NH_4SCN 标准溶液　称取 3.8g NH_4SCN，用 500mL 水溶解后转入试剂瓶中。

② 铁铵矾指示剂溶液　40％的铁铵矾和 $1mol\cdot L^{-1}$ HNO_3 混合溶液。

$0.1mol\cdot L^{-1}$ $AgNO_3$ 标准溶液、HNO_3（1∶1）（若含有氮的氧化物而呈黄色时，应煮沸驱除氮化合物）、硝基苯、NaCl 试样。

五、实验内容

1. $0.1mol\cdot L^{-1}$ NH_4SCN 标准溶液的标定

用移液管移取 $AgNO_3$ 标准溶液 25.00mL 于 250mL 锥形瓶中，加入 1∶1 的 HNO_3 5mL、铁铵矾指示剂 1.0mL，然后用 NH_4SCN 溶液滴定，滴定时，剧烈摇动溶液，当滴定至溶液颜色为淡红色稳定不变时，即为终点。平行标定三次。计算 NH_4SCN 溶液的浓度。

2. 氯含量的测定

准确称取约 2g NaCl 试样于 50mL 烧杯中，加水溶解后，转入 250mL 容量瓶中，稀释

至刻度，摇匀。用移液管移取 25.00mL 试样溶液于 250mL 锥形瓶中，加 25mL 水、5mL 1∶1 HNO_3，由滴定管加入 $AgNO_3$ 标准溶液至过量 5～10mL（加入 $AgNO_3$ 溶液时，生成白色 AgCl 沉淀，接近计量点时，氯化银要凝聚，摇动溶液，再让其静置片刻，使沉淀沉降，然后加入几滴 $AgNO_3$ 到清液层，如不生成沉淀，说明 $AgNO_3$ 已过量，这时，再适当过量 5～10mL $AgNO_3$ 即可）。然后，加入 2mL 硝基苯，用橡皮塞塞住瓶口，剧烈摇动半分钟，使 AgCl 沉淀进入硝基苯层而与溶液隔开。再加入铁铵矾指示剂 1.0mL，用 NH_4SCN 标准溶液滴至出现淡红色的 $Fe(SCN)^{2+}$ 配合物稳定不变时即为终点。平行测定三次。计算 NaCl 试样中氯的含量。

$$w(\mathrm{Cl})=\frac{\dfrac{c(\mathrm{AgNO_3})V(\mathrm{AgNO_3})-c(\mathrm{NH_4SCN})V(\mathrm{NH_4SCN})}{1000}}{m_{\text{试样}}\times\dfrac{25.00}{250.0}}M(\mathrm{Cl})$$

实验四十三　硫糖铝中铝和硫含量的测定（配位滴定法）

一、实验目的

1. 掌握配位滴定中的返滴定法，进一步熟悉配位滴定法的原理。

2. 掌握沉淀分离法的基本操作方法。

二、预习提示

1. 为什么测定铝通常用返滴定法？铬黑 T 为什么不能用作测定铝的指示剂？在配位滴定中，对所用指示剂有何要求？

2. 如何正确进行干过滤操作？为什么要弃去前滤液？

3. 氯化钡-氯化镁溶液浓度是否需要准确配制？在测定中，氯化钡-氯化镁溶液是否要准确加入？

4. 预习内容　返滴定法的原理，铬黑 T 指示剂的作用原理，滴定操作，设计数据记录格式。

三、实验原理与技能

1. 实验原理

硫糖铝为蔗糖硫酸酯的碱式铝盐，易溶于稀盐酸和稀硫酸，是一类抗酸药。它的制剂为硫糖铝片和硫糖铝胶囊。为了检测硫糖铝及其制剂的质量，常用配位滴定法测定其铝和硫的含量。

由于铝离子与铬黑 T 形成的配合物比它与 EDTA 形成的配合物稳定得多，所以测定铝含量不能用铬黑 T 作指示剂。又由于铝离子与 EDTA 形成配合物的速率较慢，故多采用返滴定法，即先加入准确过量的 EDTA，加热促使配位反应完全，冷却后，以二甲酚橙为指示剂、六亚甲基四胺或乙酸-乙酸铵为缓冲溶液，控制 pH 为 5～6，用锌标准溶液回滴剩余的 EDTA，测出铝含量。

硫糖铝中的硫可用间接的 EDTA 配位滴定法测定。样品加硝酸煮沸，硫则转变为硫酸盐，加入过量的氨试液使铝沉淀，过滤，滤液中准确加入一定量的氯化钡-氯化镁溶液，硫酸盐成为硫酸钡沉淀，过量的氯化钡-氯化镁溶液，在氨-氯化铵缓冲溶液中，以铬黑 T 为指示剂，三乙醇胺为掩蔽剂，用标准 EDTA 溶液回滴，测出硫的含量。本实验只要求测定铝含量。

2. 实验技能

六亚甲基四胺缓冲溶液的配制，锌标准溶液的配制，$BaCl_2$-$MgCl_2$ 溶液的配制，二甲酚橙指示剂终点的判断，滴定操作等。

四、主要仪器和试剂

1. 仪器

酸式滴定管、分析天平、容量瓶（100mL）、烧杯、锥形瓶。

2. 试剂

① pH=5.5 六亚甲基四胺缓冲溶液　取六亚甲基四胺 300g 溶于 200mL 水中，加浓 HCl 10mL，稀释至 1L。

② 锌标准溶液（0.05$mol \cdot L^{-1}$）　准确称取基准物质金属锌 0.83g 左右于 10mL 烧杯中，盖上表面皿，从烧杯口加入 10mL 1∶1 盐酸，待锌完全溶解后，加入适量水，定量转移至 250mL 容量瓶中，稀释至刻度，摇匀，计算此溶液的准确浓度。

③ $BaCl_2$-$MgCl_2$ 溶液　称取 $BaCl_2$ 6g 和 $MgCl_2$ 5g 于 100mL 烧杯中，溶解，定量转移至 500mL 容量瓶中稀释至刻度，摇匀。

④ 铬黑 T 指示剂　铬黑 T 和无水硫酸钾固体按质量比 1∶10 混合，研磨混匀，保持干燥。

⑤ 硫糖铝样品　取样品若干，铺于扁形称量瓶中，在 105℃ 下干燥 3h，置于燥器中冷却后待测。

六亚甲基四胺（w 为 0.30）、$NH_3 \cdot H_2O$(1∶1)、HCl(1∶1)、HCl(1∶10)、HNO_3(1∶2)、三乙醇胺（1∶2）、二甲酚橙指示剂（w 为 0.002）、pH=10.0 NH_3-NH_4Cl 缓冲溶液、0.05$mol \cdot L^{-1}$ EDTA 滴定液。

五、实验内容

1. EDTA 标准溶液的标定

准确移取锌标准溶液 25.00mL 于 250mL 锥形瓶中，加水 50mL、二甲酚橙指示剂 2 滴，用 w 为 0.30 的六亚甲基四胺溶液调节至呈稳定的紫红色后再过量 3mL，以 EDTA 标准溶液滴定至由紫红色变为亮黄色即为终点，平行测定三份。根据滴定所用 EDTA 的体积和锌标准溶液的浓度，计算 EDTA 标准溶液的浓度。

2. 铝含量的测定

准确称取硫糖铝样品 0.4g 左右于 100mL 烧杯中，加稀盐酸（1∶1）50mL 溶解后，定量转移至 100mL 容量瓶中，加水稀释至刻度，摇匀。准确吸取该溶液 25.00mL 三份至三只 250mL 烧杯中，滴加氨水（1∶1）中和至恰好析出沉淀，再滴加稀盐酸至沉淀恰好溶解为止，加 w 为 0.30 的六亚甲基四胺 5mL，使溶液 pH=5～6，再准确加入已标定好的 EDTA（0.05$mol \cdot L^{-1}$）溶液 25.00mL，煮沸 3～5min，放冷至室温，加二甲酚橙指示剂 2～3 滴，用锌标准溶液（0.05$mol \cdot L^{-1}$）滴定至溶液由黄色转变为红色，记录消耗锌标准溶液的体积 V_1(mL)，并以同样的步骤进行空白滴定，记录消耗的锌标准溶液的体积 V_0(mL)，计算经空白校正后的测定结果。

$$w(\mathrm{Al})=\frac{c(\mathrm{Zn}^{2+})\times\frac{V_0-V_1}{1000}}{m_{试样}\times\frac{25.00}{100.0}}M(\mathrm{Al})$$

3. 硫含量的测定（选做）

准确称取硫糖铝样品 1g 左右于 100mL 烧杯中，加硝酸（1∶2）10mL 与水 10mL，缓缓煮沸 10min，滴加氨水至碱性后再多加 5mL，煮沸 1min，放冷转移至 100mL 容量瓶中，加水稀释至刻度，摇匀。进行干过滤（即用干漏斗、干滤纸、干烧杯进行过滤），弃去初滤液，用移液管准确移取滤液 10.00mL 三份于三只 200mL 烧杯中，加稀盐酸（1∶10）至呈酸性后，再多加三滴，准确加入氯化钡-氯化镁溶液 10mL，摇匀，放置片刻，加氨-氯化铵缓冲溶液（pH＝10）15mL、三乙醇胺（1∶2）5mL 与铬黑 T 指示剂少许，加蒸馏水至 80mL，用标定好的 EDTA（$0.05mol \cdot L^{-1}$）滴定，记录消耗的 EDTA 标准溶液的体积 V_1(mL)，并以同样的步骤进行空白滴定，记录消耗的锌标准溶液的体积 V_0(mL)，计算测定结果，以 w(S) 表示。

$$w(\mathrm{S})=\frac{c(\mathrm{EDTA})\times\dfrac{V_0-V_1}{1000}}{m_{\text{试样}}\times\dfrac{10.00}{100.0}}M(\mathrm{S})$$

注释：

1. 硫糖铝按干燥品计算，铝的质量分数应为 0.180～0.220，硫的质量分数应为 0.085～0.125。

2. 如果样品是硫糖铝片，样品处理方法为：取药片 20 片，准确称量后，研细。准确称取适量（约相当于硫糖铝 0.5g），按测定硫糖铝同样步骤进行测定。片剂中含硫糖铝以铝（Al）计算，应为标示量的 15.0%～21.0%。

置换滴定法

实验四十四　铝及铝合金中铝的测定（EDTA 置换滴定法）

一、实验目的

1. 学习置换滴定法的原理。

2. 掌握铝和铝合金中铝的测定方法。

二、预习提示

1. 置换滴定法测定铝合金中铝的基本原理是什么？

2. 为什么第一终点不需要记录体积，而第二终点一定要准确记录？

3. 预习内容　置换滴定的原理，PAN 指示剂的性质及终点判断，铝试样的分解方法，滴定操作，分析天平的使用，设计数据记录格式。

三、实验原理与技能

1. 实验原理

Al^{3+} 与 EDTA 配合反应速度慢，不能用 EDTA 直接滴定。本测定采用置换滴定法。滴定时加入过量的 EDTA 溶液（不必定量）。调节 pH＝3.5 左右（用甲基橙指示剂），煮沸 2～3min，使 Al^{3+} 与 EDTA 完全配合。同时其他干扰离子也与 EDTA 进行反应。调节 pH 为 5～6（用六亚甲基四胺），用 PAN 为指示剂，趁热用铜标准溶液滴定至终点。此时，加入适量 NH_4F，利用 F^- 与 Al^{3+} 生成更稳定配合物这一性质，置换出与 Al^{3+} 等物质量的 EDTA，经加热煮沸后，再用铜标准溶液滴定。置换反应和滴定反应为：

$$AlY^- + 6F^- = AlF_6^{3-} + Y^{4-}$$

$$Y^{4-} + Cu^{2+} = CuY^{2-}$$

煮沸后趁热滴定是为了防止指示剂僵化。

2. 实验技能

PAN指示剂的配制及终点判断，$CuSO_4$标准溶液的配制，铝试样的分解方法，滴定操作等。

四、主要仪器和试剂

1. 仪器

分析天平、酸式滴定管、电炉。

2. 试剂

① PAN指示剂　0.2g PAN指示剂加入100mL乙醇溶液。

② $0.02mol·L^{-1}$ $CuSO_4$标准溶液　称5g $CuSO_4·5H_2O$于1000mL大烧杯中，加2～3滴1∶1 H_2SO_4溶液，用蒸馏水溶解并稀释为1L。

NaOH固体、30%过氧化氢溶液、盐酸硝酸混合酸（在500mL水中加HCl 400mL，加HNO_3 100mL后混匀）、1∶1盐酸、1∶1氨水、0.1%甲基橙指示剂水溶液、pH=5.5 20%六亚甲基四胺缓冲溶液、PAN指示剂（0.1%乙醇溶液）、$0.02mol·L^{-1}$ EDTA溶液。

五、实验内容

1. $0.02mol·L^{-1}$ $CuSO_4$标准溶液的标定

吸取25.00mL已标定过的EDTA标准溶液于锥形瓶内，加水50mL，加10mL六亚甲基四胺缓冲溶液，加热至80～90℃，滴入3～4滴PAN指示剂，趁热用$CuSO_4$滴定至由绿色变为紫色为终点。记录消耗$CuSO_4$的体积V，用下式计算铜标准溶液的浓度。

$$c(Cu^{2+})=\frac{25.00c(EDTA)}{V}$$

2. 分析试液的制备

准确称取试样0.25g（准确到0.0001g）于塑料烧杯中，加入NaOH（固体）4g、水15mL，于沸水浴中加热溶解。冷却后，慢慢倾入盛有100mL盐酸硝酸混合酸的烧杯中。加H_2O_2 10滴，继续加热煮沸1min。取下冷却，移入250mL容量瓶中，用水定容摇匀。

3. 铝含量的测定

吸取试液50.00mL于300mL锥形瓶中，加水50mL，加$0.02mol·L^{-1}$EDTA 25.00mL。滴加甲基橙1～2滴，用1∶1 HCl或氨水调节pH变为橙色，加热煮沸2～3min。取下，立即加入六亚甲基四胺缓冲溶液10mL和4～6滴PAN指示剂，趁热用$CuSO_4$标准溶液滴定，滴定至颜色由绿色变为紫色为第一终点（不记体积）。加入NH_4F 1g，继续加热煮沸2min，补加2～4滴PAN指示剂，将滴定管中$CuSO_4$标准溶液加满至“0”刻度，继续滴定到第二终点，记下所消耗的$CuSO_4$标准溶液体积V（不包括第一终点时所消耗部分）。用下式计算试样中铝的含量。

$$w(Al)=\frac{c(Cu^{2+})\times\frac{V(Cu^{2+})}{1000}M(Al)}{m_{样}\times\frac{50.00}{250.0}}$$

实验四十五　硫酸铜中铜含量的测定（间接碘量法）

一、实验目的

1. 学习间接碘量法的基本原理。

2. 掌握碘量法测定硫酸铜中铜含量的基本操作。

二、预习提示

1. 淀粉指示剂为什么不在滴定前加入？

2. 测定铜的含量时，为什么要加入 NaF、KSCN 溶液？

3. 预习内容　间接碘量法的原理，淀粉指示剂，分析天平，滴定操作，设计数据记录格式。

三、实验原理与技能

1. 实验原理

间接碘量法测定铜的反应方程式为：

$$2Cu^{2+} + 4I^- = 2CuI\downarrow + I_2$$

$$I_2 + 2S_2O_3^{2-} = 2I^- + S_4O_6^{2-}$$

CuI 能吸附 I_2，使终点提前，结果偏低。因此终点前需加入 SCN^-，将 CuI 沉淀转化为 CuSCN 沉淀。

$$CuI + SCN^- = CuSCN + I^-$$

Fe^{3+}可将碘离子氧化，影响测定。加入 NaF，与 Fe^{3+}生成［FeF_6］$^{3-}$，降低 Fe^{3+}/Fe^{2+}电对的电位，消除 Fe^{3+}的干扰。

$$2Fe^{3+} + 2I^- = 2Fe^{2+} + I_2$$

2. 实验技能

淀粉指示剂的使用，称量操作，滴定操作等。

四、主要仪器和试剂

1. 仪器

分析天平、碘量瓶、滴定管。

2. 试剂

0.1mol·L^{-1} $Na_2S_2O_3$ 标准溶液、10% KI、0.5%的淀粉、10% KSCN、饱和 NaF 溶液、1mol·L^{-1} H_2SO_4。

五、实验内容

准确称取硫酸铜样品 0.6～0.8g 三份，分别放入 250mL 锥形瓶中，加 1mL 1mol·L^{-1} H_2SO_4 和 100mL 水溶解，再加入 15mL 10% KI 溶液（样品含铁时再加 10mL 饱和 NaF 溶液，同时应适当补加 H_2SO_4），立即用已标定的 $Na_2S_2O_3$ 溶液滴至浅黄色。然后，加入 2mL 0.5%的淀粉溶液，溶液变蓝色。继续滴至浅蓝色。再加入 10mL 10%的 KSCN 溶液，混合后溶液颜色转深，再滴至蓝色恰好消失为止。记录 $V(Na_2S_2O_3)$，根据下式计算铜的含量。

$$w(Cu) = \frac{c(Na_2S_2O_3) \times \frac{V(Na_2S_2O_3)}{1000} M(Cu)}{m_{样}}$$

间接滴定法

实验四十六　草木灰中钾含量的测定（高锰酸钾法）

一、实验目的

1. 熟悉高锰酸钾法测定钾的基本原理。

2. 掌握草木灰中提取钾元素的基本操作。

3. 学习沉淀分离方法在分析化学中的应用。

二、预习提示

1. 在浸提液中加入 $Na_3[Co(NO_2)_6]$ 后，为什么要蒸发至糨糊状？沉淀过滤时为什么用 2.5% Na_2SO_4 溶液洗涤，而不用蒸馏水洗涤？

2. 本法测定钾属于何种滴定方式？

3. 本法用 HCl 浸煮提取钾后，必须过滤，防止未烧尽的有机物与 $K_2Na[Co(NO_2)_6]$ 同时沉淀，否则将造成失败，为什么？

4. 预习内容　草木灰的主要成分及钾盐的存在形式，$Na_3[Co(NO_2)_6]$ 试剂的性质，高锰酸钾与草酸的反应条件，沉淀的过滤及洗涤，水浴加热方法，设计数据记录格式。

三、实验原理和技能

1. 实验原理

钾是肥料的三大要素之一，草木灰是农业上最常用的钾肥，其钾含量一般在 5%～10% 左右。测定钾首先将试液在 HAc 介质中加入 $Na_3[Co(NO_2)_6]$ 试剂，使之转变为 $K_2Na[Co(NO_2)_6]$ 黄色沉淀：

$$2K^+ + Na^+ + [Co(NO_2)_6]^{3-} = K_2Na[Co(NO_2)_6]\downarrow$$

沉淀经过滤、洗净后溶于已知过量的酸性 $KMnO_4$ 标准溶液中。

$$5K_2Na[Co(NO_2)_6] + 11MnO_4^- + 28H^+ = 11Mn^{2+} + 5Na^+ + 10K^+ + 30NO_3^- + 14H_2O + 5Co^{2+}$$

剩余的 $KMnO_4$ 用 $Na_2C_2O_4$ 标准溶液回滴至紫红色刚褪去为终点，根据下式计算钾的含量（以 K_2O 的质量分数表示）。

$$w(K_2O) = \frac{\left[c(KMnO_4)V(KMnO_4) - \frac{2}{5}c(Na_2C_2O_4)V(Na_2C_2O_4)\right] \times \frac{5M(K_2O)}{11}}{1000m_{试样}}$$

2. 实验技能

草木灰中钾的提取方法，称量方法，水浴加热、过滤、蒸发、滴定等基本操作。

四、主要仪器和试剂

1. 仪器

酸式滴定管（50mL）、烧杯（250mL，500mL）、移液管（25mL）、量筒（25mL，250mL）、容量瓶（250mL）、水浴锅、石棉网、酒精灯、台秤、称量瓶、滤纸、蒸发皿、分析天平。

2. 试剂

0.02mol·L^{-1} $KMnO_4$ 标准溶液、0.05mol·L^{-1} $Na_2C_2O_4$ 标准溶液、草木灰、3mol·L^{-1} H_2SO_4、0.1mol·L^{-1} HCl、10% HAc、2.5% $Na_3[Co(NO_2)_6]$ 试剂。

五、实验内容

准确称取草木灰试样 2.0g 左右，放在 250mL 烧杯中，先加入少量水使之湿润后，再加入 30mL 0.1mol·L^{-1} HCl 溶液，在不断搅拌下煮沸 20min，立即过滤，加热水将残渣洗涤 4～5 次，滤液和洗涤液收集在 250mL 容量瓶中，冷却后加蒸馏水稀释至刻度。

准确吸取 25.00mL 浸提液于蒸发皿中，在水浴上加热至 80～90℃，逐滴加入 $Na_3[Co(NO_2)_6]$ 试剂 10mL，蒸发至糨糊状并不断搅拌，冷却后加 10% HAc 5mL，仔细研磨均匀后加 10mL 蒸馏水。用无灰滤纸过滤。沉淀用 2.5% Na_2SO_4 溶液洗涤至滤液无黄色为止。

将沉淀转移至500mL烧杯中，加入150mL蒸馏水和20mL 3mol·L^{-1} H_2SO_4，用移液管（或滴定管）加入过量的0.02mol·L^{-1} $KMnO_4$标准溶液（约50mL），加热到70℃，轻轻搅拌，使沉淀完全溶解，此时溶液仍为紫红色。若褪色，则应补加$KMnO_4$标准溶液（记录其用量），然后用0.05mol·L^{-1} $Na_2C_2O_4$标准溶液滴定至溶液紫红色刚好褪去为终点。计算钾的含量（以K_2O的质量分数表示）。

重 量 法

实验四十七 氯化钡中钡的测定（重量法）

一、实验目的

1. 熟悉并掌握重量分析的基本操作，包括沉淀、陈化、过滤、洗涤、转移、烘干、炭化、灰化、灼烧、恒重等。

2. 了解晶型沉淀的性质及其沉淀的条件。

3. 了解本实验误差的来源及其消除方法。

二、预习提示

1. 若实验中$BaCl_2$和$BaSO_4$形成了共沉淀，则结果将偏高还是偏低？

2. 试用沉淀理论来解释本实验的沉淀条件？

3. 炭化和灰化的目的是什么？

4. 本实验主要误差来源有哪些？如何消除？

5. 预习内容　沉淀生成、陈化、过滤、洗涤、转移、烘干、炭化、灰化、灼烧、恒重等操作。

三、实验原理与技能

1. 实验原理

Ba^{2+}与SO_4^{2-}作用，形成难溶于水的$BaSO_4$沉淀。沉淀经陈化、过滤、洗涤并灼烧至恒重。由所得到的$BaSO_4$和试样的质量即可计算试样中钡的质量分数。

为了得到较大颗粒和纯净的$BaSO_4$晶型沉淀，试样溶于水后，用稀盐酸酸化，加热至近沸，在不断搅动下，缓慢加入热、稀、适当过量的H_2SO_4沉淀剂。这样，有利于得到较好的沉淀。

2. 实验技能

分析天平及马弗炉的使用，沉淀、陈化、过滤、洗涤、转移、烘干、炭化、灰化、灼烧、恒重等基本操作。

四、主要仪器和试剂

1. 仪器

烧杯、电炉、漏斗、滤纸。

2. 试剂

氯化钡试液、6mol·L^{-1} HCl、2mol·L^{-1} H_2SO_4、6mol·L^{-1} HNO_3、$AgNO_3$溶液（w为0.001）。

五、实验内容

1. 瓷坩埚的恒重

安排好时间，将两个空坩埚灼烧到恒重。

2. 沉淀剂（$0.1mol \cdot L^{-1}$ H_2SO_4）的配制

取 6mL $1mol \cdot L^{-1}$ H_2SO_4 置于小烧杯中，用水稀释到 60mL。

3. 试样溶液的制备

准确称取试样 0.3g 左右（称准至 0.1mg）两份，分别置于两个 250mL 烧杯中，加 70mL 蒸馏水，搅拌使其溶解，再加入 1～2mL $6mol \cdot L^{-1}$ HCl，盖上表面皿。

4. 沉淀

将一份试样溶液和一份沉淀剂溶液加热至近沸（不能沸腾），并保持在 90℃左右，一边搅动溶液，一边用滴管将 20mL 左右的热沉淀剂逐滴加入试液中。待沉淀下沉后，再在上层清液中滴几滴沉淀剂溶液，以检验沉淀是否完全。沉淀完全后，加少量水吹洗表面皿和烧杯壁，再盖上表面皿，放置过夜陈化。另一份试液也按上法沉淀后放置陈化。

沉淀也可在水浴中加热陈化。一般加热陈化 1h 后，冷至室温即可进行过滤。

5. 洗涤液（$0.01mol \cdot L^{-1}$ H_2SO_4）的配制

取 5mL $1mol \cdot L^{-1}$ H_2SO_4 稀释成 500mL。

6. 过滤和洗涤

预先准备 2 个充满水柱的漏斗，用慢速定量滤纸过滤 $BaSO_4$ 沉淀。先用倾析法将沉淀上面的清液沿玻璃棒倾入漏斗中。再用倾析法洗涤沉淀两次，每次用 20～30mL 洗涤液。接着把沉淀全部移到滤纸上，最后在滤纸上继续洗涤，直到滤液不含 Cl^- 为止。

7. 沉淀的灼烧与恒重

把洗净的沉淀用滤纸包裹后，移入已恒重的坩埚中，进行烘干、炭化、灰化、灼烧、冷却、称量，直至恒重。

根据试样及沉淀的质量计算 $w(Ba)$。

$$w(Ba)=\frac{m_{BaSO_4}\times\frac{M(Ba)}{M(BaSO_4)}}{m_{样}}$$

第九章　仪器分析实验

紫外-可见分光光度法

实验四十八　分光光度法测定自来水中铁的含量

一、实验目的

1. 掌握邻二氮菲法测定铁的基本原理和方法。

2. 学习掌握分光光度计的使用方法。

二、预习提示

1. 参比溶液的作用是什么？

2. 实验所得的标准曲线中，各点是否完全在直线上？若不是，可能是什么原因产生的？

3. 测定金属离子含量的水样，为什么常调节 pH 小于 2 后再保存水样？

4. 预习内容　分光光度法基本原理，工作曲线法，分光光度计的测定原理及操作，吸量管、容量瓶的使用等操作。

三、实验原理与技能

1. 实验原理

邻二氮菲（又称邻菲罗啉）法是分光光度法测定微量铁常用的方法。在 pH＝2～9 的溶液中，邻二氮菲与 Fe^{2+} 生成稳定的橙红色配合物，该橙红色配合物的最大吸收波长 λ_{max} 为 508nm，摩尔吸光系数 ε 为 $1.1\times10^4 L\cdot mol^{-1}\cdot cm^{-1}$，反应的灵敏度高，稳定性好。

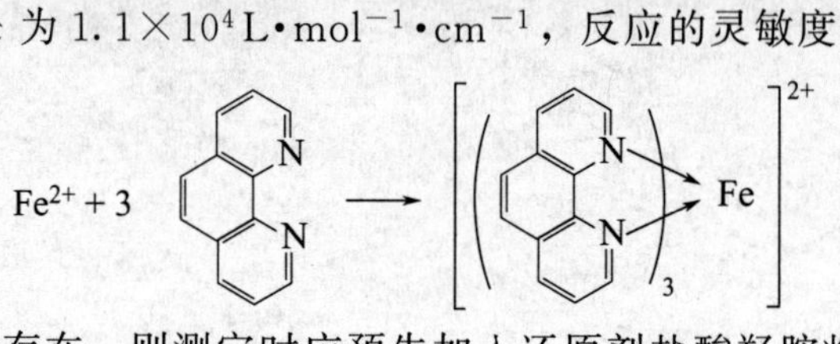

如果铁以 Fe^{3+} 形式存在，则测定时应预先加入还原剂盐酸羟胺将 Fe^{3+} 还原为 Fe^{2+}：

$$4Fe^{3+} + 2NH_2OH = 4Fe^{2+} + N_2O + 4H^+ + H_2O$$

以工作曲线法测定铁的含量。

实际水样中的铁常因水解而影响测定结果，所以，测定水样中的铁时，需首先对水样进行处理，然后再进行测定。

2. 实验技能

吸量管的使用、标准系列的配制、Excel 处理实验数据、分光光度计的使用、铁标准溶液的配制等。

四、主要仪器和试剂

1. 仪器

分光光度计、容量瓶、刻度吸管。

2. 试剂

$10\mu g \cdot mL^{-1}$铁标准溶液：准确称取 0.8634g $NH_4Fe(SO_4)_2 \cdot 12H_2O$，置于烧杯中，加入 6mL $3mol \cdot L^{-1}$ 硫酸溶液溶解后转入 1L 容量瓶中，用水稀释至刻度，摇匀（含铁 $0.1000g \cdot L^{-1}$）。从中吸取 5mL 溶液于 50mL 容量瓶中，加 0.5mL $3mol \cdot L^{-1}$硫酸溶液，用水稀释至刻度，摇匀。

0.15%邻二氮菲溶液（用时新配，用少许酒精溶解，再用水稀释），10%盐酸羟胺溶液（用时新配），$2moL \cdot L^{-1}$ H_2SO_4 溶液，$2moL \cdot L^{-1}$ NaOH 溶液，$1mol \cdot L^{-1}$ NaAc 溶液。

五、实验内容

1. 标准曲线的绘制

取 50mL 容量瓶 6 只，分别准确加入 $10\mu g \cdot mL^{-1}$ 铁标准溶液 0.00mL、2.00mL、4.00mL、6.00mL、8.00mL、10.00mL，用移液管于各容量瓶中分别加入 3.0mL 硫酸溶液[1]、10%盐酸羟胺 1mL，摇匀，放置 15min，再各加入 6mL NaOH 溶液、5mL $1mol \cdot L^{-1}$ NaAc 溶液及 2mL 0.15%邻二氮菲溶液，用水稀释至刻度，摇匀，在 508nm 处，用 1cm 比色皿，以不含铁的试剂溶液作参比溶液，分别测定各溶液的吸光度。然后以标准系列中各溶液的含铁量（$\mu g \cdot 50mL^{-1}$）为横坐标、对应的吸光度为纵坐标绘制标准曲线。

2. 样品的测定

将试样溶液按上述步骤显色。在相同条件下测量吸光度，在标准曲线上查出试样溶液的含铁量（$\mu g \cdot 50mL^{-1}$），然后计算试样溶液的原始浓度（$mg \cdot L^{-1}$）。

实验四十九　磷钼蓝分光光度法测定土壤全磷

一、实验目的

1. 掌握磷钼蓝法测定磷含量的原理和方法。

2. 巩固分光光度计的使用方法。

二、预习提示

1. 磷钼蓝分光光度法测定磷的条件是什么？

2. 为什么量取磷待测液的体积要根据土壤试样中磷含量的多少来确定？

3. 根据自己的实验数据，计算磷钼杂多蓝在测定条件下的摩尔吸光系数。

4. 显色剂的用量过多或过少对实验结果有无影响？

5. 预习内容　磷钼蓝分光光度法测定磷的原理与测定程序，土壤待测液的制备，工作曲线法，数据处理方法，分光光度计操作方法，吸量管、容量瓶的使用等操作。

三、实验原理与技能

1. 实验原理

土壤全磷的测定一般都采用磷钼蓝法。

在高温条件下，土壤中含磷矿物及有机磷化合物与高沸点的 H_2SO_4 和强氧化剂 $HClO_4$ 作用，使之完全分解，全部转化为磷酸盐而进入溶液。在一定酸度下，磷酸与钼酸铵作用生成磷钼杂多酸：

---

[1] 侯振雨，张焱．邻菲罗啉法测定水中铁的研究．河南职业技术师范学院学报，1998，26（3）．

$$PO_4^{3-} + 12MoO_4^{2-} + 27H^+ \longrightarrow H_7[P(Mo_2O_7)_6] + 10H_2O$$

以适当的还原剂将其还原成磷钼杂多蓝（$H_3PO_4 \cdot 10MoO_3 \cdot Mo_2O_5$），使溶液呈蓝色，$\lambda_{max}=700nm$；蓝色的深浅与磷的含量成正比，可进行分光光度法测定。

磷钼蓝法常用的还原剂有多种，本实验采用在酒石酸锑钾的存在下，用抗坏血酸作还原剂，将磷钼杂多酸还原为磷钼杂多蓝，常称为“钼锑抗”（钼酸铵-酒石酸锑钾-抗坏血酸试剂的简称）法。此法手续简便，颜色稳定，干扰离子允许量大，很适于进行土壤中磷的测定。

钼锑抗法要求显色温度为15～60℃，颜色在8h内可保持稳定。要求显色酸度为0.45～0.65mol·L^{-1}，若酸度太小，钼蓝稳定时间较短，若酸度过大，则显色变慢。

2. 实验技能

吸量管的使用、标准系列的配制、工作曲线的绘制、分光光度计的使用、磷标准溶液的配制等。

四、主要仪器和试剂

1. 仪器

分析天平、分光光度计、容量瓶（50mL，100mL)、吸量管（10mL)、移液管（5mL)、量筒（10mL)、锥形瓶（50mL)、小漏斗、无磷滤纸。

2. 试剂

① 5.00μg·mL^{-1}磷标准溶液　将0.4390g KH_2PO_4（105℃烘干2h）溶于200mL水中，加入5mL浓H_2SO_4，转入1L容量瓶中，用水稀释至刻度，为100μg·mL^{-1}标液，可长期保存，使用时准确稀释20倍后作为标准溶液。

② 钼锑储存液　将153mL浓H_2SO_4缓慢地倒入约400mL水中，搅拌，冷却。将10g钼酸铵溶解于约60℃的300mL水中，冷却。然后将H_2SO_4溶液缓缓倒入钼酸铵溶液中，再加入100mL 0.5%酒石酸锑钾溶液，最后用水稀释至1L，避光储存。

③ 钼锑抗显色剂　将1.50g抗坏血酸（左旋，旋光度+21°～+22°）溶于100mL钼锑储存液中，注意随配随用（钼锑储备液和抗坏血酸分开加入显色体系，试剂可以较长时间保存)。

0.2%二硝基酚指示剂（将0.2g 2,6-二硝基酚或2,4-二硝基酚溶于100mL水中)，浓H_2SO_4，70%～72% $HClO_4$。

五、实验内容

1. 待测液的制备

准确称取通过100目筛的烘干土壤试样约1.0g于50mL锥形瓶中，以少量水湿润，加入8mL浓H_2SO_4，摇动（最好放置过夜)，再加入70%～72%的$HClO_4$ 10滴，摇匀，瓶口上放一小漏斗，慢慢加热消煮至瓶内溶液开始转白后，继续消煮20min，全部消煮时间约45～60min。冷却后，用干燥漏斗和无磷滤纸将消煮液滤入100mL容量瓶中，用少量水重复淋洗，保证定量转移完全，用水稀释至刻度，备用。

2. 工作曲线的绘制及待测液吸光度的测定

分别准确移取5.00μg·mL^{-1}磷标准液0.00mL、1.00mL、2.00mL、3.00mL、4.00mL、5.00mL、6.00mL于7只编号的50mL容量瓶中，再准确移取5.00mL待测液（可根据土壤试样中磷含量的多少确定应该吸取待测液的体积）于8号容量瓶中，分别加蒸馏水稀释至约30mL，加二硝基酚指示剂2滴，用稀NaOH溶液和稀H_2SO_4溶液调节pH至溶液刚呈微黄色，然后加入钼锑抗显色剂5mL，用蒸馏水稀释至刻度，充分摇匀。在高于15℃条件下放置30min，用1cm比色皿，在700nm波长下，以试剂空白溶液为参比依次测定各溶液的吸光度，以吸光度为纵坐标、浓度为横坐标绘制工作曲线，根据待测液的吸光度，在工作曲线上查出相应的浓度，计算原待测液中含磷量，进而得到土壤的全磷（质量分数表示）。

实验五十　紫外分光光度法测定水中苯酚的含量

一、实验目的

1. 掌握紫外分光光度法测定酚的原理和方法。

2. 进一步熟悉紫外分光光度计的基本操作技术。

二、预习提示

1. 紫外分光光度法与可见分光光度法有何异同?

2. 紫外分光光度法测定时为什么要使用石英比色皿?

3. 预习内容　紫外分光光度法测定酚类化合物的原理，紫外可见分光光度计的使用方法，数据处理方法，吸量管、移液管的使用等操作。

三、实验原理与技能

1. 实验原理

苯酚是工业废水中一种有害物质，如果流入江河，会使水质受到污染，因此在检验饮用水的卫生质量时，需对水中酚含量进行测定。具有苯环结构的化合物在紫外线区均有较强的特征吸收峰，在苯环上有第一类取代基（致活基团）时使吸收增强。苯酚在270nm处有特征吸收峰，其吸收程度与苯酚的含量成正比。因此可用紫外分光光度法直接测定水中总酚的含量。

2. 实验技能

吸量管的使用、标准系列的配制、工作曲线的绘制、紫外可见分光光度计的使用等。

四、主要仪器和试剂

1. 仪器

紫外可见分光光度计，石英比色皿（1cm），25mL容量瓶，10mL吸量管，5mL吸量管。

2. 试剂

$250mg \cdot L^{-1}$苯酚标准溶液，准确称取0.0250g苯酚于250mL烧杯中，加去离子水20mL使之溶解，转入100mL容量瓶中，用去离子水稀释至刻度，摇匀。

五、实验内容

1. 标准系列溶液的配制

取5支25mL比色管，分别加入1.00mL、2.00mL、3.00mL、4.00mL、5.00mL苯酚标准溶液，用去离子水稀释至刻度，摇匀。

2. 标准曲线的测量

在270nm下，用1cm石英比色皿，以蒸馏水为参比，分别测量标准系列溶液的吸光度，然后以吸光度为纵坐标、标准系列溶液浓度为横坐标，绘制标准曲线。

3. 水样的测定

与测量标准系列溶液的相同条件下，测量水样的吸光度。根据水样的吸光度在标准曲线上查找出其相当的标准溶液的浓度并算出水样中苯酚的含量（$g\cdot L^{-1}$）。

电　位　法

实验五十一　水中微量氟的测定

一、实验目的

1. 了解用氟离子选择电极测定水中氟含量的原理和方法。
2. 学会用标准加入法测定水中氟含量。
3. 进一步掌握酸度计的使用方法。

二、预习提示

1. 用氟电极测定 F^- 浓度的基本原理是什么？
2. 本实验中总离子强度调节缓冲剂（TISAB）各组分的作用是什么？
3. 预习内容　离子选择性电极的原理，氟电极的构造，标准加入法的原理与数据处理，酸度计的使用，设计数据记录及处理格式。

三、实验原理与技能

1. 实验原理

离子选择电极是由对某一离子具有选择性响应的膜所构成。氟离子选择电极（简称氟电极）的敏感膜是 LaF_3 单晶，对氟离子具有选择性响应。当氟电极与饱和甘汞电极插入溶液时，其电池的电动势（E）在一定条件下与 F^- 活度的对数值成直线关系：

$$E=k-0.0592\lg a(F^-)$$

式中，k 在一定条件下为一常数。通过测量电池电动势，可以测定 F^- 活度。当溶液的总离子强度不变时，离子的活度系数为一定值，则 E 与 F^- 的浓度 c_{F^-} 的对数值成直线关系。

对游离 F^- 测定有干扰的主要离子是 OH^-，因此被测试液的 pH 值应保持在 5～6。在 pH 较低时，游离 F^- 形成了 HF 分子，电极不能响应。pH 过高，则 OH^- 有干扰。此外，能与 F^- 生成稳定配合物或难溶化合物的元素会干扰测定，通常可加掩蔽剂消除其干扰。因此，为了测定 F^- 的浓度，常在标准溶液与试样溶液中，同时加入足够量的相等的离子强度缓冲溶液以控制一定的离子强度和酸度，并消除其他离子的干扰。

当 F^- 浓度在 10^{-6}～$1mol\cdot L^{-1}$时，氟电极电势与 pF（F^- 浓度的负对数）成直线关系，可用标准曲线法和标准加入法进行测定。本实验采用一次标准加入法进行。

2. 实验技能

氟标准溶液的配制，酸度计的使用，分析天平的使用，电磁搅拌器的使用，移液管、容量瓶的使用。

四、主要仪器和试剂

1. 仪器

酸度计、氟电极、饱和甘汞电极、电磁搅拌器（或 ZD-2 型自动电位滴定仪一台）等。

2. 试剂

① $100\mu g\cdot mL^{-1}$ F^- 标准溶液　准确称取 NaF(120℃烘 1h) 0.2210g，加去离子水溶解，转入 1000mL 容量瓶中，稀释至刻度，储存于聚乙烯瓶中。

② 总离子强度调节缓冲剂（TISAB）　称取 NaCl 58g、柠檬酸钠 10g 溶于 800mL 水中，

再加 57mL 乙酸，用 0.4% NaOH 溶液调节到 pH=5，然后稀释至 1000mL。

五、实验内容

1. 氟电极的准备　使用前将氟电极放在 10^{-4} mol·L^{-1} F^- 溶液中浸泡约半小时，然后再用蒸馏水清洗电极至空白值为−300mV 左右，最后浸泡在水中待用。

2. 准确移取 20mL 自来水样于 100mL 容量瓶中，加入 TISAB 溶液 10mL，用去离子水稀释至刻度，摇匀后全部转入 200mL 的干燥塑料烧杯中，测定电位值 E_1。

3. 向上述被测水样中准确加入 1.00mL 浓度为 100μg·mL^{-1} F^- 标准溶液，搅拌均匀，测定其电位值 E_2。

4. 将空白溶液（在 100mL 容量瓶中，加入 TISAB 溶液 10mL，用去离子水稀释至刻度，摇匀）加到上面测过 E_2 试液中，搅拌均匀，测定其电位 E_3。

5. 实验完毕，将电极清洗干净，若电极暂不使用，则应风干后保存。

6. 数据处理　水样中氟含量可由下式计算：

$$c_{F^-}(\mu g \cdot mL^{-1}) = \frac{\Delta c}{10^{|E_1-E_2|/S}-1}$$

$$\Delta c = \frac{c_s V_s}{V_x + V_s}$$

$$S = \frac{E_3-E_2}{\lg 2} = \frac{E_3-E_2}{0.301}$$

式中，Δc 为增加的 F^- 浓度（μg·mL^{-1}）。

原水样中氟含量可由下式计算：

$$氟含量(\mu g \cdot mL^{-1}) = \frac{c_{F^-} \times 100.0}{V_{水样}}$$

原子吸收分光光度法

实验五十二　原子吸收分光光度法测定水中镁的含量

一、实验目的

1. 学习和掌握原子吸收分光光度法测定镁的原理与方法。

2. 学习和了解原子吸收分光光度计的基本结构和使用方法。

二、预习提示

1. 原子吸收光谱分析的理论依据是什么？

2. 标准加入法测定自来水中的镁时，为什么可以将工作曲线外推来求镁的含量？

3. 预习内容　原子吸收分光光度法的基本原理，测定条件的选择，工作曲线法与标准加入法，原子吸收分光光度计的原理与使用方法，气体钢瓶的使用方法，设计数据记录及处理格式。

三、实验原理与技能

1. 实验原理

原子吸收分光光度法是基于物质所产生的原子蒸气对特定谱线（即待测元素的特征谱线）的吸收作用来进行定量分析的一种方法。

若使用锐线光源，待测组分为低浓度的情况下，基态原子蒸气对共振线的吸收符合下式：

$$A=\lg\frac{1}{T}=\lg\frac{I_0}{I}=dlN_0$$

式中 A——吸光度；

T——透光率；

I_0——入射光强度；

I——经原子蒸气吸收后的透射光强度；

d——比例系数；

l——样品的光程长度；

N_0——基态原子数目。

当用于试样原子的火焰温度低于 3000K 时，原子蒸气中基态原子数目实际上非常接近原子的总数目。在固定的实验条件下，待测组分原子总数与待测组分浓度的比例是一个常数，故上式可写成：

$$A=kcl \tag{9-1}$$

式中，k 为比例系数，当 l 以 cm 为单位、c 以 $mol \cdot L^{-1}$ 为单位表示时，k 称为摩尔吸收系数，单位为 $L \cdot mol^{-1} \cdot cm^{-1}$。式(9-1) 就是朗伯-比耳（Lambert-Beer）定律的数学表达式。如果控制 l 为定值，上式变为：

$$A=kc \tag{9-2}$$

式(9-2) 就是原子吸收分光光度法的定量基础。定量方法可用标准加入法或标准曲线法。

标准加入法适用于少量样品的分析，它的最大优点是可以消除基体干扰。

标准加入法是分别在数份相同体积待测液中加入不等量的标准溶液，其中一份加入的标准溶液为零。在一定条件下测定各溶液的吸光度，绘出工作曲线，并将它外推至浓度轴，则在浓度轴上的截距的绝对值即为未知浓度 c_x。

2. 实验技能

标准溶液的配制，原子吸收分光光度计的使用，气体钢瓶的使用，镁标准溶液的配制，容量瓶、移液管的使用等。

四、主要仪器和试剂

1. 仪器

WX-110 型原子吸收分光光度计或其他型号的仪器、乙炔钢瓶和无油空气压缩机或空气钢瓶、聚乙烯试剂瓶（500mL）、烧杯（200mL）、容量瓶（50mL，500mL）、吸量管（5mL，10mL）。

2. 试剂

① $1.000g \cdot L^{-1}$ Mg 储备标准溶液　称取 0.5000g 高纯金属 Mg 溶解于少量 $6mol \cdot L^{-1}$ HCl 溶液中，移入 500mL 容量瓶中，加水至刻度、摇匀。将此溶液转移至聚乙烯试剂瓶中保存。

② $50mg \cdot L^{-1}$ Mg 工作标准溶液　取 2.50mL Mg 储备标准溶液于 50mL 容量瓶中，加水稀释至刻度，摇匀。

五、实验内容

1. 标准系列溶液的配制

在五个干净的 50mL 容量瓶中，分别加入 1.00mL、2.00mL、3.00mL、4.00mL 和

5.00mL Mg 的工作标准溶液，加蒸馏水稀释至刻度，摇匀。

2. 未知试样溶液的配制

取 10.0mL 自来水于 50mL 容量瓶中，加蒸馏水稀释至刻度，摇匀。

3. 标准加入法工作溶液的配制

在四个 50mL 容量瓶中，各加入 5.00mL 自来水，然后依次加入 0.00mL、1.00mL、2.00mL 和 3.00mL Mg 工作标准溶液，加蒸馏水稀释至刻度，摇匀。

4. 测量

按原子吸收分光光度计中的仪器操作步骤开动仪器，预热 10～30min，然后开动空气压缩机，并调节空气流量达预定值，再开乙炔气体，调节乙炔流量比预定值稍大，立即点火，再精细调节至选定流量，待火焰稳定 5～10min 后，即可测定。

测定条件因仪器型号不同而异，可供参考的测定条件是：测定波长 285.2nm 或 202.5nm，前一条吸收线灵敏度较高，后一条则适合于测定浓度较大的标准溶液和试液。空心阴极灯的灯电流 2mA，灯高 4 格，光谱通带 0.2nm，燃助比为 1∶4。

用蒸馏水调节仪器的吸光度为 0。按由稀到浓的次序测量实验内容 1～3 中所配制溶液的吸光度。

5. 数据处理

① 用 Mg 标准系列溶液的吸光度绘制标准曲线，由未知试样的吸光度求出自来水中的 Mg 含量。

② 以标准加入法用 Mg 工作标准溶液测定的吸光度绘制工作曲线，将曲线外推至 $A=0$，求出自来水中的 Mg 含量。

③ 比较两种测定方法　比较两种方法所得结果，并用相对误差表示。

气相色谱法

实验五十三　气相色谱法测定白酒中乙醇的含量

一、实验目的

1. 学习气相色谱法测定 C_2H_5OH 含量的原理与方法。

2. 学习和熟悉气相色谱仪的使用方法。

3. 学习和掌握色谱内标定量方法。

二、预习提示

1. 内标物的选择应符合哪些条件，用内标法定量有何优缺点？

2. 热导检测器和氢火焰检测器各有什么特点？

3. 预习内容　气相色谱法的基本原理，乙醇测定条件，内标法的原理与数据处理，气相色谱仪的使用，移液管、容量瓶等操作，设计数据记录及处理格式。

三、实验原理与技能

1. 实验原理

内标法是一种准确而应用广泛的定量分析方法，操作条件和进样量不必严格控制，限制条件较少。当样品中组分不能全部流出色谱柱、某些组分在检测器上无信号或只需测定样品中的个别组分时，可采用内标法。

内标法就是将准确称量的纯物质作为内标物，加入到准确称取的样品中，根据内标物的质量 m_s 与样品的质量 m 及相应的峰面积 A 求出待测组分的含量。

待测组分质量 m_i 与内标物质量 m_s 之比等于相应的峰面积之比：

$$\frac{m_i}{m_s}=\frac{A_i f_i}{A_s f_s}$$

$$m_i=\frac{A_i f_i}{A_s f_s}m_s$$

$$w=\frac{m_i}{m}=\frac{A_i f_i m_s}{A_s f_s m}$$

$$\left(\text{或 } \rho_i=\frac{m_i}{V}=\frac{A_i f_i m_s}{A_s f_s V}, V \text{ 为待测样品体积}\right)$$

式中　f_i，f_s——i 组分和内标物 s 的相对质量校正因子；

A_i，A_s——i 组分和内标物 s 的峰面积。

为方便起见，求定量校正因子时，常以内标物作为标准物，则 $f_s=1.0$。选用内标物时需满足下列条件：①内标物应是样品中不存在的物质；②内标物应与待测组分的色谱峰分开，并尽量靠近；③内标物的量应接近待测物的含量；④内标物与样品互溶。

本实验样品中 C_2H_5OH 的含量可用内标法定量，以无水 n-C_3H_7OH 为内标物。

2. 实验技能

溶液的配制，气相色谱仪的使用，气体钢瓶、移液管、容量瓶的使用等。

四、主要仪器和试剂

1. 仪器

气相色谱仪、氢火焰检测器（FID）、色谱柱 2m×3mm、微量注射器、容量瓶（50mL）、吸量管（2mL，5mL）。

2. 试剂

固定液：聚乙二醇 20000（简称 PEG20M）；载体：上海试剂厂 102 白色载体（60～80 目，液载比 10%）；无水 C_2H_5OH(A.R.)；无水 n-C_3H_7OH(A.R.)；食用酒，酊剂检品。

五、实验内容

1. 色谱操作条件

柱温 90℃，汽化室温度 150℃，检测器温度 130℃，N_2（载气）流速 40mL·min^{-1}，H_2 流速为 35mL·min^{-1}，空气流速 400mL·min^{-1}。

2. 标准溶液的测定

准确移取 2.50mL 无水 C_2H_5OH 和 2.50mL 无水 n-C_3H_7OH 于 50mL 容量瓶中，用蒸馏水稀释至刻度，摇匀。用微量注射器吸取 0.5μL 标准溶液，注入色谱仪内，记录各峰的保留时间 t_R 及各峰的峰高及半峰宽，求以 n-C_3H_7OH 为标准的相对校正因子。

3. 样品溶液的测定

准确移取 5.00mL 酒样及 2.50mL 内标物无水 n-C_3H_7OH（内标物）于 50mL 容量瓶中，加水稀释至刻度，摇匀。用微量注射器吸取 0.5μL 样品溶液注入色谱仪内，记录各峰的保留时间 t_R，以标准溶液与样品溶液的 t_R 对照，定性样品中的醇，测定 C_2H_5OH、n-C_3H_7OH 的峰高及半峰宽，求样品中 C_2H_5OH 的含量。

4. 数据处理

本实验 C_2H_5OH 的含量按下列公式计算：

$$f_i=\frac{m'_i/A'_i}{m'_s/A'_s}$$

$$\rho_i=\frac{m_i}{V}\times10=\frac{A_if_im_s}{A_sf_sV}\times10$$

m_s 与 m'_s 分别为内标物在待测溶液与标准溶液中的质量，$m_s=m'_s$。

将上式 f_i 代入得下式（其中 $f_s=1.0$）：

$$\rho_i=\frac{(A_i/A_s)m'_i}{(A'_i/A'_s)V}\times10$$

式中　ρ_i——C_2H_5OH 的质量浓度，$g\cdot mL^{-1}$；

m_i——样品中 C_2H_5OH 质量，g；

V——样品溶液体积，mL；

10——稀释倍数；

A_i/A_s——样品溶液中 C_2H_5OH 与 n-C_3H_7OH 的峰面积比；

A'_i/A'_s——标准溶液中纯 C_2H_5OH 与 n-C_3H_7OH 的峰面积比；

m'_i——标准溶液中纯 C_2H_5OH 的质量，它等于体积 V 乘密度 ρ。

对于正常峰可用峰高代替峰面积计算：

$$\rho_i=\frac{(h_i/h_s)m'_i}{(h'_i/h'_s)V}\times10$$

式中　h_i/h_s——样品溶液中 C_2H_5OH 与 n-C_3H_7OH 的峰高比；

h'_i/h'_s——标准溶液中 C_2H_5OH 与 n-C_3H_7OH 的峰高比。

第三篇 化学实践与提高

第十章 综合性实验

综合性实验的目的是培养学生综合运用所学理论知识和实验技能解决实际问题的能力，培养学生的独立动手能力和科研素质，提高学生分析问题和解决问题的能力。综合性实验可以理解为实验内容涉及相关的综合知识或运用综合的实验方法、实验手段，对学生的知识、能力、素质形成综合的学习与培养的实验。

实验五十四 硫酸铜的制备及铜含量的分析

实验以废铜屑为原料制备硫酸铜，并对其铜含量进行测定，综合考察学生利用不活泼金属与酸作用制备盐的方法及对碘量分析法的掌握程度，培养学生理论联系实际的能力。其基本原理与方法参考实验二十和实验四十五。

实验五十五 硫酸亚铁铵的制备及铁含量的分析

实验以铁屑或铁粉为原料制备硫酸亚铁铵，并利用重铬酸钾法测定铁的含量，培养学生用所学理论解决实际问题的能力。其基本原理与方法参考实验二十二和实验四十。

实验五十六 粗食盐的提纯及氯化钠含量的测定

用化学方法对粗食盐进行提纯，并用莫尔法测定氯的含量，综合考察学生对蒸发浓缩、过滤等基本操作和对莫尔法的掌握程度，进一步培养学生的动手能力和理论联系实际能力。其基本原理参考实验七和实验三十七。

实验五十七 盐酸标准溶液的配制及混合碱中碳酸钠与碳酸氢钠的测定

实验以盐酸标准溶液的配制为基础，实现对混合碱中的碳酸钠和碳酸氢钠的同时测定，综合培养学生理论联系实际的能力。基本原理和方法见实验三十和实验三十五。

实验五十八　氢氧化钠标准溶液的配制及铵盐中含氮量的测定

实验以学生配制的氢氧化钠标准溶液为基础，对铵盐中的氮含量进行测定，其基本原理和方法见实验三十和实验三十六。

实验五十九　碳酸钠的制备及含量测定

一、实验目的

1. 了解联合制碱法的反应原理。

2. 掌握用 NaCl 和 NH_4HCO_3 合成 Na_2CO_3 的实验方法。

二、预习提示

1. 无水 Na_2CO_3 如果保存不当吸有少量水分，对标定 HCl 溶液的浓度有何影响？

2. 如果用粗食盐做原料需要怎么处理？

3. 预习内容　复分解反应的原理，温度对反应物和产物溶解度的影响，$NaHCO_3$ 的性质，加热、蒸发、结晶、过滤等操作，Na_2CO_3 含量的测定方法，设计数据记录与处理格式。

三、实验原理与技能

1. 实验原理

（1）碳酸钠的制备

碳酸钠又称为纯碱、苏打或碱面，用途很广。工业上的联合制碱法是将二氧化碳和氨气通入氯化钠水溶液，先生成碳酸氢钠，再在高温下灼烧，使它失去部分二氧化碳，生成碳酸钠。

$$NH_3 + CO_2 + NaCl + H_2O \xlongequal{} NaHCO_3 + NH_4Cl$$

$$2NaHCO_3 \xlongequal{} Na_2CO_3 + CO_2\uparrow + H_2O$$

第一个反应实质上是 NaCl 和 NH_4HCO_3 的复分解反应，所以本实验以 NaCl 和 NH_4HCO_3 为原料制备 Na_2CO_3，反应方程式为：

$$NaCl + NH_4HCO_3 \xlongequal{} NaHCO_3 + NH_4Cl$$

$$2NaHCO_3 \xlongequal{} Na_2CO_3 + CO_2\uparrow + H_2O$$

反应后溶液中存在着 NaCl、NH_4HCO_3、$NaHCO_3$、NH_4Cl 四种盐。根据这四种盐溶解度与温度的关系，可以粗略地找到分离这些盐的最佳条件。

当温度超过 35℃，NH_4HCO_3 就开始分解，若温度太低，又影响了 NH_4HCO_3 的溶解度，故反应温度控制在 30～35℃。从表 10-1 中可以看出，$NaHCO_3$ 在 30～35℃范围内的溶解度在四种盐中最小，因此将研细的固体 NH_4HCO_3 溶于浓 NaCl 溶液，充分搅拌后就析出 $NaHCO_3$ 晶体。经过滤、洗涤和干燥即可得到 $NaHCO_3$ 晶体。在 300℃灼烧 $NaHCO_3$，即可得 Na_2CO_3 产品。

（2）碳酸钠含量的测定

以 HCl 标准溶液作为滴定剂，甲基橙-溴甲酚绿混合指示剂确定滴定终点（工业上国家

表 10-1 NaCl、NH_4HCO_3、$NaHCO_3$、NH_4Cl 在不同温度下的溶解度　　单位：g·(100g 水)$^{-1}$

盐 \ 温度/℃	0	10	20	30	40	50	60	70	80	90	100
NaCl	35.7	35.8	36.0	36.3	36.6	37.0	37.3	37.8	38.4	39.0	39.8
NH_4HCO_3	11.9	15.8	21.0	27.0	—	—	—	—	—	—	—
$NaHCO_3$	6.9	8.15	9.6	11.1	12.7	14.5	16.4	—	—	—	—
NH_4Cl	29.4	33.3	37.2	41.4	45.8	50.4	55.2	60.2	65.6	71.3	77.3

标准指定的指示剂)，可实现 Na_2CO_3 含量的测定。

甲基红-溴甲酚绿混合指示剂在 pH<5.0 为暗红色，pH=5.1 为灰绿色，pH>5.2 为绿色。准确度要求不高时，可选用甲基橙或溴甲酚绿作为指示剂。甲基橙指示剂的滴定终点由黄色变成橙色，溴甲酚绿则由蓝色变成黄绿色。

2. 主要技能

水浴加热，减压过滤，马弗炉的使用方法，酒精喷灯的使用方法，分析天平、移液管、容量瓶的使用，加热、蒸发、结晶、过滤等操作。

四、主要仪器和试剂

1. 仪器

电子天平、马弗炉或酒精喷灯、电热恒温水浴锅、真空泵、抽滤瓶、蒸发皿、酸式滴定管等。

2. 试剂

已提纯的氯化钠、碳酸氢铵、基准物碳酸钠、0.1mol·L^{-1} HCl 溶液、0.1%甲基橙溶液。

五、实验内容

1. 制备碳酸钠

称取已经提纯的氯化钠 6.25g 于 100mL 烧杯中。加蒸馏水配制成 25%的溶液。在水浴上加热。控制温度在 30～35℃，在搅拌的情况下分次加入 10.58g 研细的碳酸氢铵，加完后继续保温并不时搅拌反应物，反应 30min 后，静置，抽滤得碳酸氢钠沉淀，并用少量水洗涤 2 次，再抽干，称重。

将抽干的碳酸氢钠置入蒸发皿上，在马弗炉内控制温度为 300℃灼烧 1h，取出后，冷至室温，称重，计算产率。或将抽干的 $NaHCO_3$ 放入蒸发皿中，在酒精喷灯上灼烧 1h 即得到纯碱，冷至室温，称重，计算产率。

2. 0.1mol·L^{-1} HCl 的标定

准确称取基准物无水 Na_2CO_3 0.15～0.2g 2～3 份，分别置于 250mL 锥形瓶中，加 20～30mL 蒸馏水溶解后，加 2 滴甲基橙指示剂溶液，用待标定的 HCl 溶液滴定至溶液由黄色刚好变为橙色即为终点，记录消耗 HCl 的体积，计算出 HCl 溶液的准确浓度。平行测定三次。

3. 碳酸钠含量的测定

准确称取 1.5～2g 产品于 100mL 小烧杯中，加少量水使其溶解，必要时可稍加热，冷却后，将溶液转移至 250mL 容量瓶中，加水稀释至刻度，摇匀。

用移液管移取上述溶液 25.00mL 于 250mL 锥形瓶中，加 2 滴甲基橙指示剂溶液，用

HCl 标准溶液滴定至溶液由黄色刚好变为橙色即为终点，平行测定三次。

实验六十 纳米氧化锌的制备及表征

一、实验目的

1. 了解纳米材料的制备方法及性质。
2. 掌握化学沉淀法制备纳米氧化锌的方法。
3. 了解透射电镜在纳米材料合成方面的应用。

二、预习提示

1. 纳米氧化锌有何特点？具有什么性质及用途？
2. 均匀沉淀法有什么优点？
3. 写出实验的反应方程式？
4. 预习内容 纳米材料的合成方法，直接沉淀法，均匀沉淀法，纳米材料的表征方法。

三、实验原理与技能

1. 实验原理

纳米氧化锌作为一种无机金属氧化物材料，在紫外线屏蔽、抗菌除臭、橡胶工业、涂料工业、光催化材料、气敏、压电材料、吸波材料等方面有许多优异的物理性能和化学性能。其制备方法一般可以分为物理法和化学法。物理法是利用特殊的粉碎技术，将普通的粉体粉碎；化学法是在控制条件下，从原子或分子的成核，生成或凝聚成具有一定尺寸和形状的粒子。常见的合成方法有固相法、液相法和气相法，其中，化学沉淀法是制备纳米 ZnO 最常用的方法，一般采用直接沉淀法和均匀沉淀法合成纳米 ZnO 粉体。

直接沉淀法是在可溶性锌盐中加入沉淀剂后，当溶液离子的溶度积超过沉淀化合物的溶度积时，即有沉淀从溶液中析出。沉淀经热分解得到纳米氧化锌。常见的沉淀剂为氨水（$NH_3 \cdot H_2O$）、碳酸铵［$(NH_4)_2CO_3$］和草酸铵［$(NH_4)_2C_2O_4$］。不同的沉淀剂，其反应生成的沉淀产物也不同，故其分解温度也不同。此法的操作较为简单易行，对设备要求不高，成本较低，但粒度分布较宽，分散性差，洗涤溶液中的阴离子较困难。均匀沉淀法是利用沉淀剂的缓慢分解，与溶液中的构晶离子结合，从而使沉淀缓慢均匀地生成。常用的均匀沉淀剂有尿素和六亚甲基四胺。此法可避免共沉淀，克服沉淀剂所造成的局部不均的现象，可获得粒度、分子形貌和化学组成都均一的纳米氧化锌。因氢氧化锌具有两性，必须将 pH 值维持在狭小的范围内。

用扫描电子显微镜对产品的形貌和粒径进行观察。

2. 实验技能

减压过滤，沉淀的洗涤，真空干燥箱、马弗炉、电磁搅拌器、三颈烧瓶的使用等。

四、主要仪器和试剂

1. 仪器

电子天平（0.1mg），台秤，三颈烧瓶，烧杯，锥形瓶，减压过滤装置，电磁搅拌器，真空干燥箱，马弗炉，扫描电子显微镜。

2. 试剂

$ZnSO_4 \cdot 7H_2O$，尿素，聚乙二醇，稀氨水和无水乙醇。

五、实验内容

称取适量的七水合硫酸锌和尿素（摩尔比为1：2），分别溶于去离子水中配成一定浓度的溶液，倒入三颈烧瓶中，加入适量的聚乙二醇作分散剂，高速搅拌，升温至93℃，随着尿素逐渐分解，沉淀反应开始进行，溶液出现白色浑浊物，维持该温度反应若干时间后停止，冷却，抽滤，用稀氨水和无水乙醇洗涤滤饼多次，抽干后，在真空中干燥，再置于马弗炉中在450℃下煅烧2h，得到白色纳米氧化锌粉末。

取少量样品，用扫描电子显微镜观察其形貌和粒径。

实验六十一　银量法废液中银的回收

一、实验目的

1. 学习废银液回收的基本原理。

2. 掌握实验室回收废银液的基本操作。

二、预习提示

1. 为什么用氨水溶解氯化银沉淀的方法基本上能使银与其他金属元素分离?

2. 除了抗坏血酸外，请列出其他几种还原剂。

3. 预习内容　莫尔法废液的成分，过滤方法，G4砂芯玻璃漏斗等。

三、实验原理与技能

1. 实验原理

用莫尔法测定氯含量时，会产生大量含银废液，其主要成分为AgCl、Ag_2CrO_4沉淀和$AgNO_3$溶液。加入过量氯化钠溶液使之全部转化为AgCl沉淀，过滤，再用氨水使AgCl溶解，并与其他物质分离，然后用抗坏血酸作还原剂，使$[Ag(NH_3)_2]^+$被还原为银单质。在单质银中加入稀硝酸，即可生成$AgNO_3$溶液。

2. 实验技能

减压抽滤，沉淀的洗涤。

四、主要仪器和试剂

1. 仪器

减压抽滤装置，台秤，烧杯等。

2. 试剂

含银废液，浓氨水，抗坏血酸（$1mol\cdot L^{-1}$），Na_2S($0.2mol\cdot L^{-1}$)，$AgNO_3$溶液。

五、实验内容

1. 废液的处理

取适量银量法废液，加入过量$1mol\cdot L^{-1}$ NaCl溶液，搅拌5min后，沉淀先用热水洗涤数次，再用冷水洗涤至无Cl^-（如何检验?）为止，并继续抽滤至接近干燥。称重，粗略计算所得的物质的量。

2. AgCl沉淀的溶解

在湿AgCl中加入浓氨水至全部沉淀溶解。若有不溶物，应再抽滤出去。

3. 单质银的制备

按每6g湿AgCl中加20mL浓度为$1mol\cdot L^{-1}$的抗坏血酸的比例，将$[Ag(NH_3)_2]^+$还原为银单质。放置并搅拌至银沉淀完全（取少量上层清液滴入一滴Na_2S溶液，检验银离子是否完全还原)。减压抽滤，沉淀分别用热的和冷的去离子水反复洗涤数次，并抽滤至近干，称量所得银单质的质量。

4. 硝酸银的制备

在通风橱内向单质银中加入适量的 2.0mol·L^{-1} HNO_3 溶液，并加热煮沸至银完全溶解，用 G4 砂芯玻璃漏斗减压抽滤，除去不溶物得硝酸银溶液。继续蒸发浓缩至干，再用水和乙醇混合溶剂重结晶。减压过滤，结晶用少量无水乙醇洗涤 1 次，并继续抽滤至接近干燥，然后在 120℃下烘干 2h，冷却后称量所得硝酸银固体。

实验六十二　含铬废液的处理和铬的测定

一、实验目的

1. 了解含铬废液的处理方法。

2. 学习分光光度法测定铬的基本原理。

3. 巩固分光光度计的使用方法。

二、预习提示

1. 本实验测定铬中所用的各种玻璃器皿能否用铬酸洗液洗涤？

2. 在含 Cr^{6+} 废水中加入硫酸亚铁后，为什么要调节 pH＝2？为什么又要加入 NaOH 调节 pH 为 7～8？为什么还要加入 H_2O_2？在这些过程中，发生了什么反应？

3. 能否用二苯碳酰二肼作显色剂实现对总铬、Cr^{6+} 和 Cr^{3+} 的分别测定？

4. 预习内容　铬的性质及毒性，铬废液的处理方法，铬的测定方法，设计数据记录与处理格式。

三、实验原理与技能

1. 实验原理

铬是公认的致癌物，可在体内积蓄。我国规定工业排放水中铬含量应小于 0.5mg·L^{-1}（即 0.5ppm)；饮用水中铬含量应小于 0.05mg·L^{-1}。含铬的工业废液中，铬的存在形式多为 Cr^{6+} 和 Cr^{3+}，Cr^{6+} 的毒性比 Cr(Ⅲ）要大 100 倍。

本实验采用铁氧体法除去工业废液中的铬。铁氧体指铁离子及其他金属离子所组成的复合氧化物。用铁氧体法处理含铬废水时，加入过量的硫酸亚铁溶液，使其中的 Cr^{6+} 和 Fe^{2+} 发生氧化还原反应，此时 Cr^{6+} 被还原为 Cr^{3+}，而亚铁离子则被氧化为 Fe^{3+}。调节溶液的 pH 值，使 Cr^{3+}、Fe^{2+} 和 Fe^{3+} 转化为氢氧化物沉淀。然后加入 H_2O_2，再将部分 Fe^{2+} 氧化为 Fe^{3+}，使 Fe^{3+}、Cr^{3+}、Fe^{2+} 成适当比例，并以 $Fe(OH)_2$、$Fe(OH)_3$、$Cr(OH)_3$形式沉淀共同析出，沉淀物经脱水处理后，可得组成符合铁氧体组成的复合氧化物，可写成$Cr_xFe_{3-x}O_4$。

处理后废液中铬含量的测定，一般以二苯碳酰二肼作显色剂，在酸性介质条件下，与 Cr^{6+} 生成一种紫红色配合物（原理不详)。显色稳定后，用分光光度计在其最大吸收波长处（540nm）测其溶液的吸光度，与标准曲线相对照，以确定 Cr^{6+} 的含量。

2. 实验技能

分光光度计的使用，标准溶液的配制，减压抽滤，移液管的使用，标准曲线的绘制。

四、主要仪器和试剂

1. 仪器

722 分光光度计，电子天平，电炉，减压抽滤装置，移液管，容量瓶，烧杯，干燥器等。

2. 试剂

① 显色剂（$2g \cdot L^{-1}$） 称取二苯碳酰二肼 0.1g，溶于 25mL 丙酮中，用水稀释至 50mL，摇匀。储存于棕色瓶中低温保存，颜色变深后不能使用，最好当日配制。

② 重铬酸钾基准试剂 重铬酸钾基准试剂在（102±2)℃下干燥（16±2)h，置于干燥器中冷却。

③ 铬标准储备液（$0.100mg \cdot mL^{-1}$） 称取 0.2829g 基准级的重铬酸钾于 50mL 小烧杯中，用去离子水溶解后，移入 1000mL 容量瓶中，稀释至刻度，混匀。

④ 铬标准工作液（$1.00\mu g \cdot mL^{-1}$） 用吸量管移取铬标准储备液 5mL 于 500mL 容量瓶中，用去离子水稀释至刻度，摇匀。

H_2SO_4(1∶1)，$FeSO_4 \cdot 7H_2O$，H_2O_2，NaOH($6mol \cdot L^{-1}$)。

五、实验内容

1. 废液处理

取 200mL 含铬废水（含 $K_2Cr_2O_7$ $1.450mg \cdot L^{-1}$），将含铬量换算为 CrO_3，再按 CrO_3 ∶ $FeSO_4 \cdot 7H_2O$=1∶16 的质量比算出所需的 $FeSO_4 \cdot 7H_2O$ 的质量。称取所需质量的 $FeSO_4 \cdot 7H_2O$ 加到含铬废水中，不断搅拌，待晶体溶解后逐滴加入 $3mol \cdot L^{-1}$的硫酸溶液，边加边搅拌，直到溶液的 pH 值为 2，此时溶液呈亮绿色，往上述溶液中加入 $6mol \cdot L^{-1}$ NaOH 溶液，调节溶液的 pH 值为 7～8，然后将溶液加热至 70℃左右，在不断搅拌下滴加 6～10滴浓度为 3%的 H_2O_2 溶液，充分冷却静止，使 Fe^{2+}、Fe^{3+}、Cr^{3+} 所形成的氢氧化物沉淀沉降。过滤，滤液待用。

2. 标准曲线的制作

在 7 支 50mL 容量瓶中，用吸量管分别加入 0mL、0.5mL、1mL、2mL、4mL、7mL 和 10mL 的 $1.00\mu g \cdot mL^{-1}$铬标准工作液，用水稀释至标线，加入 0.6mL H_2SO_4(1∶1)，摇匀。再加入 2mL 显色剂，立即摇匀。静止 5min，用 3cm 比色皿，以试剂空白为参比溶液，在 540nm 下测量吸光度，绘制标准曲线。

3. 铬含量的测定

用移液管移取 25mL 滤液于 50mL 容量瓶中，用去离子水稀释至标线，然后按照步骤 2，测量吸光度，根据测得的吸光度，在标准曲线上查出相对应的 Cr(Ⅵ) 的质量，计算出试样中铬的含量（$\mu g \cdot L^{-1}$）。

实验六十三 水中化学需氧量（COD）的测定（高锰酸钾法）

一、实验目的

1. 掌握酸性高锰酸钾法测定水中 COD 的方法。
2. 了解测定 COD 的意义。

二、预习提示

1. 哪些因素影响 COD 测定的结果，为什么？
2. 可以采用哪些方法避免废水中 Cl^- 对测定结果的影响？
3. 预习内容 高锰酸钾法的原理及操作，水浴加热方法，设计数据记录及处理格式。

三、实验原理与技能

1. 实验原理

化学需氧量系指用适当氧化剂处理水样时，水样中需氧污染物所消耗的氧化剂的量，通常以相应的氧量（单位为 $mg \cdot L^{-1}$）来表示。COD 是表示水体或污水污染程度的重要综合性指标之一，是环境保护和水质控制中经常需要测定的项目。COD 值越高，说明水体污染越严重。COD 的测定分为酸性高锰酸钾法、碱性高锰酸钾法和重铬酸钾法，本实验采用酸性高锰酸钾法。方法提要是：在酸性条件下，向被测水样中定量加入高锰酸钾溶液，加热水样，使高锰酸钾与水样中有机污染物充分反应，过量的高锰酸钾则加入一定量的草酸钠还原，最后用高锰酸钾溶液返滴过量的草酸钠，由此计算出水样的耗氧量。反应方程式：

$$\frac{1}{5}MnO_4^- + \frac{1}{2}C_2O_4^{2-} + \frac{8}{5}H^+ = \frac{1}{5}Mn^{2+} + CO_2 + \frac{4}{5}H_2O$$

2. 实验技能

滴定操作，水浴加热，移液管的使用。

四、主要仪器和试剂

1. 仪器

滴定管、电炉、锥形瓶。

2. 试剂

$0.013mol \cdot L^{-1}$ 草酸钠标准溶液（准确称取基准物质 $Na_2C_2O_4$ 0.42g 左右溶于少量的蒸馏水中，定量转移至 250mL 容量瓶中，稀释至刻度，摇匀，计算其浓度）、$0.005mol \cdot L^{-1}$ 高锰酸钾溶液、硫酸（1∶2），硝酸银溶液（w 为 0.10）。

五、实验内容

① 取适量水样于 250mL 锥形瓶中，用蒸馏水稀释至 100mL，加硫酸（1∶2）10mL，再加入 w 为 0.10 的硝酸银溶液 5mL 以除去水样中的 Cl^-（当水样中 Cl^- 浓度很小时，可以不加硝酸银），摇匀后准确加入 $0.005mol \cdot L^{-1}$ 高锰酸钾溶液 10.00mL(V_1)，将锥形瓶置于沸水浴中加热 30min，氧化需氧污染物。稍冷后（约 80℃），加 $0.013mol \cdot L^{-1}$ 草酸钠标准溶液 10.00mL，摇匀（此时溶液应为无色），在 70～80℃的水浴中用 $0.005mol \cdot L^{-1}$ 高锰酸钾溶液滴定至微红色，30s 内不褪色即为终点，记录高锰酸钾溶液的用量 V_2。

② 在 250mL 锥形瓶中加入蒸馏水 100mL 和 1∶2 硫酸 10mL，移入 $0.013mol \cdot L^{-1}$ 草酸钠标准溶液 10.00mL，摇匀，在 70～80℃的水浴中，用 $0.005mol \cdot L^{-1}$ 高锰酸钾溶液滴定至溶液呈微红色，30s 内不褪色即为终点，记录高锰酸钾溶液的用量 V_3。

③ 在 250mL 锥形瓶中加入蒸馏水 100mL 和 1∶2 硫酸 10mL，在 70～80℃下，用 $0.005mol \cdot L^{-1}$ 高锰酸钾溶液滴定至溶液呈微红色，30s 内不褪色即为终点，记录高锰酸钾溶液的用量 V_4。

按下式计算化学需氧量 COD(Mn)：

$$COD(Mn) = \frac{[(V_1 + V_2 - V_4)f - 10.00]c(Na_2C_2O_4) \times 16.00 \times 1000}{V_s}$$

式中，$f = 10.00/(V_3 - V_4)$，即每毫升高锰酸钾相当于 f(mL) 草酸钠标准溶液；V_s 为水样体积；16.00 为氧的相对原子质量。

实验说明如下。

① 水样量根据在沸水浴中加热反应 30min 后，应剩下加入量一半以上的 $0.005mol \cdot L^{-1}$ 高锰酸钾溶液的量来确定。

② 废水中有机物种类繁多，但对于主要含烃类、脂肪、蛋白质以及挥发性物质（如乙醇、丙酮等）的生活污水和工业废水，其中的有机物大多数可以氧化90%以上，像吡啶、甘氨酸等有些有机物则难以氧化，因此，在实际测定中，氧化剂种类、浓度和氧化条件等对测定结果均有影响，所以必须严格按规定操作步骤进行分析，并在报告结果时注明所用的方法。

③ 本实验在加热氧化有机污染物时，完全敞开，如果废水中易挥发性化合物含量较高时，应使用回流冷凝装置加热，否则结果将偏低。

④ 水样中 Cl^- 在酸性高锰酸钾中能被氧化，使结果偏高。

⑤ 实验所用的蒸馏水最好用含酸性高锰酸钾的蒸馏水重新蒸馏所得的二次蒸馏水。

实验六十四　植物样品的氮含量测定

一、实验目的

1. 熟悉植物样品的制备方法。
2. 掌握植物样品待测液的制备方法。
3. 掌握凯氏定氮法的基本操作。

二、预习提示

1. 植物样品的烘干一般应控制在什么温度？
2. 植物样品分析试液的制备有哪些方法？
3. 植物样品的消化有哪些方法？
4. 消化过程中加入 $CuSO_4$ 的作用是什么？消化过程应注意哪些问题？
5. 浓硫酸过多可能导致什么结果产生？
6. 硫酸钾过多时将会有晶体析出，该晶体是什么物质？
7. 蒸馏时向反应室内加 NaOH 动作要快，塞子要塞严，为什么？
8. 试样的制备与处理（第一章第九节），蒸馏基本操作（第一章第七节），酸碱滴定原理等。

三、实验原理与技能

1. 实验原理

在硫酸铜与硫酸钾的存在下，用浓硫酸消煮植物样品，使植物中的氮元素转变为硫酸铵，在碱性条件下，将 NH_4^+ 转化为 NH_3，经蒸发产生的 NH_3 用硼酸吸收后，再用盐酸滴定，根据消耗的盐酸体积计算氮的含量。测定时，需做空白实验。

$$NH_4^+ + OH^- = NH_3 + H_2O$$

$$NH_3 + H_3BO_3 = NH_4H_2BO_3$$

盐酸滴定：

$$NH_4H_2BO_3 + HCl = NH_4Cl + H_3BO_3$$

计量点时 pH 在 5 左右，选用甲基红和溴甲酚绿混合指示剂指示终点。

2. 实验技能

植物样品的制备、消化及蒸馏等基本操作。

四、主要仪器和试剂

1. 仪器

控温电炉、100mL 凯氏烧瓶、凯氏定氮装置（图 10-1）和酸式滴定管等。

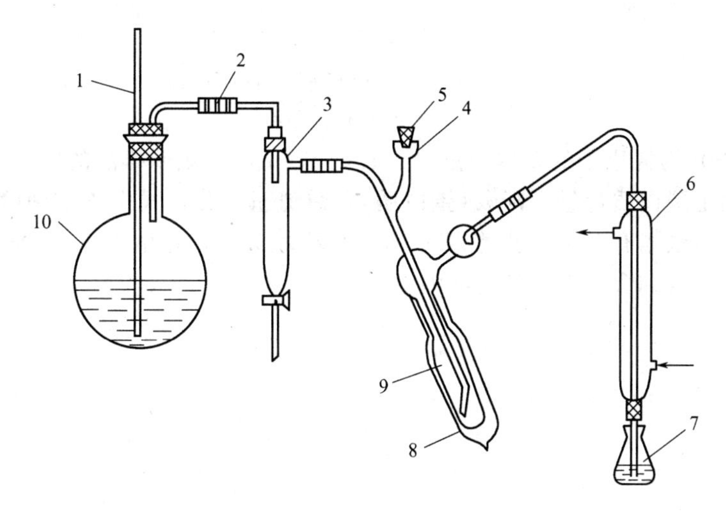

图 10-1　凯氏定氮装置

1—安全管；2—导管；3—气水分离管；4—试样入口；5—塞子；6—冷凝管；7—吸收瓶；8—隔热液套；9—反应管；10—蒸气发生器

2. 试剂

0.02000mol·L^{-1} HCl 标准溶液、2% H_3BO_3 溶液、浓 H_2SO_4、40% NaOH 溶液、固体 K_2SO_4、固体 $CuSO_4·5H_2O$、沸石、甲基红-溴甲酚绿混合指示剂。

混合加速剂：K_2SO_4 ∶($CuSO_4·5H_2O$)＝10∶1，即 100g 硫酸钾与 10g 五水硫酸铜混合研磨，通过 0.25mm 筛充分混合，贮于具塞瓶中。

甲基红-溴甲酚绿混合指示剂：称取 0.066g 甲基红和 0.099g 溴甲酚绿于玛瑙研钵中，加少量 95%乙醇，研磨至指示剂完全溶解为止，最后加 95%乙醇至 100mL。

五、实验内容

1. 试样的消化

准确称取磨细的植物样品适量（0.1～0.3g），放在 65℃恒温箱中烘干（24h），用减量法称入消煮管中。加 1.0g 混合加速剂，摇匀，加数滴水使样品湿润，然后加 5mL 浓硫酸，管口上放一弯颈小漏斗，过滤。在通风橱中用调温电炉加热消煮，最初应用小火加热，待无泡沫发生后，提高温度，但要控制管内缕状白烟回流的高度约在管颈上部的 1/3 处。并需经常摇动消煮管，勿使烧干，直到水煮液呈清亮后，再消煮 20min 左右。冷却后加 25mL 蒸馏水，放置澄清后供后续测定。同时做试剂空白实验。

2. 按图 10-1 装好凯氏定氮装置。向蒸汽发生瓶的水中加数滴混合指示剂、几滴 H_2SO_4 及数粒沸石，在整个蒸馏过程中需保持此液为橙红色，否则补加 H_2SO_4。吸收液为 20mL 2%的 H_3BO_3 溶液，其中加 2 滴混合指示剂，接收时使装置的冷凝管下口浸入吸收液的液面之下。

3. 将全部消煮液经进样口注入反应室内，用少量水冲洗进样口，然后加入 30mL 40% NaOH 溶液于反应室内，塞好玻璃塞，进行蒸汽蒸馏。当锥形瓶内液体达到半瓶时，移动冷凝管下口使其离开吸收液液面，用广泛 pH 试纸在冷凝管口测试蒸馏液，如无碱性反应，表示氨已蒸馏完毕，否则继续蒸馏。

4. 用 0.02000mol·L^{-1} HCl 标准溶液对上述吸收液进行滴定，至溶液由蓝色变为紫红色即为终点，消耗 HCl 标准溶液的体积记为 V。同时做空白实验，消耗 HCl 标准溶液的体

积记为 V_0。

5. 结果计算

$$w(\mathrm{N})=\frac{c(\mathrm{HCl})\cdot(V-V_0)\cdot M(\mathrm{N})}{m_{样}\times 1000}$$

式中，$M(\mathrm{N})$ 为氮原子的摩尔质量，$\mathrm{g\cdot mol^{-1}}$；$m_{样}$ 为烘干样品的质量，g。

注释：若测定蛋白质含量，则 w(蛋白质)＝总氮量×K，式中 K 为换算因数。各种食品的蛋白质换算因数稍有差别，乳类为 6.38，大米为 5.95，花生为 5.46 等，测定这些食物蛋白质时，应将测得的含量乘以各自的因数。

第十一章　设计性实验

设计性实验的目的是提高学生综合运用所学理论知识和实验技能解决实际问题的能力，提高学生分析和解决问题的能力，培养学生独立工作的能力。

设计性实验要求学生在掌握基本操作和理论的基础上，通过查阅资料和文献，拟定出实验方案，应用所学基本理论和实验技能，独立完成实验。主要包括以下几个方面。

1. 拟定实验方案　学生根据实验提示和提供的试剂及仪器，独自设计出具体的实验方案。方案应包括实验目的、实验原理、需用仪器和药品、实验步骤、计算公式、参考文献等。

2. 检查实验方案　学生设计的实验方案应在实验前按指定的时间交给指导教师检查，不合格者应重新修改。

3. 进行实验　按照老师已审查合格的设计方案，由实验室发给每个学生所需要的试剂，在规定时间内，独立进行实验，认真记录实验现象及数据。

4. 写实验报告　实验完毕后，数据由指导教师检查认可后，当场或在指定时间内做好实验报告，并交给实验指导教师。

实验六十五　汽车用防冻液的制备

一、实验内容

设计一种绿化、环保的车用防冻液。

二、设计提示

1. 汽车用防冻液的作用是什么？
2. 防冻液的主要成分是什么？有哪些类型的防冻液？
3. 如何避免防冻液对汽车的损害？
4. 汽车用防冻液的凝固点和沸点一般应该控制在什么温度？

三、实验要求

根据所给提示，通过查阅文献列出制备防冻液的试剂和仪器，设计配方比例，制备3种防冻液，并测定其性能。

实验六十六　基于不锈钢电极的电化学方法合成聚苯胺

一、实验内容

设计聚苯胺的电化学合成方案及表征方案。

二、设计提示

1. 不锈钢板表面的平整程度和有机杂质等影响聚苯胺的聚合，采用什么样的方法处理不锈钢表面能消除其影响？

2. 酸对不锈钢表面是否会产生腐蚀？选择什么样的酸合成聚苯胺较为合理？

3. 酸度和苯胺的浓度对聚苯胺的合成是否有影响？

4. 电压和聚合时间对合成聚苯胺有什么影响？

5. 聚苯胺的红外光谱有什么特征？

三、实验要求

根据所给提示，通过查阅文献列出合成聚苯胺的试剂和仪器，设计实验条件，合成聚苯胺成品 1～2g，并进行红外光谱和电导率的测定。

实验六十七　气敏材料的制备及性能测定

一、实验内容

以 $Fe_2(SO_4)_3$、$SnCl_4$ 为原料，合成三氧化二铁和二氧化锡气敏材料。

二、设计提示

1. 查阅金属氧化物或气敏材料的合成方法。

2. 学习沉淀分离的方法，考虑过滤速度的问题。

3. 二氧化锡气敏材料常用偏锡酸脱水而得，也可用盐类水解或热分解法制得。

4. 氧化铁是红色微细粉末，常用水合物 [$Fe(OH)_3$、α-$FeOOH$、$Fe_3O_4 \cdot xH_2O$] 脱水而得。

5. 试剂　浓氨水。

三、实验要求

合成纯 SnO_2、纯 α-Fe_2O_3 及相互掺杂的 SnO_2、α-Fe_2O_3($w=0.05$) 各 4g。

根据所给试剂设计实验方案。

实验六十八　常见基本离子的鉴定

一、实验内容

1. 鉴定 SO_4^{2-}、Cl^-、NO_3^-、S^{2-}。

2. 鉴定 CO_3^{2-}、PO_4^{3-}、$S_2O_3^{2-}$、Br^-。

3. 鉴定 Fe^{2+}、Mn^{2+}、SO_4^{2-}、Cl^-。

4. 鉴定 Ba^{2+}、Al^{3+}、Fe^{3+}。

5. 鉴定 Ni^{2+}、Fe^{3+}、Ca^{2+}、NH_4^+。

二、设计提示

1. 熟悉阴、阳离子的鉴定特点。

2. 熟悉被鉴定离子的性质及鉴定方法。

三、实验要求

通过查阅文献和资料写出每组具体的实验方案，检出各种未知液中各含有哪些离子。包括具体的实验步骤及各步实验现象，每一步骤的鉴定结果，反应方程式等。

实验六十九　碳酸钙含量的测定

一、实验内容

碳酸钙含量（w 约为50%、70%、90%，杂质为惰性物质）的测定。

二、设计提示

1. 碳酸钙的测定可以采用酸碱滴定法、配位滴定法或氧化还原滴定法测定。

2. 试剂　0.1mol·L^{-1}盐酸、0.1000mol·L^{-1}氢氧化钠、0.1%甲基橙、0.1%酚酞、0.01000mol·L^{-1} EDTA、钙指示剂、铬黑T指示剂、NH_3-NH_4Cl缓冲溶液（pH=10）、0.02mol·L^{-1} $KMnO_4$、$(NH_4)_2C_2O_4$溶液（0.25mol·L^{-1}，0.1mol·L^{-1}）、6mol·L^{-1} HCl、1mol·L^{-1} $CaCl_2$、2mol·L^{-1} H_2SO_4、3mol·L^{-1} $NH_3 \cdot H_2O$。

三、实验要求

根据提供的试剂及学过的知识自拟实验方案，独立完成实验。设计方案应根据选择的滴定方法、试剂的浓度和碳酸钙含量，计算需要称取试样的质量范围。

实验七十　电解精盐水的分析

一、实验内容

对精盐水中的NaCl、NaOH、Na_2CO_3、SO_4^{2-}、Ca^{2+}、Mg^{2+}、Fe^{3+}和溶液的pH值进行检测。

二、设计提示

1. 电解精盐水的分析指标　在氯碱工业中，为确保生产的正常进行，必须定期对精盐水进行分析，其指标见表11-1。

NaOH和Na_2CO_3可用酸碱滴定法测定，Cl^-可用莫尔法测定，Ca^{2+}、Mg^{2+}和Fe^{3+}可用EDTA或氧化还原滴定法测定，SO_4^{2-}可采用EDTA滴定法（加入$BaCl_2$-$MgCl_2$溶液）或重量分析法测定。

表11-1　电解精盐水的规格指标

组　分	含量/g·L^{-1}	组　分	含量/g·L^{-1}
NaCl	315～320	$Ca^{2+}+Mg^{2+}$	≤0.008
NaOH	0.08～0.20	Fe^{3+}	≤0.006
Na_2CO_3	0.30～0.50	pH=8～11	
SO_4^{2-}	≤5.0		

2. 试剂　K_2CrO_4(A.R.)，$AgNO_3$，NaCl(A.R.)，$BaCl_2$，0.1mol·L^{-1} HCl，无水碳酸钠，甲基橙，酚酞，Zn粉，0.01000mol·L^{-1} EDTA标准溶液，NH_3-NH_4Cl缓冲溶液（pH=10），10% NaOH，铬黑T指示剂，钙指示剂，3mol·L^{-1} H_2SO_4，85% H_3PO_4，二苯胺磺酸钠指示剂。

三、实验要求

根据上述指标的性质，将NaOH和Na_2CO_3分为第一组，Ca^{2+}、Mg^{2+}和Fe^{3+}分为第

二组，pH、Cl^- 和 SO_4^{2-} 分为第三组，学生可任选一组指标设计实验方案并测定。在设计实验方案时，必须考虑其他组中离子的干扰。

实验七十一　NH_3-NH_4Cl 混合液中各组分含量的测定

一、实验内容

NH_3-NH_4Cl 的总浓度约 0.2mol·L^{-1}，测定该混合液中各组分的含量。

二、设计提示

1. 氨为弱碱，可用盐酸进行滴定，但氨具有挥发性，能否用直接滴定法进行测定？

2. NH_4^+ 的酸性较弱，不能直接滴定，应加入什么物质将 NH_4^+ 强化后再进行滴定？

3. 测定 NH_4^+ 的含量时，是直接取分析试液测定，还是在测定过氨的基础上再进行测定？

4. 试剂　HCl 标准溶液（0.1mol·L^{-1}），NaOH 标准溶液（0.1mol·L^{-1}），甲基红指示剂，甲基橙指示剂，酚酞指示剂，HCHO(18%)，NH_3-NH_4Cl 混合液。

三、实验要求

根据所给试剂结合实验室仪器，设计实验方案。方案应包括标准溶液的标定及数据记录与处理格式。

实验七十二　铁-铝混合液中各组分含量的测定

一、实验内容

铁-铝混合液中各组分的含量约为 0.1mol·L^{-1}，用配位滴定法测定该混合液中各组分的含量。

二、设计提示

1. 确定先被滴定的离子。

2. 确定移取试液的体积、Fe^{3+} 被滴定所需要的条件，包括 pH 应控制的范围、指示剂用量、缓冲溶液的用量及终点颜色的变化。

3. Al^{3+} 与 EDTA 的反应速度较慢，应采用什么滴定方式？

4. 测定 Al^{3+} 时，计算需加入 EDTA 的量，酸度范围，指示剂的用量，$CuSO_4$ 标准溶液的配制，返滴定时终点的判断。

5. 试剂　0.01000mol·L^{-1} EDTA 标准溶液，0.01000mol·L^{-1} $CuSO_4$ 标准溶液，氨基水杨酸指示剂，二甲酚橙指示剂。

三、实验要求

根据提示及文献资料，拟定实验方案，设计数据记录与处理格式。

附 录

附录 1 国际相对原子质量表

序数	名称	符号	相对原子质量	序数	名称	符号	相对原子质量
1	氢	H	1.00794	57	镧	La	138.9055
2	氦	He	4.002602	58	铈	Ce	140.116
3	锂	Li	6.941	59	镨	Pr	140.90765
4	铍	Be	9.012182	60	钕	Nd	144.23
5	硼	B	10.811	61	钷	Pm	(145)
6	碳	C	12.0107	62	钐	Sm	150.36
7	氮	N	14.00674	63	铕	Eu	151.964
8	氧	O	15.9994	64	钆	Gd	157.25
9	氟	F	18.9984032	65	铽	Tb	158.92534
10	氖	Ne	20.1797	66	镝	Dy	162.50
11	钠	Na	22.989770	67	钬	Ho	164.93032
12	镁	Mg	24.3050	68	铒	Er	167.26
13	铝	Al	26.981538	69	铥	Tm	168.93421
14	硅	Si	28.0855	70	镱	Yb	173.04
15	磷	P	30.973761	71	镥	Lu	174.967
16	硫	S	32.066	72	铪	Hf	178.49
17	氯	Cl	35.4527	73	钽	Ta	180.9479
18	氩	Ar	39.948	74	钨	W	183.84
19	钾	K	39.0983	75	铼	Re	186.207
20	钙	Ca	40.078	76	锇	Os	190.23
21	钪	Sc	44.955910	77	铱	Ir	192.217
22	钛	Ti	47.867	78	铂	Pt	195.078
23	钒	V	50.9415	79	金	Au	196.96655
24	铬	Cr	51.9961	80	汞	Hg	200.59
25	锰	Mn	54.938049	81	铊	Tl	204.3833
26	铁	Fe	55.845	82	铅	Pb	207.2
27	钴	Co	58.933200	83	铋	Bi	208.98038
28	镍	Ni	58.6934	84	钋	Po	(209)
29	铜	Cu	63.546	85	砹	At	(210)
30	锌	Zn	65.39	86	氡	Rn	(222)
31	镓	Ga	69.723	87	钫	Fr	(223)
32	锗	Ge	72.61	88	镭	Ra	(226)
33	砷	As	74.92160	89	锕	Ac	(227)
34	硒	Se	78.96	90	钍	Th	232.0381
35	溴	Br	79.904	91	镤	Pa	231.03588
36	氪	Kr	83.80	92	铀	U	238.0289
37	铷	Rb	85.4678	93	镎	Np	(237)
38	锶	Sr	87.62	94	钚	Pu	(244)
39	钇	Y	88.90585	95	镅	Am	(243)
40	锆	Zr	91.224	96	锔	Cm	(247)
41	铌	Nb	92.90638	97	锫	Bk	(247)
42	钼	Mo	95.94	98	锎	Cf	(251)
43	锝	Tc	(98)	99	锿	Es	(252)
44	钌	Ru	101.07	100	镄	Fm	(257)
45	铑	Rh	102.90550	101	钔	Md	(258)
46	钯	Pd	106.42	102	锘	No	(259)
47	银	Ag	107.8682	103	铹	Lr	(262)
48	镉	Cd	112.411	104	𬬻	Rf	(261)
49	铟	In	114.818	105	𬭊	Db	(262)
50	锡	Sn	118.710	106	𬭳	Sg	(263)
51	锑	Sb	121.760	107	𬭛	Bh	(262)
52	碲	Te	127.60	108	𬭶	Hs	(265)
53	碘	I	126.90447	109	鿏	Mt	(266)
54	氙	Xe	131.29	110		Uun	(269)
55	铯	Cs	132.90543	111		Uuu	
56	钡	Ba	137.327	112		Uub	

注：摘自 Lide D R. Handbook of Chemistry and Physics. 78 th Ed，CRC PRESS，1997～1998。

附录 2　常见化合物的摩尔质量表

化合物	摩尔质量 /g·mol^{-1}	化合物	摩尔质量 /g·mol^{-1}	化合物	摩尔质量 /g·mol^{-1}
Ag_3AsO_4	462.52	$CoCl_2\cdot 6H_2O$	237.93	H_3BO_3	61.83
$AgBr$	187.77	$Co(NO_3)_2$	132.94	HBr	80.912
$AgCl$	143.32	$Co(NO_3)_2\cdot 6H_2O$	291.03	HCN	27.026
$AgCN$	133.89	CoS	90.99	$HCOOH$	46.026
$AgSCN$	165.95	$CoSO_4$	154.99	CH_3COOH	60.052
Ag_2CrO_4	331.73	$CoSO_4\cdot 7H_2O$	281.10	H_2CO_3	62.025
AgI	234.77	$CO(NH_2)_2$	60.06	$H_2C_2O_4$	90.035
$AgNO_3$	169.87	$CrCl_3$	158.35	$H_2C_2O_4\cdot 2H_2O$	126.07
$AlCl_3$	133.34	$CrCl_3\cdot 6H_2O$	266.45	HCl	36.461
$AlCl_3\cdot 6H_2O$	241.43	$Cr(NO_3)_3$	238.01	HF	20.006
$Al(NO_3)_3$	213.00	Cr_2O_3	151.99	HI	127.91
$Al(NO_3)_3\cdot 9H_2O$	375.13	$CuCl$	98.999	HIO_3	175.91
Al_2O_3	101.96	$CuCl_2$	134.45	HNO_3	63.013
$Al(OH)_3$	78.00	$CuCl_2\cdot 2H_2O$	170.48	HNO_2	47.013
$Al_2(SO_4)_3$	342.14	$CuSCN$	121.62	H_2O	18.015
$Al_2(SO_4)_3\cdot 18H_2O$	666.41	CuI	190.45	H_2O_2	34.015
As_2O_3	197.84	$Cu(NO_3)_2$	187.56	H_3PO_4	97.995
As_2O_5	229.84	$Cu(NO_3)_2\cdot 3H_2O$	241.60	H_2S	34.08
As_2S_3	246.02	CuO	79.545	H_2SO_3	82.07
$BaCO_3$	197.34	Cu_2O	143.09	H_2SO_4	98.07
BaC_2O_4	225.35	CuS	95.61	$Hg(CN)_2$	252.63
$BaCl_2$	208.24	$CuSO_4$	159.60	$HgCl_2$	271.50
$BaCl_2\cdot 2H_2O$	244.27	$CuSO_4\cdot 5H_2O$	249.68	Hg_2Cl_2	472.09
$BaCrO_4$	253.32	$FeCl_2$	126.75	HgI_2	454.40
BaO	153.33	$FeCl_2\cdot 4H_2O$	198.81	$Hg_2(NO_3)_2$	525.19
$Ba(OH)_2$	171.34	$FeCl_3$	162.21	$Hg_2(NO_3)_2\cdot 2H_2O$	561.22
$BaSO_4$	233.39	$FeCl_3\cdot 6H_2O$	270.30	$Hg(NO_3)_2$	324.60
$BiCl_3$	315.34	$FeNH_4(SO_4)_2\cdot 12H_2O$	482.18	HgO	216.59
$BiOCl$	260.43	$Fe(NO_3)_3$	241.86	HgS	232.65
CO_2	44.01	$Fe(NO_3)_3\cdot 9H_2O$	404.00	$HgSO_4$	296.65
CaO	56.08	FeO	71.846	Hg_2SO_4	497.24
$CaCO_3$	100.09	Fe_2O_3	159.69	$KAl(SO_4)_2\cdot 12H_2O$	474.38
CaC_2O_4	128.10	Fe_3O_4	231.54	KBr	119.00
$CaCl_2$	110.99	$Fe(OH)_3$	106.87	$KBrO_3$	167.00
$CaCl_2\cdot 6H_2O$	219.08	FeS	87.91	KCl	74.551
$Ca(NO_3)_2\cdot 4H_2O$	236.15	Fe_2S_3	207.87	$KClO_3$	122.55
$Ca(OH)_2$	74.09	$FeSO_4$	151.90	$KClO_4$	138.55
$Ca_3(PO_4)_2$	310.18	$FeSO_4\cdot 7H_2O$	278.01	KCN	65.116
$CaSO_4$	136.14	$FeSO_4\cdot (NH_4)_2SO_4\cdot 6H_2O$	392.13	$KSCN$	97.18
$CdCO_3$	172.42	H_3AsO_3	125.94	$KHC_8H_4O_4$	204.22
$CdCl_2$	183.32	H_3AsO_4	141.94		
CdS	144.47				
$Ce(SO_4)_2$	332.24				
$Ce(SO_4)_2\cdot 4H_2O$	404.30				
$CoCl_2$	129.84				

续表

化合物	摩尔质量/g·mol^{-1}	化合物	摩尔质量/g·mol^{-1}	化合物	摩尔质量/g·mol^{-1}
K_2CO_3	138.21	NH_3	17.03	$PbCO_3$	267.20
K_2CrO_4	194.19	CH_3COONH_4	77.083	PbC_2O_4	295.22
$K_2Cr_2O_7$	294.18	NH_4Cl	53.491	$PbCl_2$	278.10
$K_3[Fe(CN)_6]$	329.25	$(NH_4)_2CO_3$	96.086	$PbCrO_4$	323.20
$K_4[Fe(CN)_6]$	368.35	$(NH_4)_2C_2O_4$	124.10	$Pb(CH_3COO)_2$	325.30
$KFe(SO_4)_2 \cdot 12H_2O$	503.24	$(NH_4)_2C_2O_4 \cdot H_2O$	142.11	$Pb(CH_3COO)_2 \cdot 3H_2O$	379.30
$KHC_2O_4 \cdot H_2O$	146.14	NH_4SCN	76.12	PbI_2	461.00
$KHC_2O_4 \cdot H_2C_2O_4 \cdot 2H_2O$	254.19	NH_4HCO_3	79.055	$Pb(NO_3)_2$	331.20
$KHC_4H_4O_6$	188.18	$(NH_4)_2MoO_4$	196.01	PbO	223.20
$KHSO_4$	136.16	NH_4NO_3	80.043	PbO_2	239.20
KI	166.00	$(NH_4)_2HPO_4$	132.06	$Pb_3(PO_4)_2$	811.54
KIO_3	214.00	$(NH_4)_2S$	68.14	PbS	239.30
$KIO_3 \cdot HIO_3$	389.91	$(NH_4)_2SO_4$	132.13	$PbSO_4$	303.30
$KMnO_4$	158.03	NH_4VO_3	116.98	SO_3	80.06
$KNaC_4H_4O_6 \cdot 4H_2O$	282.22	Na_3AsO_3	191.89	SO_2	64.06
KNO_3	101.10	$Na_2B_4O_7$	201.22	$SbCl_3$	228.11
KNO_2	85.104	$Na_2B_4O_7 \cdot 10H_2O$	381.37	$SbCl_5$	299.02
K_2O	94.196	$NaBiO_3$	279.97	Sb_2O_3	291.50
KOH	56.106	$NaCN$	49.007	Sb_3S_3	339.68
K_2SO_4	174.25	$NaSCN$	81.07	SiF_4	104.08
$MgCO_3$	84.314	Na_2CO_3	105.99	SiO_2	60.084
$MgCl_2$	95.211	$Na_2CO_3 \cdot 10H_2O$	286.14	$SnCl_2$	189.62
$MgCl_2 \cdot 6H_2O$	203.30	$Na_2C_2O_4$	134.00	$SnCl_2 \cdot 2H_2O$	225.65
MgC_2O_4	112.33	CH_3COONa	82.034	$SnCl_4$	260.52
$Mg(NO_3)_2 \cdot 6H_2O$	256.41	$CH_3COONa \cdot 3H_2O$	136.08	$SnCl_4 \cdot 5H_2O$	350.596
$MgNH_4PO_4$	137.32	$NaCl$	58.443	SnO_2	150.71
MgO	40.304	$NaClO$	74.442	SnS	150.776
$Mg(OH)_2$	58.32	$NaHCO_3$	84.007	$SrCO_3$	147.63
$Mg_2P_2O_7$	222.55	$Na_2HPO_4 \cdot 12H_2O$	358.14	SrC_2O_4	175.64
$MgSO_4 \cdot 7H_2O$	246.47	$Na_2H_2Y \cdot 2H_2O$	372.24	$SrCrO_4$	203.61
$MnCO_3$	114.95	$NaNO_2$	68.995	$Sr(NO_3)_2$	211.63
$MnCl_2 \cdot 4H_2O$	197.91	$NaNO_3$	84.995	$Sr(NO_3)_2 \cdot 4H_2O$	283.69
$Mn(NO_3)_2 \cdot 6H_2O$	287.04	Na_2O	61.979	$SrSO_4$	183.68
MnO	70.937	Na_2O_2	77.978	$UO_2(CH_3COO)_2 \cdot 2H_2O$	424.15
MnO_2	86.937	$NaOH$	39.997	$ZnCO_3$	125.39
MnS	87.00	Na_3PO_4	163.94	ZnC_2O_4	153.40
$MnSO_4$	151.00	Na_2S	78.04	$ZnCl_2$	136.29
$MnSO_4 \cdot 4H_2O$	223.06	$Na_2S \cdot 9H_2O$	240.18	$Zn(CH_3COO)_2$	183.47
NO	30.006	Na_2SO_3	126.04	$Zn(CH_3COO)_2 \cdot 2H_2O$	219.50
NO_2	46.006	Na_2SO_4	142.04	$Zn(NO_3)_2$	189.39
		$Na_2S_2O_3$	158.10	$Zn(NO_3)_2 \cdot 6H_2O$	297.48
		$Na_2S_2O_3 \cdot 5H_2O$	248.17	ZnO	81.38
		$NiCl_2 \cdot 6H_2O$	237.69	ZnS	97.44
		NiO	74.69	$ZnSO_4$	161.44
		$Ni(NO_3)_2 \cdot 6H_2O$	290.79	$ZnSO_4 \cdot 7H_2O$	287.54
		NiS	90.75		
		$NiSO_4 \cdot 7H_2O$	280.85		
		P_2O_5	141.94		

附录 3 常用基准物质

基准物质		干燥后组成	干燥条件	标定对象
名称	分子式			
碳酸氢钠	$NaHCO_3$	Na_2CO_3	270～300℃	酸
碳酸钠	$Na_2CO_3 \cdot 10H_2O$	Na_2CO_3	270～300℃	酸
硼砂	$Na_2B_4O_7 \cdot 10H_2O$	$Na_2B_4O_7 \cdot 10H_2O$	放在含 NaCl 和蔗糖饱和溶液的干燥器中	酸
碳酸氢钾	$KHCO_3$	K_2CO_3	270～300℃	酸
草酸	$H_2C_2O_4 \cdot 2H_2O$	$H_2C_2O_4 \cdot 2H_2O$	室温空气干燥	碱或 $KMnO_4$
邻苯二甲酸氢钾	$KHC_8H_4O_4$	$KHC_8H_4O_4$	110～120℃	碱
重铬酸钾	$K_2Cr_2O_7$	$K_2Cr_2O_7$	140～150℃	还原剂
溴酸钾	$KBrO_3$	$KBrO_3$	130℃	还原剂
碘酸钾	KIO_3	KIO_3	130℃	还原剂
铜	Cu	Cu	室温干燥器中保存	还原剂
三氧化二砷	As_2O_3	As_2O_3	室温干燥器中保存	氧化剂
草酸钠	$Na_2C_2O_4$	$Na_2C_2O_4$	130℃	氧化剂
碳酸钙	$CaCO_3$	$CaCO_3$	110℃	EDTA
锌	Zn	Zn	室温干燥器中保存	EDTA
氧化锌	ZnO	ZnO	900～1000℃	EDTA
氯化钠	NaCl	NaCl	500～600℃	$AgNO_3$
氯化钾	KCl	KCl	500～600℃	$AgNO_3$
硝酸银	$AgNO_3$	$AgNO_3$	220～250℃	氯化物
氨基磺酸	$HOSO_2NH_2$	$HOSO_2NH_2$	在真空 H_2SO_4 干燥器中保存 48h	碱
氟化钠	NaF	NaF	铂坩埚中 500～550℃ 下保存 40～50min 后，H_2SO_4 干燥器中冷却	

附录 4　常用指示剂

表 1　酸碱指示剂（291～298K）

指示剂名称	变色 pH 范围	颜色变化	溶液配制方法
甲基紫（第一变色范围）	0.13～0.5	黄—绿	0.1%或 0.05%的水溶液
苦味酸	0.0～1.3	无色—黄	0.1%水溶液
甲基绿	0.1～2.0	黄—绿—浅蓝	0.05%水溶液
孔雀绿（第一变色范围）	0.13～2.0	黄—浅蓝—绿	0.1%水溶液
甲酚红（第一变色范围）	0.2～1.8	红—黄	0.04g 指示剂溶于 100mL 50%乙醇中
甲基紫（第二变色范围）	1.0～1.5	绿—蓝	0.1%水溶液
百里酚蓝（麝香草酚蓝）（第一变色范围）	1.2～2.8	红—黄	0.1g 指示剂溶于 100mL 20%乙醇中
甲基紫（第三变色范围）	2.0～3.0	蓝—紫	0.1%水溶液
茜素黄 R（第一变色范围）	1.9～3.3	红—黄	0.1%水溶液
二甲基黄	2.9～4.0	红—黄	0.1g 或 0.01g 指示剂溶于 100mL 90%乙醇中
甲基橙	3.1～4.4	红—橙黄	0.1%水溶液
溴酚蓝	3.0～4.6	黄—蓝	0.1g 指示剂溶于 100mL 20%乙醇中
刚果红	3.0～5.2	蓝紫—红	0.1%水溶液
茜素红 S（第一变色范围）	3.7～5.2	黄—紫	0.1%水溶液
溴甲酚绿	3.8～5.4	黄—蓝	0.1g 指示剂溶于 100mL 20%乙醇中
甲基红	4.4～6.2	红—黄	0.1g 或 0.2g 指示剂溶于 100mL 60%乙醇中
溴酚红	5.0～6.8	黄—红	0.1g 或 0.04g 指示剂溶于 100mL 20%乙醇中
溴甲酚紫	5.2～6.8	黄—紫红	0.1g 指示剂溶于 100mL 20%乙醇中
溴百里酚蓝	6.0～7.6	黄—蓝	0.05g 指示剂溶于 100mL 20%乙醇中
中性红	6.8～8.0	红—亮黄	0.1g 指示剂溶于 100mL 60%乙醇中
酚红	6.8～8.0	黄—红	0.1g 指示剂溶于 100mL 20%乙醇中
甲酚红	7.2～8.8	亮黄—紫红	0.1g 指示剂溶于 100mL 50%乙醇中
百里酚蓝（麝香草酚蓝）（第二变色范围）	8.0～9.0	黄—蓝	参看第一变色范围
酚酞	8.0～10.0	无色—紫红	(1)0.1g 指示剂溶于 100mL 60%乙醇中 (2)1g 酚酞溶于 100mL 50%乙醇中
百里酚酞	9.4～10.6	无色—蓝	0.1g 指示剂溶于 100mL 90%乙醇中
茜素红 S（第二变色范围）	10.0～12.0	紫—淡黄	参看第一变色范围
茜素黄 R（第二变色范围）	10.1～12.1	黄—淡紫	0.1%水溶液
孔雀绿（第二变色范围）	11.5～13.2	蓝绿—无色	参看第一变色范围
达旦黄	12.0～13.0	黄—红	0.1%水溶液

表 2　混合酸碱指示剂

组　　成	变色点 pH	颜色		备　注
		酸　色	碱　色	
一份 0.1%甲基黄乙醇溶液 一份 0.1%亚甲基蓝乙醇溶液	3.25	蓝紫	绿	pH=3.2 蓝紫色 pH=3.4 绿色
四份 0.2%溴甲酚绿乙醇溶液 一份 0.2%二甲基黄乙醇溶液	3.9	橙	绿	变色点黄色
一份 0.2%甲基橙溶液 一份 0.28%靛蓝(二磺酸)乙醇溶液	4.1	紫	黄绿	调节二者比例，直至终点敏锐
一份 0.1%溴百里酚绿钠盐水溶液 一份 0.2%甲基橙水溶液	4.3	黄	蓝绿	pH=3.5 黄色 pH=4.0 黄绿色 pH=4.3 绿色
三份 0.1%溴甲酚绿乙醇溶液 一份 0.2%甲基红乙醇水溶液	5.1	酒红	绿	
一份 0.2%甲基红乙醇水溶液 一份 0.1%亚甲基蓝乙醇溶液	5.4	红紫	绿	pH=5.2 红紫 pH=5.4 暗蓝 pH=5.6 绿
一份 0.1%溴甲酚绿钠盐水溶液 一份 0.1%氯酚红钠盐水溶液	6.1	黄绿	蓝紫	pH=5.4 蓝绿 pH=5.8 蓝 pH=6.2 蓝紫
一份 0.1%溴甲酚紫钠盐水溶液 一份 0.1%溴百里酚蓝钠盐水溶液	6.7	黄	蓝紫	pH=6.2 黄紫 pH=6.6 紫 pH=6.8 蓝紫
一份 0.1%中性红乙醇溶液 一份 0.1%亚甲基蓝乙醇溶液	7.0	蓝紫	绿	pH=7.0 蓝紫
一份 0.1%溴百里酚蓝钠盐水溶液 一份 0.1%酚红钠盐水溶液	7.5	黄	紫	pH=7.2 暗绿 pH=7.4 淡紫 pH=7.6 深紫
一份 0.1%甲酚红 50%乙醇溶液 六份 0.1%百里酚蓝 50%乙醇溶液	8.3	黄	紫	pH=8.2 玫瑰色 pH=8.4 紫色 变色点微红色

表 3　金属离子指示剂

指示剂名称	溶液配制方法	备　注
铬黑 T(EBT)	1. 0.5%水溶液 2. 与 NaCl 按 1∶100 质量比例混合	H_2In^-，紫红；HIn^{2-}，蓝色；In^{3-}，橙色。$pK_{a_2}=6.3$；$pK_{a_3}=11.5$。金属离子配合物一般为红色，一般在 pH 为 8～10 时使用
二甲酚橙(XO)	0.2%水溶液	H_3In^{4-}，黄色；H_2In^{5-}，红色。$pK_a=6.3$，金属离子配合物一般为红色，一般在 pH<6 时使用
K-B 指示剂	0.2g 酸性铬蓝 K 与 0.34g 萘酚绿 B 溶于 100mL 水中。配制后需调节 K-B 的比例，使终点变化明显	H_2In，红色；HIn^-，蓝色；In^{2-}，紫红。$pK_{a_1}=8$；$pK_{a_2}=13$；金属离子配合物一般为红色。一般在 pH 为 8～13 时使用
钙指示剂	1. 0.5%乙醇溶液 2. 与 NaCl 按 1∶100 质量比例混合	H_2In^-，酒红色；HIn^{2-}，蓝色；In^{3-}，酒红色。$pK_{a_2}=7.4$；$pK_{a_3}=13.5$。金属离子配合物一般为红色。一般在 pH 为 12～13 时使用
吡啶偶氮萘酚(PAN)	0.1%或 0.3%的乙醇溶液	H_2In^+，黄绿；HIn，黄色；In^-，淡红色。$pK_{a_1}=1.9$；$pK_{a_2}=12.2$，一般在 pH 为 2～12 时使用
Cu-PAN(CuY-PAN 溶液)	取 0.05mol·L^{-1} Cu^{2+}溶液 10mL，加 pH 为 5～6 的 HAc 缓冲溶液 5mL，1 滴 PAN 指示剂，加热至 60℃左右，用 EDTA 滴至绿色，得到约 0.025mol·L^{-1}的 CuY 溶液。使用时取 2～3mL 于试液中，再加数滴 PAN 溶液	$CuY+PAN+M^{n+} \longrightarrow MY+Cu\text{-}PAN$ CuY+PAN，浅绿色；Cu-PAN，红色。一般在 pH 为 2～12 时使用
磺基水杨酸	1%或 10%的水溶液	H_2In，无色；HIn^-，无色；In^{2-}，无色。$pK_{a_2}=2.7$；$pK_{a_3}=13.1$；pH 在 1.5～2.5 与 Fe^{3+} 生成红色配合物
钙镁试剂	0.5%水溶液	H_2In^-，红色；HIn^{2-}，蓝色；In^{3-}，红橙。$pK_{a_2}=8.1$；$pK_{a_3}=12.4$；金属离子配合物一般为红色
紫脲酸胺	与 NaCl 按 1∶100 质量比混合	H_4In^-，红紫色；H_3In^{2-}，紫色；H_2In^{3-}，蓝色。$pK_{a_2}=9.2$；$pK_{a_3}=10.9$

表 4 氧化还原指示剂

指示剂名称	$[H^+]=1mol\cdot L^{-1}$，变色点电位/V	颜色变化		溶液配制方法
		氧化态	还原态	
中性红	0.24	红色	无色	0.05%的60%乙醇溶液
亚甲基蓝	0.36	蓝色	无色	0.05%水溶液
变胺蓝	0.59(pH=2)	无色	蓝色	0.05%水溶液
二苯胺	0.76	紫色	无色	1%的浓硫酸溶液
二苯胺磺酸钠	0.85	紫红	无色	0.5%的水溶液，若溶液混浊，可滴加少量盐酸
N-邻苯氨基苯甲酸	1.08	紫红	无色	0.1g指示剂加20mL 5%碳酸钠溶液，用水稀释至100mL
邻二氮菲-Fe(Ⅱ)	1.06	浅蓝	红色	1.485g 邻二氮菲加0.965g $FeSO_4$，溶于100mL水中(0.025 $mol\cdot L^{-1}$溶液)
5-硝基邻二氮菲-Fe(Ⅱ)	1.25	浅蓝	紫红	1.608g 5-硝基邻二氮菲，加0.695g $FeSO_4$，溶于100mL水中(0.025$mol\cdot L^{-1}$溶液)

表 5 沉淀滴定吸附指示剂

指示剂	被测离子	滴定剂	滴定条件	溶液配制方法
荧光黄	Cl^-	Ag^+	pH=7～10(一般7～8)	0.2%乙醇溶液
二氯荧光黄	Cl^-	Ag^+	pH=4～10(一般5～8)	0.1%水溶液
曙红	Br^-，I^-，SCN^-	Ag^+	pH=2～10(一般3～8)	0.5%水溶液
溴甲酚绿	SCN^-	Ag^+	pH=4～5	0.1%水溶液
甲基紫	Ag^+	Cl^-	酸性溶液	0.1%水溶液
罗丹明6G	Ag^+	Br^-	酸性溶液	0.1%水溶液
钍试剂	SO_4^{2-}	Ba^{2+}	pH=1.5～3.5	0.5%水溶液
溴酚蓝	Hg^{2+}	Cl^-，Br^-	酸性溶液	0.1%水溶液

附录 5 常用缓冲溶液

缓冲溶液组成	pK_a	缓冲液 pH	缓冲溶液配制方法
氨基乙酸-HCl	2.53(pK_{a_1})	2.3	取 150g 氨基乙酸溶于 500mL 水中后，加 80mL 浓 HCl，水稀释至 1L
H_3PO_4-柠檬酸盐		2.5	取 113g $Na_2HPO_4 \cdot 12H_2O$ 溶 200mL 水后，加 387g 柠檬酸，溶解，过滤，稀至 1L
一氯乙酸-NaOH	2.86	2.8	取 200g 一氯乙酸溶于 200mL 水中，加 40g NaOH 溶解后，稀至 1L
邻苯二甲酸氢钾-HCl	2.95(pK_{a_1})	2.9	取 500g 邻苯二甲酸氢钾溶于 500mL 水中，加 80mL 浓 HCl，稀至 1L
甲酸-NaOH	3.76	3.7	取 95g 甲酸和 40g NaOH 溶于 500mL 水中，稀至 1L
NaAc-HAc	4.74	4.2	取 3.2g 无水 NaAc 溶于水中，加 50mL 冰 HAc，用水稀至 1L
NH_4Ac-HAc		4.5	取 77g NH_4Ac 溶于 200mL 水中，加 59mL 冰 HAc，稀至 1L
NaAc-HAc	4.74	4.7	取 83g 无水 NaAc 溶于水中，加 60mL 冰 HAc，稀至 1L
NaAc-HAc	4.74	5.0	取 160g 无水 NaAc 溶于水中，加 60mL 冰 HAc，稀至 1L
NH_4Ac-HAc		5.0	取 250g NH_4Ac 溶于水中，加 25mL 冰 HAc，稀至 1L
六亚甲基四胺-HCl	5.15	5.4	取 40g 六亚甲基四胺溶于 200mL 水中，加 100mL 浓 HCl，稀至 1L
NH_4Ac-HAc		6.0	取 600g NH_4Ac 溶于水中，加 20mL 冰 HAc，稀至 1L
NaAc-Na_2HPO_4		8.0	取 50g 无水 NaAc 和 50g $Na_2HPO_4 \cdot 12H_2O$，溶于水中，稀至 1L
Tris-HCl[Tris＝三羟甲基氨基甲烷 $CNH_2(HOCH_2)_3$]	8.21	8.2	取 25g Tris 试剂溶于水中，加 18mL 浓 HCl，稀至 1L
NH_3-NH_4Cl	9.26	9.2	取 54g NH_4Cl 溶于水中，加 63mL 浓氨水，稀至 1L
NH_3-NH_4Cl	9.26	9.5	取 54g NH_4Cl 溶于水中，加 126mL 浓氨水，稀至 1L
NH_3-NH_4Cl	9.26	10.0	(1)取 54g NH_4Cl 溶于水中，加 350mL 浓氨水，稀至 1L (2)取 67.5g NH_4Cl 溶于 200mL 水中，加 570mL 浓氨水，稀至 1L

附录 6 常用标准缓冲溶液

基准试剂		干燥条件 T/K	配制方法		标准 pH 值 (298K)
名称	化学式		浓度/mol·L^{-1}	方法	
草酸三氢钾	$KH_3(C_2O_4)_2 \cdot 2H_2O$	330±2,烘干 4～5h	0.05	12.61g $KH_3(C_2O_4)_2 \cdot 2H_2O$ 溶于水后于 1L 容量瓶中定容	1.68±0.01
酒石酸氢钾	$KHC_4H_4O_6$		饱和溶液	过饱和的酒石酸氢钾溶液(大于 6.4g·L^{-1}),在温度296～300K 振荡20～30min	3.56±0.01
邻苯二甲酸氢钾	$KHC_8H_4O_4$	378±5,烘干 2h	0.05	称取 $KHC_8H_4O_4$ 10.12g 溶解后于 1L 容量瓶中定容	4.00±0.01
磷酸氢二钠-磷酸二氢钾	Na_2HPO_4-NaH_2PO_4	383～393,烘干 2～3h	0.025	称取 Na_2HPO_4 3.533g、KH_2PO_4 3.387g,溶解后于 1L 容量瓶中定容	6.86±0.01
四硼酸钠	$Na_2B_4O_7 \cdot 10H_2O$	在氯化钠和蔗糖饱和溶液中干燥至恒重	0.01	称取 3.80g $Na_2B_4O_7 \cdot 10H_2O$ 溶解后于 1L 容量瓶中定容	9.18±0.01
氢氧化钙	$Ca(OH)_2$		饱和溶液	过饱和的氢氧化钙溶液(大于 2g·L^{-1}),在温度296～300K 振荡 20～30min	12.46±0.01

注：标准缓冲溶液的 pH 随温度的变化而变化。

附录 7 常用酸、碱的浓度

试剂名称	密度 /g·cm^{-3}	质量分数 /%	物质的量浓度 /mol·L^{-1}	试剂名称	密度 /g·cm^{-3}	质量分数 /%	物质的量浓度 /mol·L^{-1}
浓硫酸	1.84	98	18	浓氢氟酸	1.13	40	23
稀硫酸	1.1	9	2	氢溴酸	1.38	40	7
浓盐酸	1.19	38	12	氢碘酸	1.70	57	7.5
稀盐酸	1.0	7	2	冰醋酸	1.05	99	17.5
浓硝酸	1.4	68	16	稀醋酸	1.04	30	5
稀硝酸	1.2	32	6	稀醋酸	1.0	12	2
稀硝酸	1.1	12	2	浓氢氧化钠	1.44	41	14.4
浓磷酸	1.7	85	14.7	稀氢氧化钠	1.1	8	2
稀磷酸	1.05	9	1	浓氨水	0.91	28	14.8
浓高氯酸	1.67	70	11.6	稀氨水	1.0	3.5	2
稀高氯酸	1.12	19	2				

附录 8　水溶液中某些离子的颜色

离　子	颜　色	离　子	颜　色	离　子	颜　色
无色离子		Cl^-	无色	$[Cr(H_2O)_4Cl_2]^+$	暗绿色
Na^+	无色	ClO_3^-	无色	$[Cr(NH_3)_2(H_2O)_4]^{3+}$	紫红色
K^+	无色	Br^-	无色	$[Cr(NH_3)_3(H_2O)_3]^{3+}$	浅红色
NH_4^+	无色	BrO_3^-	无色	$[Cr(NH_3)_4(H_2O)_2]^{3+}$	橙红色
Mg^{2+}	无色	I^-	无色	$[Cr(NH_3)_5H_2O]^{2+}$	橙黄色
Ca^{2+}	无色	SCN^-	无色	$[Cr(NH_3)_6]^{3+}$	黄色
Sr^{2+}	无色	$[CuCl_2]^-$	无色	CrO_2^-	绿色
Ba^{2+}	无色	TiO^{2+}	无色	CrO_4^{2-}	黄色
Al^{3+}	无色	VO_3^-	无色	$Cr_2O_7^{2-}$	橙色
Sn^{2+}	无色	VO_4^{3-}	无色	$[Mn(H_2O)_6]^{2+}$	肉色
Sn^{4+}	无色	MoO_4^{2-}	无色	MnO_4^{2-}	绿色
Pb^{2+}	无色	WO_4^{2-}	无色	MnO_4^-	紫红色
Bi^{3+}	无色	有色离子		$[Fe(H_2O)_6]^{2+}$	浅绿色
Ag^+	无色	$[Cu(H_2O)_4]^{2+}$	浅蓝色	$[Fe(H_2O)_6]^{3+}$	淡紫色①
Zn^{2+}	无色	$[CuCl_4]^{2-}$	黄色	$[Fe(CN)_6]^{4-}$	黄色
Cd^{2+}	无色	$[Cu(NH_3)_4]^{2+}$	深蓝色	$[Fe(CN)_6]^{3-}$	浅橘黄色
Hg_2^{2+}	无色	$[Ti(H_2O)_6]^{3+}$	紫色	$[Fe(NCS)_n]^{3-n}$	血红色
Hg^{2+}	无色	$[TiCl(H_2O)_5]^{2+}$	绿色	$[Co(H_2O)_6]^{2+}$	粉红色
$B(OH)_4^-$	无色	$[TiO(H_2O_2)]^{2+}$	橘黄色	$[Co(NH_3)_6]^{2+}$	黄色
$B_4O_7^{2-}$	无色	$[V(H_2O)_6]^{2+}$	紫色	$[Co(NH_3)_6]^{3+}$	橙黄色
$C_2O_4^{2-}$	无色	$[V(H_2O)_6]^{3+}$	绿色	$[CoCl(NH_3)_5]^{2+}$	红紫色
Ac^-	无色	VO^{2+}	蓝色	$[Co(NH_3)_5H_2O]^{3+}$	粉红色
CO_3^{2-}	无色	VO_2^+	浅黄色	$[Co(NH_3)_4CO_3]^+$	紫红色
SiO_3^{2-}	无色	$[VO_2(O_2)_2]^{3-}$	黄色	$[Co(CN)_6]^{3-}$	紫色
NO_3^-	无色	$[V(O_2)]^{3+}$	深红色	$[Co(SCN)_4]^{2-}$	蓝色
NO_2^-	无色	$[Cr(H_2O)_6]^{2+}$	蓝色	$[Ni(H_2O)_6]^{2+}$	亮绿色
PO_4^{3-}	无色	$[Cr(H_2O)_6]^{3+}$	紫色	$[Ni(NH_3)_6]^{2+}$	蓝色
AsO_3^{3-}	无色	$[Cr(H_2O)_5Cl]^{2+}$	浅绿色	I_3^-	浅棕黄色
AsO_4^{3-}	无色				
$[SbCl_6]^{3-}$	无色				
$[SbCl_6]^-$	无色				
SO_3^{2-}	无色				
SO_4^{2-}	无色				
S^{2-}	无色				
$S_2O_3^{2-}$	无色				
F^-	无色				

① 由于水解生成 $[Fe(H_2O)_5OH]^{2+}$、$[Fe(H_2O)_4(OH)_2]^{2+}$ 等离子，而使溶液呈黄棕色。未水解的 $FeCl_3$ 溶液呈黄棕色，这是由于生成 $[FeCl_4]^-$ 的缘故。

附录 9　部分化合物的颜色

化合物	颜色	化合物	颜色	化合物	颜色
氧化物		$Sn(OH)_2$	白色	溴化物	
CuO	黑色	$Sn(OH)_4$	白色	$AgBr$	淡黄色
Cu_2O	暗红色	$Mn(OH)_2$	白色	$AsBr$	浅黄色
Ag_2O	暗棕色	$Fe(OH)_2$	白色或绿色	$CuBr_2$	黑紫色
ZnO	白色	$Fe(OH)_3$	红棕色	碘化物	
CdO	棕红色	$Cd(OH)_2$	白色	AgI	黄色
Hg_2O	黑褐色	$Al(OH)_3$	白色	Hg_2I_2	黄绿色
HgO	红色或黄色	$Bi(OH)_3$	白色	HgI_2	红色
TiO_2	白色	$Sb(OH)_3$	白色	PbI_2	黄色
VO	亮灰色	$Cu(OH)_2$	浅蓝色	CuI	白色
V_2O_3	黑色	$CuOH$	黄色	SbI_3	红黄色
VO_2	深蓝色	$Ni(OH)_2$	浅绿色	BiI_3	绿黑色
V_2O_5	红棕色	$Ni(OH)_3$	黑色	TiI_4	暗棕色
Cr_2O_3	绿色	$Co(OH)_2$	粉红色	卤酸盐	
CrO_3	红色	$Co(OH)_3$	褐棕色	$Ba(IO_3)_2$	白色
MnO_2	棕褐色	$Cr(OH)_3$	灰绿色	$AgIO_3$	白色
MoO_2	铅灰色	氯化物		$KClO_4$	白色
WO_2	棕红色	$AgCl$	白色	$AgBrO_3$	白色
FeO	黑色	Hg_2Cl_2	白色	硫化物	
Fe_2O_3	砖红色	$PbCl_2$	白色	Ag_2S	灰黑色
Fe_3O_4	黑色	$CuCl$	白色	HgS	红色或黑色
CoO	灰绿色	$CuCl_2$	棕色	PbS	黑色
Co_2O_3	黑色	$CuCl_2 \cdot 2H_2O$	蓝色	CuS	黑色
NiO	暗黑色	$Hg(NH_2)Cl$	白色	Cu_2S	黑色
Ni_2O_3	黑色	$CoCl_2$	蓝色	FeS	棕黑色
PbO	黄色	$CoCl_2 \cdot H_2O$	蓝紫色	Fe_2S_3	黑色
Pb_3O_4	红色	$CoCl_2 \cdot 2H_2O$	紫红色	CoS	黑色
氢氧化物		$CoCl_2 \cdot 6H_2O$	粉红色	NiS	黑色
$Zn(OH)_2$	白色	$FeCl_3 \cdot 6H_2O$	黄棕色	Bi_2S_3	黑褐色
$Pb(OH)_2$	白色	$TiCl_3 \cdot 6H_2O$	紫色或绿色	SnS	褐色
$Mg(OH)_2$	白色	$TiCl_2$	黑色	SnS_2	金黄色

续表

化合物	颜色	化合物	颜色	化合物	颜色
CdS	黄色	$Hg_2(OH)_2CO_3$	红褐色	$Ni(CN)_2$	浅绿色
Sb_2S_3	橙色	$Co_2(OH)_2CO_3$	红色	$Cu(CN)_2$	浅棕绿色
Sb_2S_5	橙红色	$Cu_2(OH)_2CO_3$	暗绿色①	CuCN	白色
MnS	肉色	$Ni_2(OH)_2CO_3$	浅绿色	AgSCN	白色
ZnS	白色	磷酸盐		$Cu(SCN)_2$	黑绿色
As_2S_3	黄色	$Ca_3(PO_4)_2$	白色	其他含氧酸盐	
硫酸盐		$CaHPO_4$	白色	NH_4MgAsO_4	白色
Ag_2SO_4	白色	$Ba_3(PO_4)_2$	白色	Ag_3AsO_4	红褐色
Hg_2SO_4	白色	$FePO_4$	浅黄色	$Ag_2S_2O_3$	白色
$PbSO_4$	白色	Ag_3PO_4	黄色	$BaSO_3$	白色
$CaSO_4 \cdot 2H_2O$	白色	NH_4MgPO_4	白色	$SrSO_3$	白色
$SrSO_4$	白色	铬酸盐		其他化合物	
$BaSO_4$	白色	Ag_2CrO_4	砖红色	$Fe_4[Fe(CN)_6]_3 \cdot xH_2O$	蓝色
$[Fe(NO)]SO_4$	深棕色	$PbCrO_4$	黄色	$Cu_2[Fe(CN)_6]$	红褐色
$Cu_2(OH)_2SO_4$	浅蓝色	$BaCrO_4$	黄色	$Ag_3[Fe(CN)_6]$	橙色
$CuSO_4 \cdot 5H_2O$	蓝色	$FeCrO_4 \cdot 2H_2O$	黄色	$Zn_3[Fe(CN)_6]_2$	黄褐色
$CoSO_4 \cdot 7H_2O$	红色	硅酸盐		$Co_2[Fe(CN)_6]$	绿色
$Cr(SO_4)_3 \cdot 6H_2O$	绿色	$BaSiO_3$	白色	$Ag_4[Fe(CN)_6]$	白色
$Cr_2(SO_4)_3$	紫色或红色	$CuSiO_3$	蓝色	$Zn_2[Fe(CN)_6]$	白色
$Cr_2(SO_4)_3 \cdot 18H_2O$	蓝紫色	$CoSiO_3$	紫色	$K_3[Co(NO_2)_6]$	黄色
$KCr(SO_4)_2 \cdot 12H_2O$	紫色	$Fe_2(SiO_3)_3$	棕红色	$K_2Na[Co(NO_2)_6]$	黄色
碳酸盐		$MnSiO_3$	肉色	$(NH_4)_2Na[Co(NO_2)_6]$	黄色
Ag_2CO_3	白色	$NiSiO_3$	翠绿色	$K_2[PtCl_6]$	黄色
$CaCO_3$	白色	$ZnSiO_3$	白色	$KHC_4H_4O_6$	白色
$SrCO_3$	白色	草酸盐		$Na[Sb(OH)_6]$	白色
$BaCO_3$	白色	CaC_2O_4	白色	$Na_2[Fe(CN)_5NO] \cdot 2H_2O$	红色
$MnCO_3$	白色	$Ag_2C_2O_4$	白色		
$CdCO_3$	白色	$FeC_2O_4 \cdot 2H_2O$	黄色	$NaAc \cdot Zn(Ac)_2 \cdot 3[UO_2(Ac)_2] \cdot 9H_2O$	黄色
$Zn_2(OH)_2CO_3$	白色	类卤化合物			
$BiOHCO_3$	白色	AgCN	白色	$(NH_4)_2MoS_4$	血红色

① 相同浓度硫酸铜和碳酸钠溶液的比例（体积）不同时生成的碱式碳酸铜颜色不同。

$V_{CuSO_4} : V_{Na_2CO_3}$	碱式碳酸铜
2 : 1.6	浅蓝绿色
1 : 1	暗绿色

附录 10 水的密度

温度/K	密度/g·cm^{-3}	温度/K	密度/g·cm^{-3}	温度/K	密度/g·cm^{-3}
273.2	0.999841	283.4	0.999682	293.6	0.998120
273.4	0.999854	283.6	0.999664	293.8	0.998078
273.6	0.999866	283.8	0.999645	294.0	0.998035
273.8	0.999878	284.0	0.999625	294.2	0.997992
274.0	0.999889	284.2	0.999605	294.4	0.997948
274.2	0.999900	284.4	0.999585	294.6	0.997904
274.4	0.999909	284.6	0.999564	294.8	0.997860
274.6	0.999918	284.8	0.999542	295.0	0.997815
274.8	0.999927	285.0	0.999520	295.2	0.997770
275.0	0.999934	285.2	0.999498	295.4	0.997724
275.2	0.999941	285.4	0.999475	295.6	0.997678
275.4	0.999947	285.6	0.999451	295.8	0.997632
275.6	0.999953	285.8	0.999427	296.0	0.997585
275.8	0.999958	286.0	0.999402	296.2	0.997538
276.0	0.999962	286.2	0.999377	296.4	0.997490
276.2	0.999965	286.4	0.999352	296.6	0.997442
276.4	0.999968	286.6	0.999326	296.8	0.997394
276.6	0.999970	286.8	0.999299	297.0	0.997345
276.8	0.999972	287.0	0.999272	297.2	0.997296
277.0	0.999973	287.2	0.999244	297.4	0.997246
277.2	0.999973	287.4	0.999216	297.6	0.997196
277.4	0.999973	287.6	0.999188	297.8	0.997146
277.6	0.999972	287.8	0.999159	298.0	0.997095
277.8	0.999970	288.0	0.999129	298.2	0.997044
278.0	0.999968	288.2	0.999099	298.4	0.996992
278.2	0.999965	288.4	0.999069	298.6	0.996941
278.4	0.999961	288.6	0.999038	298.8	0.996888
278.6	0.999957	288.8	0.999007	299.0	0.996836
278.8	0.999952	289.0	0.998975	299.2	0.996783
279.0	0.999947	289.2	0.998943	299.4	0.996729
279.2	0.999941	289.4	0.998910	299.6	0.996676
279.4	0.999935	289.6	0.998877	299.8	0.996621
279.6	0.999927	289.8	0.998843	300.0	0.996567
279.8	0.999920	290.0	0.998809	300.2	0.996512
280.0	0.999911	290.2	0.998774	300.4	0.996457
280.2	0.999902	290.4	0.998739	300.6	0.996401
280.4	0.999893	290.6	0.998704	300.8	0.996345
280.6	0.999883	290.8	0.998668	301.0	0.996289
280.8	0.999872	291.0	0.998632	301.2	0.996232
281.0	0.999861	291.2	0.998595	301.4	0.996175
281.2	0.999849	291.4	0.998558	301.6	0.996118
281.4	0.999837	291.6	0.998520	301.8	0.996060
281.6	0.999824	291.8	0.998482	302.0	0.996002
281.8	0.999810	292.0	0.998444	302.2	0.995944
282.0	0.999796	292.2	0.998405	302.4	0.995885
282.2	0.999781	292.4	0.998365	302.6	0.995826
282.4	0.999766	292.6	0.998325	302.8	0.995766
282.6	0.999751	292.8	0.998285	303.0	0.995706
282.8	0.999734	293.0	0.998244	303.2	0.995646
283.0	0.999717	293.2	0.998203		
283.2	0.999700	293.4	0.998162		

注：摘自 J A Lange's Handbook of Chemistry. 10-127，11th edition（1973）。

附录11　水的饱和蒸气压

（$\times 10^2$ Pa，273.2～313.2K）

温度/K	0.0	0.2	0.4	0.6	0.8
273		6.105	6.195	6.286	6.379
274	6.473	6.567	6.663	6.759	6.858
275	6.958	7.058	7.159	7.262	7.366
276	7.473	7.579	7.687	7.797	7.907
277	8.019	8.134	8.249	8.365	8.483
278	8.603	8.723	8.846	8.970	9.095
279	9.222	9.350	9.481	9.611	9.745
280	9.881	10.017	10.155	10.295	10.436
281	10.580	10.726	10.872	11.022	11.172
282	11.324	11.478	11.635	11.792	11.952
283	12.114	12.278	12.443	12.610	12.779
284	12.951	13.124	13.300	13.478	13.658
285	13.839	14.023	14.210	14.397	14.587
286	14.779	14.973	15.171	15.369	15.572
287	15.776	15.981	16.191	16.401	16.615
288	16.831	17.049	17.260	17.493	17.719
289	17.947	18.177	18.410	18.648	18.886
290	19.128	19.372	19.618	19.869	20.121
291	20.377	20.634	20.896	21.160	21.426
292	21.694	21.968	22.245	22.523	22.805
293	23.090	23.378	23.669	23.963	24.261
294	24.561	24.865	25.171	25.482	25.797
295	26.114	26.434	26.758	27.086	27.418
296	27.751	28.088	28.430	28.775	29.124
297	29.478	29.834	30.195	30.560	30.928
298	31.299	31.672	32.049	32.432	32.820
299	33.213	33.609	34.009	34.413	34.820
300	35.232	35.649	36.070	36.496	36.925
301	37.358	37.796	38.237	38.683	39.135
302	39.593	40.054	40.519	40.990	41.466
303	41.945	42.429	42.918	43.411	43.908
304	44.412	44.923	45.439	45.958	46.482
305	47.011	47.547	48.087	48.632	49.184
306	49.740	50.301	50.869	51.441	52.020
307	52.605	53.193	53.788	54.390	54.997
308	55.609	56.229	56.854	57.485	58.122
309	58.766	59.412	60.067	60.727	61.395
310	62.070	62.751	63.437	64.131	64.831
311	65.537	66.251	66.969	67.693	68.425
312	69.166	69.917	70.673	71.434	72.202
313	72.977	73.759			

注：摘自 R C Weast，Handbook of Chemistry and Physics. D-189，70th edition，1989～1990。

附录 12　常见难溶化合物的溶度积常数

化　合　物	溶度积(温度/℃)
铝	
铝酸(H_3AlO_3)	4×10^{-13}(15)
	1.1×10^{-15}(18)
	3.7×10^{-15}(25)
氢氧化铝	1.9×10^{-33}(18～20)
钡	
碳酸钡	2.58×10^{-9}(25)
铬酸钡	1.17×10^{-10}(25)
氟化钡	1.84×10^{-7}(25)
碘酸钡[$Ba(IO_3)_2\cdot2H_2O$]	1.67×10^{-9}(25)
碘酸钡	4.01×10^{-9}(25)
草酸钡($BaC_2O_4\cdot2H_2O$)	1.2×10^{-7}(18)
硫酸钡	1.08×10^{-10}(25)
镉	
草酸镉($CdC_2O_4\cdot3H_2O$)	1.42×10^{-8}(25)
氢氧化镉	7.2×10^{-15}(25)
硫化镉	3.6×10^{-29}(18)
钙	
碳酸钙	3.36×10^{-9}(25)
氟化钙	3.45×10^{-11}(25)
碘酸钙[$Ca(IO_3)_2\cdot6H_2O$]	7.10×10^{-7}(25)
碘酸钙	6.47×10^{-6}(25)
草酸钙	2.32×10^{-9}(25)
草酸钙($CaC_2O_4\cdot H_2O$)	2.57×10^{-9}(25)
硫酸钙	4.93×10^{-5}(25)
钴	
硫化钴(Ⅱ)α-CoS	4.0×10^{-21}(18～25)
β-CoS	2.0×10^{-25}(18～25)
铜	
一水合碘酸铜	6.94×10^{-8}(25)
草酸铜	4.43×10^{-10}(25)
硫化铜	8.5×10^{-45}(18)
溴化亚铜	6.27×10^{-9}(25)
氯化亚铜	1.72×10^{-7}(25)
碘化亚铜	1.27×10^{-12}(25)
硫化亚铜	2×10^{-47}(16～18)
硫氰酸亚铜	1.77×10^{-13}(25)
亚铁氰化铜	1.3×10^{-16}(18～25)
氢氧化铜	1.3×10^{-20}(18～25)
铁	
氢氧化铁	2.79×10^{-39}(25)
氢氧化亚铁	4.87×10^{-17}(18)
草酸亚铁	2.1×10^{-7}(25)
硫化亚铁	3.7×10^{-19}(18)
铅	
碳酸铅	7.4×10^{-14}(25)
铬酸铅	1.77×10^{-14}(18)
氟化铅	3.3×10^{-8}(25)
碘酸铅	3.69×10^{-13}(25)
碘化铅	9.8×10^{-9}(25)
草酸铅	2.74×10^{-11}(18)
硫酸铅	2.53×10^{-8}(25)
硫化铅	3.4×10^{-28}(18)
锂	
碳酸锂	8.15×10^{-4}(25)
镁	
磷酸铵镁	2.5×10^{-13}(25)
碳酸镁	6.82×10^{-6}(25)
氟化镁	5.16×10^{-11}(25)
氢氧化镁	5.61×10^{-12}(25)
二水合草酸镁	4.83×10^{-6}(25)
锰	
氢氧化锰	4×10^{-14}(18)
硫化锰	1.4×10^{-15}(18)
汞	
氢氧化汞	3.0×10^{-26}(18～25)
硫化汞(红)	4.0×10^{-53}(18～25)
硫化汞(黑)	1.6×10^{-52}(18～25)
氯化亚汞	1.43×10^{-18}(25)
碘化亚汞	5.2×10^{-29}(25)
溴化亚汞	6.4×10^{-23}(25)
镍	
硫化镍(Ⅱ)α-NiS	3.2×10^{-19}(18～25)
β-NiS	1.0×10^{-24}(18～25)
γ-NiS	2.0×10^{-26}(18～25)
银	
溴化银	5.35×10^{-13}(25)
碳酸银	8.46×10^{-12}(25)
氯化银	1.77×10^{-10}(25)
铬酸银	1.2×10^{-12}(14.8)
铬酸银	1.12×10^{-12}(25)
重铬酸银	2×10^{-7}(25)
氢氧化银	1.52×10^{-8}(20)
碘酸银	3.17×10^{-8}(25)
碘化银	0.32×10^{-16}(13)
碘化银	8.52×10^{-17}(25)
硫化银	1.6×10^{-49}(18)
溴酸银	5.38×10^{-5}(25)
硫氢酸银	0.49×10^{-12}(18)
硫氢酸银	1.03×10^{-12}(25)
锶	
碳酸锶	5.60×10^{-10}(25)
氟化锶	4.33×10^{-9}(25)
草酸锶	5.61×10^{-8}(18)
硫酸锶	3.44×10^{-7}(25)
铬酸锶	2.2×10^{-5}(18～25)
锌	
氢氧化锌	3×10^{-17}(25)
草酸锌($ZnC_2O_4\cdot2H_2O$)	1.38×10^{-9}(25)
硫化锌	1.2×10^{-23}(18)

附录 13　常见氢氧化物沉淀的 pH

氢氧化物	开始沉淀时的 pH		完全沉淀时的 pH(残留离子浓度 $<10^{-5}$ mol·L^{-1})	沉淀开始溶解时的 pH	沉淀完全溶解时的 pH
	初浓度[M^{n+}]				
	1mol·L^{-1}	0.01mol·L^{-1}			
$Sn(OH)_4$	0	0.5	1	13	15
$TiO(OH)_2$	0	0.5	2.0	—	—
$Sn(OH)_2$	0.9	2.1	4.7	10	13.5
$ZrO(OH)_2$	1.3	2.3	3.8	—	—
HgO	1.3	2.4	5.0	11.5	—
$Fe(OH)_3$	1.5	2.3	4.1	14	
$Al(OH)_3$	3.3	4.0	5.2	7.8	10.8
$Cr(OH)_3$	4.0	4.9	6.8	12	15
$Be(OH)_2$	5.2	6.2	8.8	—	—
$Zn(OH)_2$	5.4	6.4	8.0	10.5	12～13
Ag_2O	6.2	8.2	11.2	12.7	—
$Fe(OH)_3$	6.5	7.5	9.7	13.5	—
$Co(OH)_2$	6.6	7.6	9.2	14.1	—
$Ni(OH)_2$	6.7	7.7	9.5	—	—
$Cd(OH)_2$	7.2	8.2	9.7	—	—
$Mn(OH)_2$	7.8	8.8	10.4	14	—
$Mg(OH)_2$	9.4	10.4	12.4	—	—
$Pb(OH)_2$		7.2	8.7	10	13
$Ce(OH)_4$		0.8	1.2	—	—
$Th(OH)_4$		0.5			—
$Tl(OH)_3$		约 0.6	约 1.6	—	—
H_2WO_4		约 0	约 0	—	—
H_2MoO_4				约 8	约 9
稀土		6.8～8.5	约 9.5	—	—
H_2UO_4		3.6	5.1	—	—

注：摘自北京师范大学化学系无机化学教研室编．简明化学手册．北京：北京出版社，1980。

参考资料

[1] 北京师范大学，东北师范大学，华中师范大学，南京师范大学．无机化学实验．第3版．北京：高等教育出版社，2001.
[2] 陶建中主编．基础化学实验．成都：四川科学技术出版社，1998.
[3] 浙江大学，华东理工大学，四川大学．新编大学化学实验．北京：高等教育出版社，2003.
[4] 武汉大学．分析化学实验．第4版．北京：高等教育出版社，2001.
[5] 南京大学．大学化学实验．北京：高等教育出版社，2001.
[6] 马春花主编．无机及分析化学实验．北京：高等教育出版社，2001.
[7] 吴泳主编．大学化学新体系实验．北京：科学出版社，2001.
[8] 刘约权，李贵深主编．实验化学（上、下册）．北京：高等教育出版社，1999.
[9] 浙江大学，南京大学，北京大学，兰州大学．综合化学实验．北京：高等教育出版社，2001.
[10] 蔡明招主编．实用工业分析．广州：华南理工大学出版社，1999.
[11] 徐甲强，崔战华，刘秉涛．无机及普通化学实验．郑州：河南科学技术出版社，1995.
[12] 丁美荣主编．水泥质量及化验技术．第2版．北京：中国建材出版社，1997.
[13] 张金柱主编．工业分析．重庆：重庆大学出版社，1997.
[14] 华东化工学院．无机化学实验．第3版．北京：高等教育出版社，2000.
[15] 奚旦立，刘秀英，郭安然．环境监测．北京：高等教育出版社，1994.
[16] 曾淑兰．工科大学化学实验．天津：天津大学出版社，1994.
[17] 周俊美，金谷等．定量化学分析实验．合肥：中国科技大学出版社，1995.
[18] 山东大学，山东师范大学．基础化学实验（Ⅰ）：无机及分析化学实验．北京：化学工业出版社，2007.
[19] 徐家宁，门瑞芝，张寒琦．基础化学实验（上册）：无机化学和化学分析实验．北京：高等教育出版社，2006.
[20] 杨百勤．物理化学实验，北京：化学工业出版社，2001.
[21] 侯海鸽，朱志彪，范乃英．无机及分析化学实验．哈尔滨：哈尔滨工业大学出版社，2005.
[22] 李梅君，徐志珍等修订．无机化学实验．第4版．北京：高等教育出版社，2007.
[23] 北京师范大学．无机化学．第3版．北京：高等教育出版社，2001.
[24] 南京大学《无机及分析化学实验》编写组．无机及分析化学实验．第4版．北京：高等教育出版社，2006.
[25] 杜志强．综合化学实验．北京：科学出版社，2005.
[26] 李艳辉．无机及分析化学实验．南京：南京大学出版社，2006.
[27] 林宝凤．基础化学实验技术绿色化教程．北京：科学出版社，2003.
[28] 夏玉宇．化学实验室手册，北京：化学工业出版社，2004.
[29] 刘静．实验室废液中银的回收研究．西南农业大学学报，1998，20（3）.
[30] 张韫．土壤·水·植物理化分析教程．北京：中国林业出版社，2011.
[31] 钟国清．无机及分析化学实验，北京：科学技术出版社，2011.
[32] 罗志刚．基础化学实验技术，广州：华南理工大学出版社，2007.